创新风暴 第12届
12th INNOVATION MODEL

创新风暴·中国房地产创新

设计经典

2013 INNOVATION MODEL REAL ESTATE PROJECTS OF CHINA

主编 时国珍

中国城市出版社
·北京·

图书在版编目（CIP）数据

中国房地产创新设计经典．2013/时国珍主编．--
北京：中国城市出版社，2013.11
（创新风暴）
ISBN 978-7-5074-2898-8

Ⅰ．①中··· Ⅱ．①时··· Ⅲ．①住宅-建筑设计-中国
-图集 Ⅳ．①TU241-64

中国版本图书馆CIP数据核字（2013）第289195号

责任编辑	张礼庆
装帧设计	V•智创意
责任技术编辑	张建军
出版发行	中国城市出版社
地址	北京市西城区广安门南街甲30号（邮编 100053）
网址	www.citypress.cn
发行部电话	（010）63454857　63289949
发行部传真	（010）63421417　63400635
总编室电话	（010）68171928
总编室信箱	citypress@sina.com
经销	新华书店
印刷	北京中科印刷有限公司
字数	108千字　印张24
开本	889×1194（毫米）　1/12
版次	2013年12月第1版
印次	2013年12月第1次印刷
定价	298.00元

领导讲话

2013

中国房地产创新设计经典

发挥创新在行业发展中的作用

- 要抓住规划设计龙头推进创新
- 创新要适应城市发展和群众需要
- 依靠科技创新推动行业创新
- 实现节能、绿色、环保
- 创新管理机制，提升服务水平

刘志峰

中国房地产业协会会长
中国房地产研究会会长

“创新风暴活动”从1999年举办以来，从最开始的促进设计创新，发展到今天的产品创新、居住创新、业态创新、管理创新，创新的范围一次比一次广，内容一次比一次新，影响力一次比一次大。同时，创新引导行业、机构的调整、转型升级的作用也得到了进一步的发挥，在推动节能环保，绿色低碳，改善和提升人居环境方面取得了积极的作用。今年活动还增设了中国房地产创新力设计机构、中国房地产创新推动力设计师等奖项，鼓励创新和推动创新。几点意见供大家参考。

第一，创新是行业发展和进步的动力。没有创新就没有发展，中共十八大提出：“科技创新是提高社会生产力和综合国力的战略支撑，必须摆在国家发展全局的核心位置。”今年7月底召开的中央政治局会议，在研究当前经济形势和下半年经济工作时指出，要积极有为、创新求进。近几年来房地产行业创新的步伐有所加快，对住房质量和行业服务水平的提高和新型城镇化的推进产生了很大的促进作用。如在园区地产、商业地产、文化旅游地产、养老地产等方面涌现出了一批创新成果；还有一些房地产企业，摆脱了单一的住宅开发模式等。但是我们必须看到房地产企业在快速发展的同时，也存在发展方式粗放等矛盾和问题，突出表现为“一高三低”，也就是资源能源消耗高、产业化程度低、科技含量低、创新成果转化低。因此要改变落后面貌，必须要依靠科技进步和科技创新，淘汰落后的生产和管理模式，培育新的增长点和服务价值，推进房地产企业转型发展。

第二，要加快创新步伐，提高发展质量。创新发展应该有一个目标，如果用10个字来概括房地产业发展的目标，我认为可以是“长寿命、好品质、绿色低碳”。

一是要抓住规划设计龙头推进创新。要创新城市规划工作机制，促进国民经济和社会发展总体规划、城乡建设规划、土地利用

总体规划、基础设施和生态保护等规划协调融合。当前很重要的问题是要创新规划机制，要建立和完善公众参与的程序，发挥群众的聪明才智和创造力，让规划设计更有生命力。

二是创新要适应城市发展和群众需要。要统筹旧城改造和新区开发，加强对既有建筑的维护改造和环境整治，避免大拆大建；要把项目的开发和基础设施建设相辅相成起来，通过综合开发模式，提高城市综合承载力。当前，要根据群众的实际需要开展配套服务，把行业的重心更多地向后期服务转移，不断满足群众对居住环境、社区配套的需求，鼓励开发商向服务商转变。

三是依靠科技创新推动行业创新。要加快运用先进理念和技术改造传统房地产业。这里我强调“三成”：成熟技术、成套技术、成本（性价比）。房地产开发企业自身也要提高创新和研发能力，不断缩小和先进行业的差距，由追赶到并行，进而实现超越。

四是实现节能、绿色、环保。推进创新，要以我国投资、消费模式发生新变化为契机，大力发展长寿命、高品质、绿色低碳、节能环保的建筑。特别要树立两个理念，一是要提高住宅使用寿命，二是要确立从规划设计施工、使用维护、拆除再利用全过程和建筑全寿命周期综合考虑节能、生态保护。

此外还要做到“两个统筹”：一是要统筹先进技术的使用和既有建筑节能改造；二是要统筹城乡建设，既要重视城镇的规划和建设，又要加强农房建设的规划和指导，发展绿色农房，建设生态城镇。

五是创新管理机制，提升服务水平。房地产行业高利润的时代已经过去，要在创新管理服务上下工夫，比谁的标准更高、谁的管理更细、谁的创新能力更强，企业应该积极探索和运用现代信息等新技术，完善服务功能、提高管理效率。要把品牌文化当作企业的软实力，通过服务创新，树立良好的社会形象。

当前，我国外部经济环境发生了一定的变化，中央政治局会议提出促进房地产市场平衡发展，要求积极释放有效需求、推动居民消费增长、保持合理投资增长，积极稳妥推进以人为核心的新型城镇化。这样的表述为房地产业的发展提出了更高的标准和更高的要求。我们要抓住新一轮经济结构调整的机遇，发挥全行业整合资源和服务运营的功能，把更多的工作着力点放在配套服务等方面，为产业发展提供更多的智力支持。

（根据作者在“首届中国地产设计创新论坛暨第十二届创新风暴·2013中国房地产创新典范颁奖典礼”的讲话摘编）

中国地产创新设计宣言

责任：以严谨的态度、良好的品位、不懈的追求，坚守质量，提升品质，造中国好房子，建百年好建筑。
道德：遵守职业道德和行为规范，关爱弱小阶层，保护公众利益，同时推进设计师的职业利益。
传承：弘扬优秀的传统建筑文化，沿袭城市文脉，体现时代气息和人文关怀。
尊重：尊重自然与环境，综合研究和解决建筑的实用性、经济性、审美性、生态性和可持续等问题。
人本：设计的目标是人，设计引领生活，坚持以人为本的建筑理念，提升人们的居住生活水平与艺术审美情趣。
视野：要有世界观，还要有中国心。站在历史与未来的交叉点上，面对全球化浪潮和文化异同，推动中国和世界建筑文明的融合与发展。
创新：摆脱固有思维束缚，探索新的建筑美学和风格，积极采用“四新”，促进建筑设计的创新与技术进步。
创新之路，始于足下；百年建筑，设计为先。愿我们秉持这一价值信仰，共同创造美好的未来。

2013

现场回放

变·革——首届中国地产设计创新论坛暨『第十二届创新风暴·2013中国房地产创新典范』颁奖典礼现场照片

2013 中国房地产创新典范
颁奖盛典

领　导

刘志峰

谭庆琏

杨　慎

沈建忠

倪　虹

翟　建

李礼平

乔润令

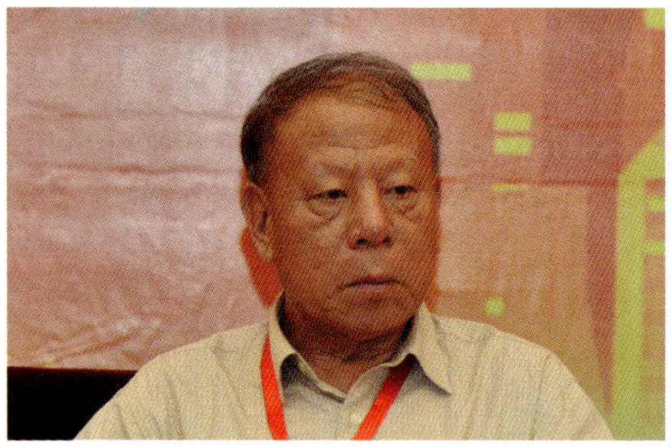
李秉仁

苗乐知

朱中一

孟晓苏

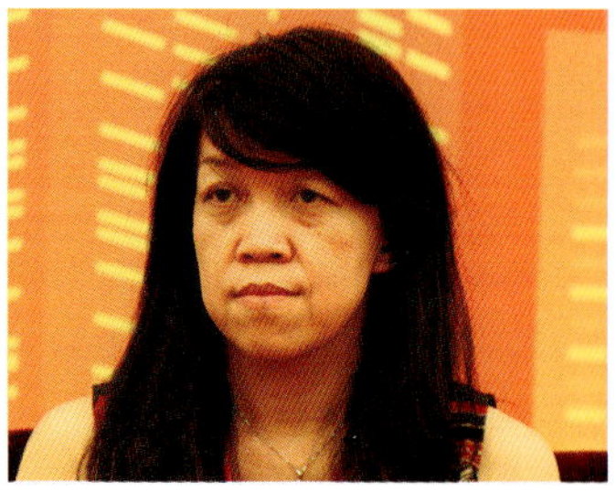
文林峰

王树平

童悦仲

王　平

奚瑞林

评审专家

赵冠谦

窦以德

庄惟敏

张菲菲

开　彦

刘东卫

韩秀琦

刘晓钟

周燕敏

刘嘉峰

樊则森

演讲嘉宾

刘志峰

谭庆琏

沈建忠

倪　虹

乔瑞令

翟　建

修　龙

毛大庆

阳　侃

徐全胜

曹嘉明

马德朴

渡堂海

主持人

肖　蕾

论坛 · 对话

创新风暴 第12届
变革
暨第十二届创新风暴 · 2013中国房地产创新典范颁奖典礼
▲ 主办单位：中国建设报 · 中国住房
▲ 国际支持机构：国际房地产促进会 ▲ 权威支持机构：中国房地产业协会 住房和城乡建设部科学技术委员会办公
▲ 独家权威网络媒体直播：新华房产 ▲ 独家微博支持：腾讯微博 腾讯财经

变革
暨第十二届创新风暴
▲ 主办单位：中国建设报 · 中国住房
▲ 国际支持机构：国际房地产促进会 ▲ 权威支持机构：中国房地产业协会 住房和城乡建设部科学技术委员
▲ 独家权威网络媒体直播：新华房产 ▲ 独家微博支持：腾讯微博 腾讯财经

变革
首届中国地产设计创新论坛
暨第十二届创新风暴 · 2013中国房地产创新典范颁奖典礼

变革
首届中国地产设计创新论坛
暨第十二届创新风暴 · 2013中国房地产创新典范颁奖典礼

变革
首届中国地产设计创新论坛
暨第十二届创新风暴 · 2013中国房地产创新典范颁奖典礼
▲ 权威支持机构：中国房地产业协会
▲ 独家微博支持：腾讯微博 腾讯财经

变革
首届中国地产设计创新论坛
暨第十二届创新风暴 · 2013中国房地产创新典范颁奖典礼

颁 奖

暨第十二届创新风暴·2013中国房地产创新典范颁奖典礼
▲ 主办单位：中国建设报·中国住房
▲ 国际支持机构：国际房地产促进会 ▲ 权威支持机构：中国房地产业协会 住房和城乡建设部科学技术委员会办公室

颁奖

暨第十二届创新风暴·2013中国房地产创新典范颁
▲主办单位：中国建设报·中国住房
▲国际支持机构：国际房地产促进会

会 场

目 录 | CONTENTS

A 获奖项目展示

国际房地产创新典范

- 沈阳·金地·滨河国际左岸
- 天津文化中心
- 张家港·澳洋·优居壹佰
- 北京·领秀翡翠山
- 天津·君悦花苑
- 西安·紫薇·花园洲
- 绿地·新江湾名邸（海珀·璞晖）
- 济南·万科城
- 北京·鸿坤·林语墅
- 南京·银亿·东郊小镇
- 国奥村

国际房地产创新典范

沈阳·金地·滨河国际左岸

开发单位：沈阳金地滨河房地产置业有限公司
规划设计：上海日清建筑设计事务所（有限合伙）
建筑设计：上海日清建筑设计事务所（有限合伙）
景观设计：J+D Design Studio
岸天景观设计(上海)事务所（普通合伙）

项目概况

“沈阳·金地·滨河国际左岸”项目位于沈阳市浑南新区浑南东路段，东至文朔街，西至张官河，南至浑南大道，北至学城路，西南边相邻沈阳建筑大学。距沈阳市政府11.8公里、浑南新区政府8.4公里。所处位置环境优美，人文氛围浓厚。

本项目建筑类型为高层住宅及商业，住宅主要以小户型为主，小区中心景观位置配有相应数量的大户型，多种户型相结合。户户方正，多飘窗的设计更将户内空间充分延伸，可规划多种休闲功能空间，悉数收纳阳光与温暖。景观设计用围合手法，使楼栋之间形成相对独立的院落景观。

总平面图

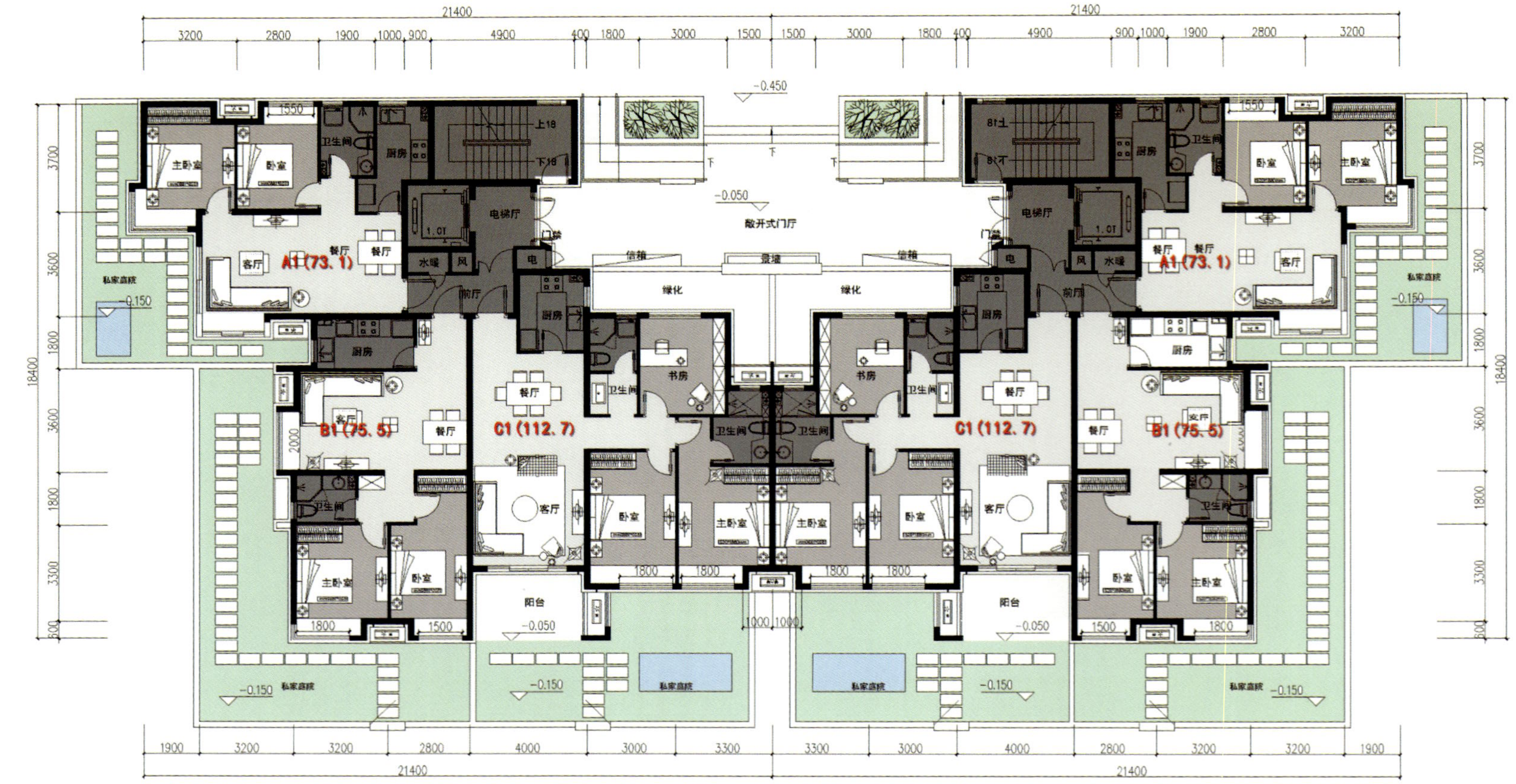

80+80+115户型首层平面图

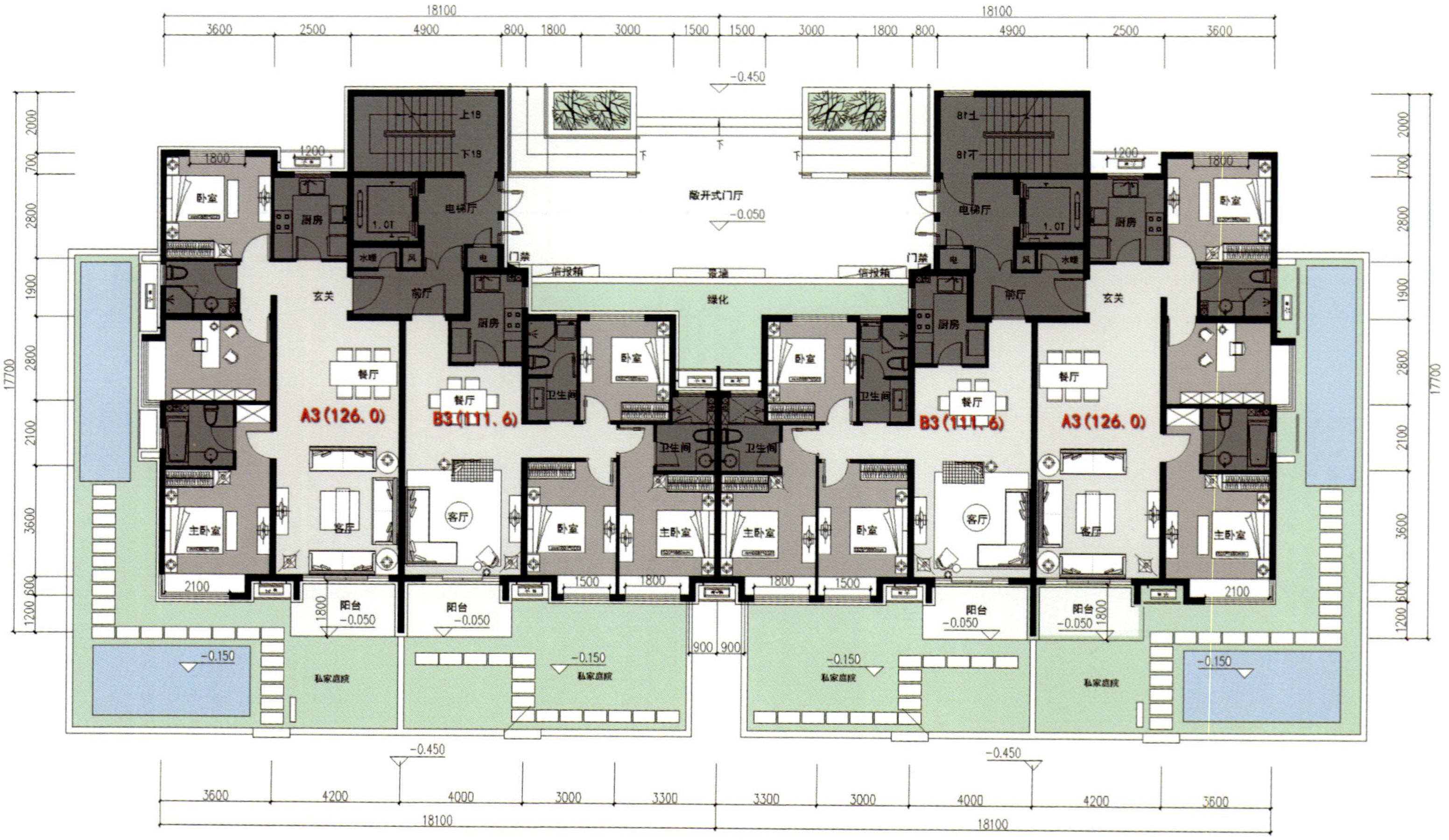

115+130户型首层平面图

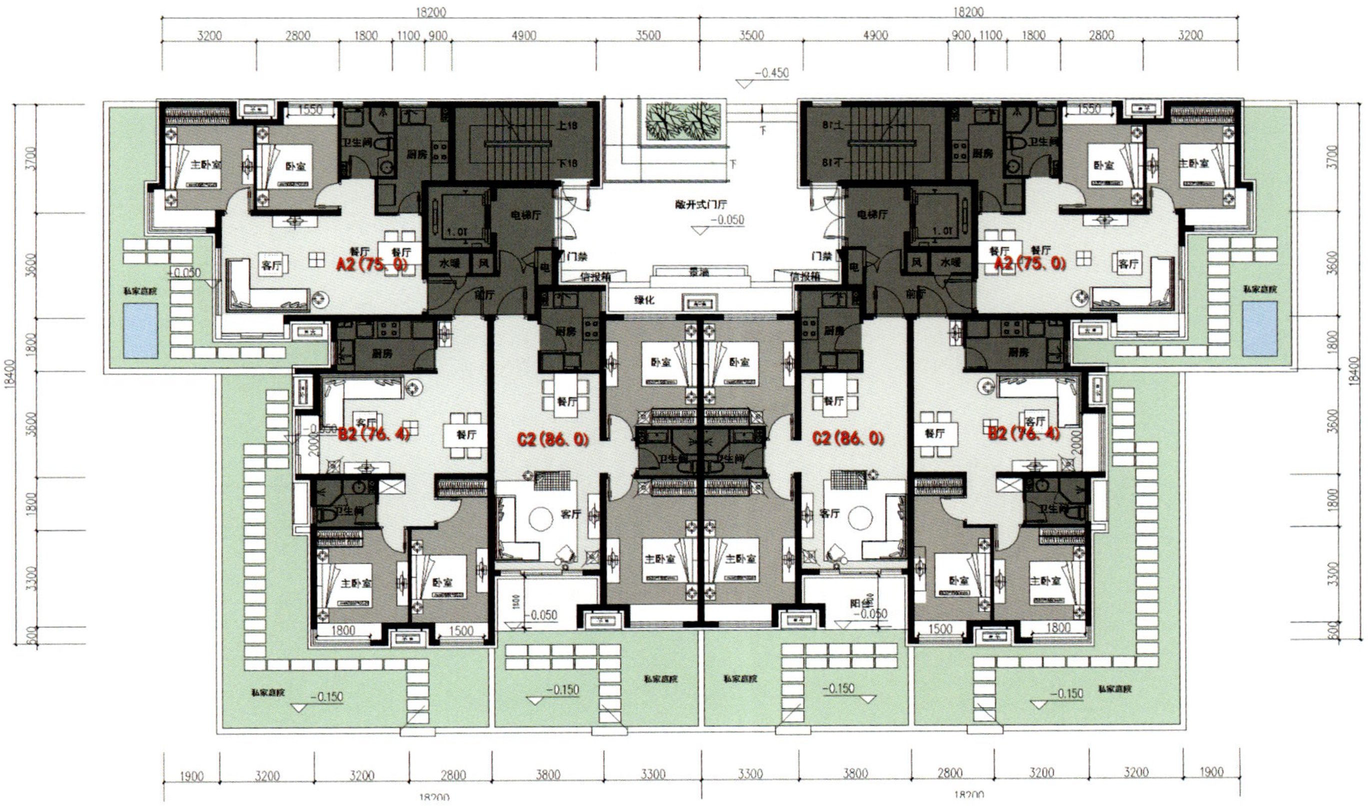

80+80+90户型首层平面图

90+90+125户型首层平面图

专家点评

1. 该项目处处体现了以住户为本的设计、规划、国际的理念，设计精到，细致入微，打造的是生活品质，营造的是高端的居住环境。在不大的场地空间内，做到了充分利用周边的资源条件和地块优势，创造了土地的价值，满足了社会和城市的需求。

2. 根据场地的方位，沿东侧和南侧城市的路边，分别营造了城市商业地产和南侧风情商业、休闲的公共消费场合，为城市创造了价值，巧妙利用河道景观作为高端住宅的所在地，在最好地段创造楼王价值。

3. 通过合理布局，建立了多个系列围合院落和视野通透的景观轴，有宽敞的深远景观效果，户户有景观，个个享受生态。

4. 沿街布置了多种特色商业，便利了业主消费的需要；高端的风情街（法式），提升了居住的价值和生活的品质；沿河边留出低层建筑空间的设计很难得，创造了别样的商业享受的氛围，达到了很好的效果和商业价值。

5. 该项目有序、恰当的交通组织，创造了安静、安全、安心的居住空间，车流、人流、景观线路各有安置，清晰可辨，地下车库及入口布局到位，尤其值得称赞的是地面停车结合交通干线布局，既能从数量上满足需求，又不碍绿色景观。

6. 建筑立面的设计精细到位。

7. 住宅套型设计布局合理，各得其所，舒适方便。

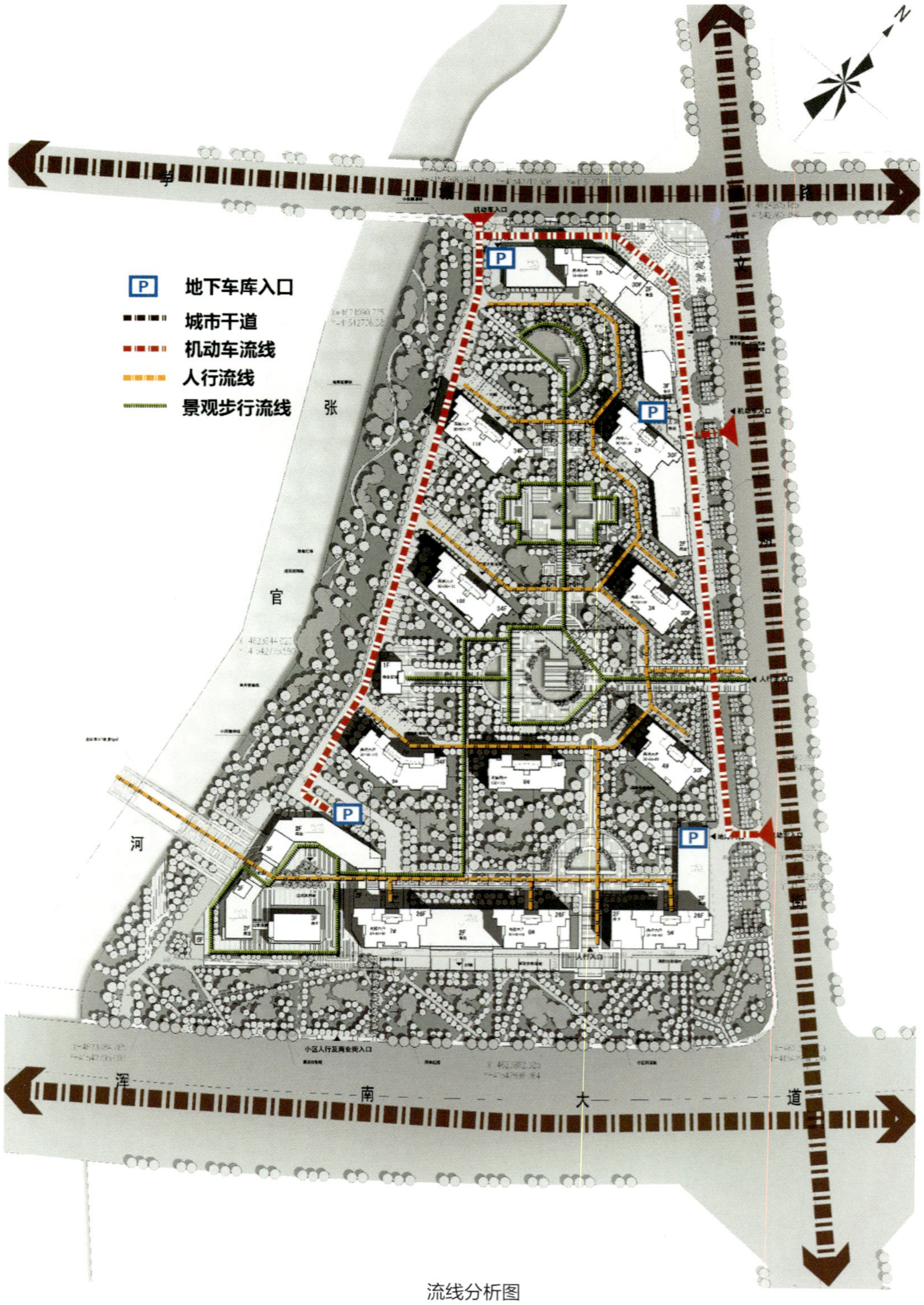

流线分析图

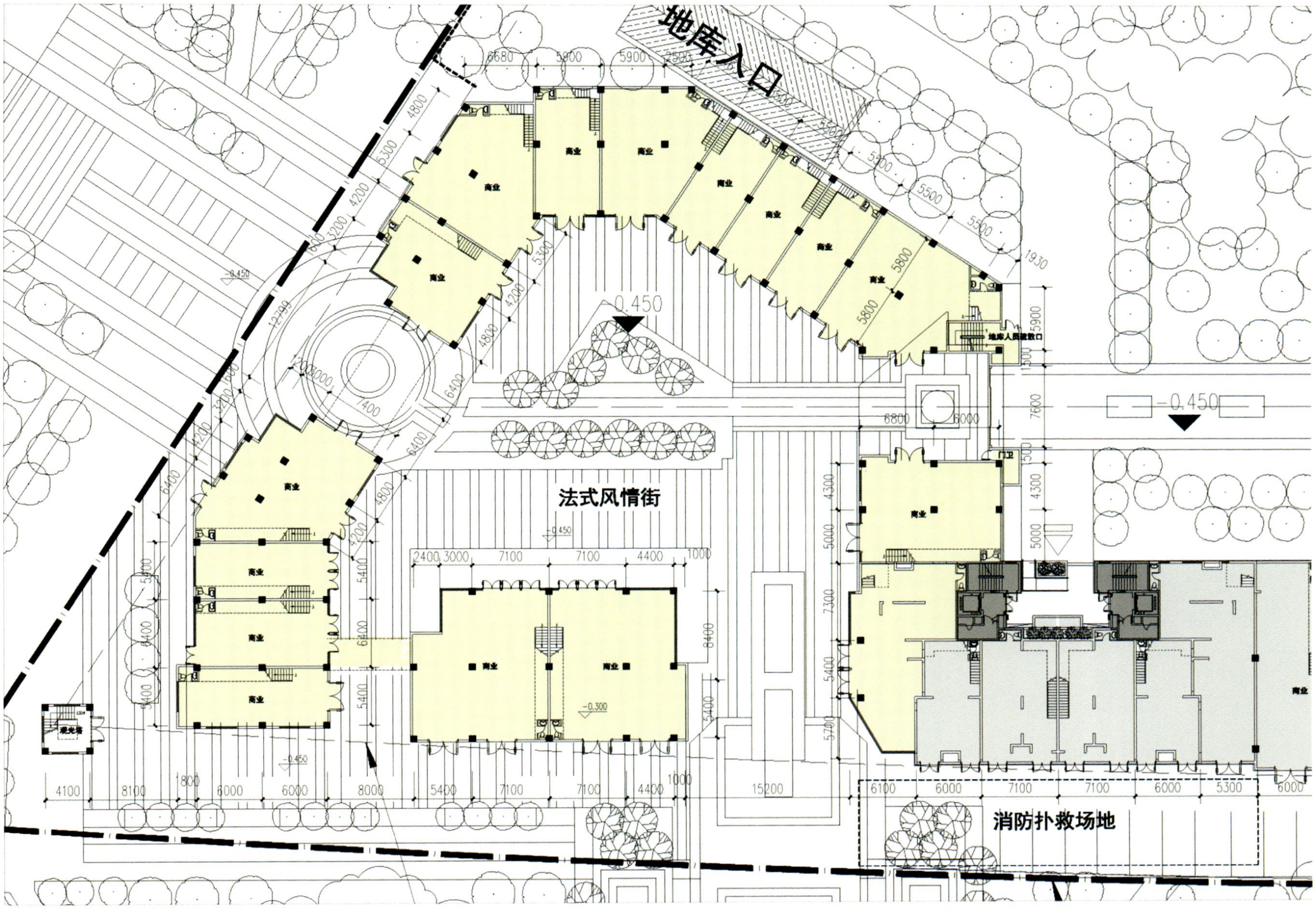

风情街一层平面图

主要经济技术指标

总用地面积：61361平方米
总建筑面积：206692平方米
建筑占地面积：11173平方米
计容建筑面积：184083.4平方米
　高层建筑面积：168429.4平方米
　商业建筑面积：14727平方米
　物业及社区管理用房：927平方米

总地下室面积：22609平方米
容积率：3.0
建筑密度：18.2%
绿地率：38.24%
总户数：1876户
总停车位：1045个
　地上停车位：418个
　地下停车位：627个

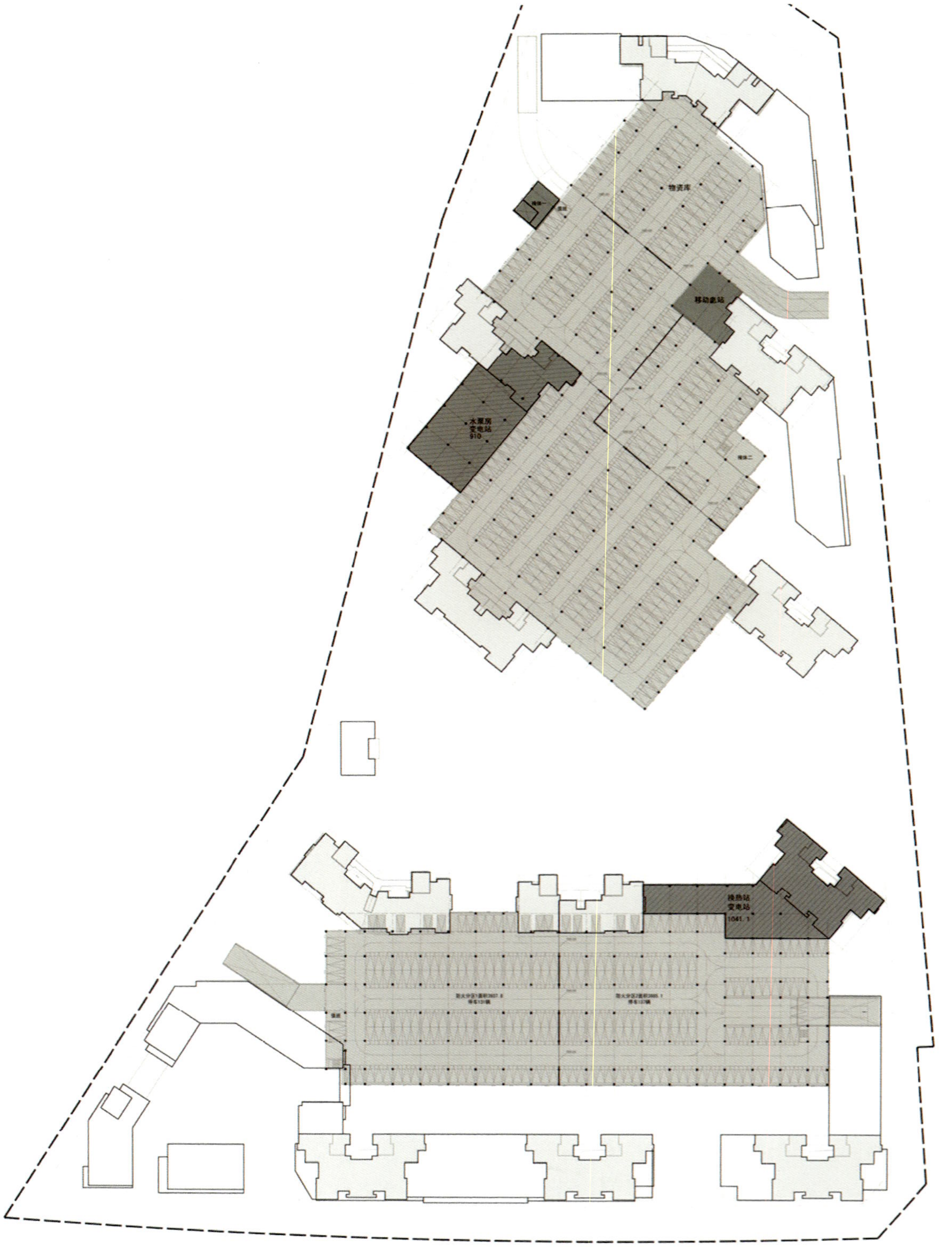

地库平面图

国际房地产创新典范

绿地 · 新江湾名邸（海珀 · 璞晖）

开发单位：绿地控股集团 · 上海恒申置业有限公司
规划设计：上海天华建筑设计有限公司
建筑设计：上海天华建筑设计有限公司
上海柏涛建筑咨询有限公司
上海城乡建筑设计院有限公司
景观设计：柏景（广州）园林景观设计有限公司上海分公司
上海秀领瀚禾景观设计有限公司

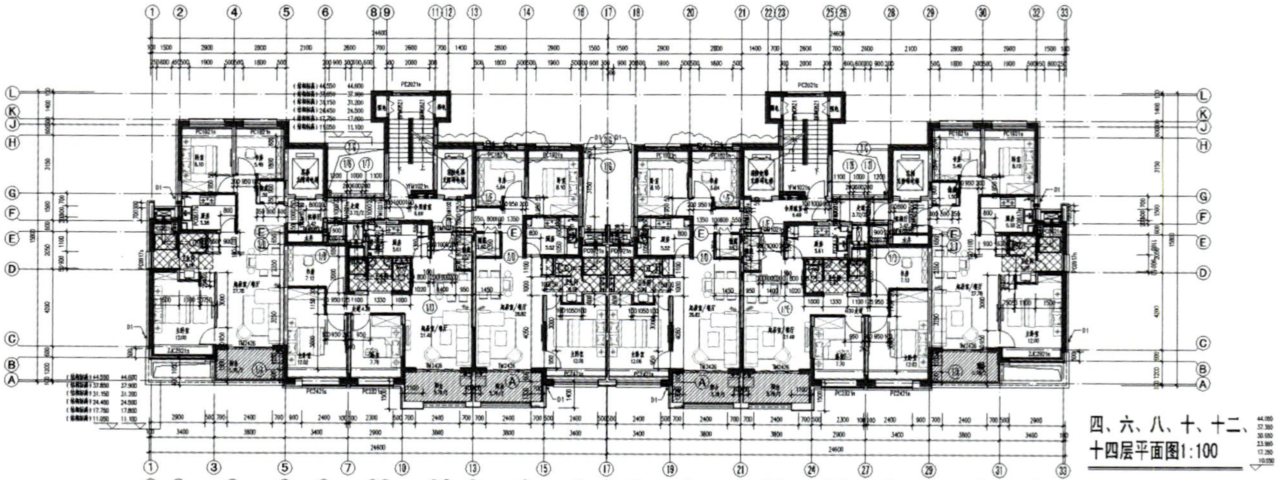

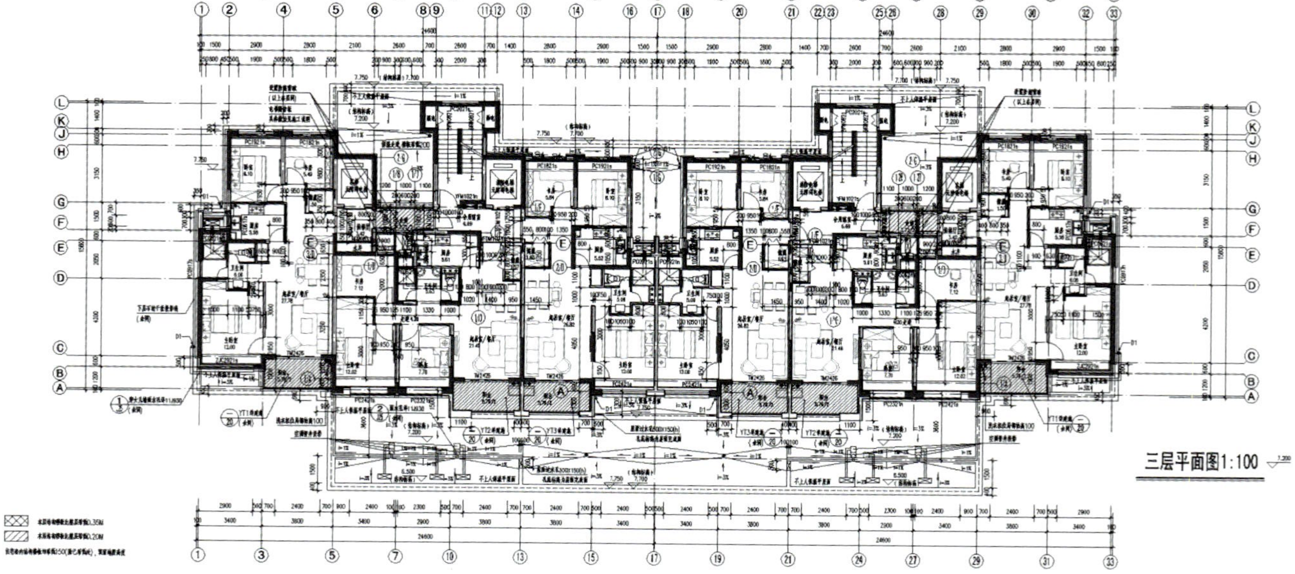

主要建筑单体设计图

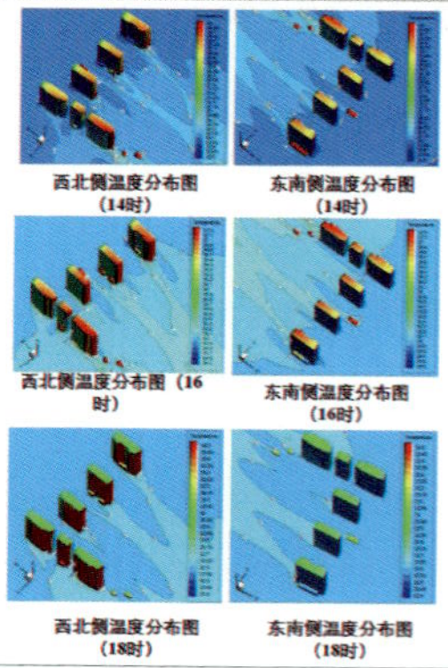

西北侧温度分布图（14时） 东南侧温度分布图（14时）
西北侧温度分布图（16时） 东南侧温度分布图（16时）
西北侧温度分布图（18时） 东南侧温度分布图（18时）

◆ 绿化率35 %，项目所在地周边比较空旷，东面有大面积的绿化带，极大程度上降低该项目的热岛强度。

◆ 坐南朝北，建筑朝向与上海当地主导朝向相符，有利于空气流通。

上海绿地新江湾名邸周围情况

新江湾名邸节地与室外环境

各工况风速云图

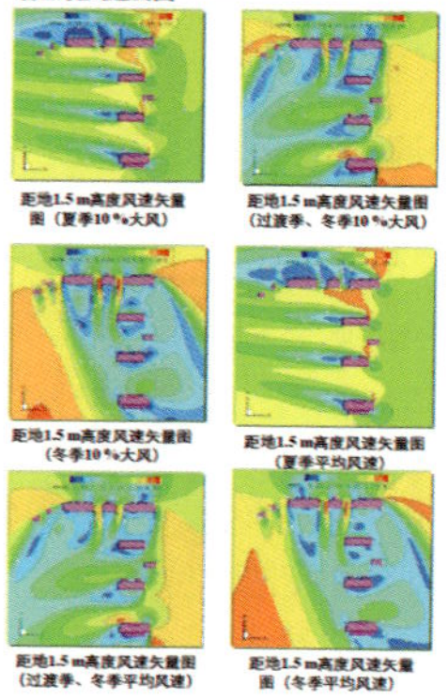

距地1.5 m高度风速矢量图（夏季10 %大风） 距地1.5 m高度风速矢量图（过渡季、冬季10 %大风）
距地1.5 m高度风速矢量图（冬季10 %大风） 距地1.5 m高度风速矢量图（夏季平均风速）
距地1.5 m高度风速矢量图（过渡季、冬季平均风速） 距地1.5 m高度风速矢量图（冬季平均风速）

达标判断：

上海绿地新江湾名邸1~6号楼项目室外风速状况

工况	初始风速（m/s）	最大风速（m/s）	放大系数	达标判断
夏季10 %大风	3.69	5.16	1.40	×
过渡季、冬季10 %大风	4.43	6.18	1.40	×
冬季10 %大风	4.43	5.89	1.33	×
夏季平均风速	2.51	3.51	1.40	√
过渡季、冬季平均风速	3.02	4.23	1.40	√
冬季平均风速	2.88	3.82	1.33	√

表5 上海绿地新江湾名邸1~6号楼项目室外风压状况

工况	基本情况	压差范围（Pa）	压差阈值（Pa）	达标判断
工况1	夏季10 %大风	基本处于2~12 Pa之间；局部超过20 Pa	P≥1.5	√
工况2	过渡季10 %大风	基本处于2~30 Pa之间；局部超过40 Pa	P≥1.5	√
工况4	夏季平均风速	基本处于1~10 Pa之间；局部超过15 Pa	P≥1.5	√
工况5	过渡季平均风速	基本处于1.5~12 Pa之间；局部超过18 Pa	P≥1.5	√

整体未满足"人行区风速不高于5m/s"的要求。

新江湾名邸节地与室外环境

4.1.13 住区环境噪声符合现行国家标准《城市区域环境噪声标准》GB 3096的规定。
4.1.11 住区环境噪声符合现行国家标准《城市区域环境噪声标准》GB 3096的规定。（国标）

场地位于《城市区域环境噪声标准》 2和4a 类型

测试点	测试时间	标准值	测试值	达标情况
1#	昼间	60（2类）	57.5	√
1#	夜间	50（2类）	52.7	×
2#	昼间	70（4a类）	64.7	√
2#	夜间	55（4a类）	53.8	√
3#	昼间	70（4a类）	64.5	√
3#	夜间	55（4a类）	54.3	√
4#	昼间	60（2类）	55.8	√
4#	夜间	50（2类）	49.0	√

国泓路因现在工地施工，经常有大型车辆经过，因此1号测点稍微超标，但项目建成后，不会影响居民生活，且小区与道路之间将建绿化带，可有效改善环境噪声。

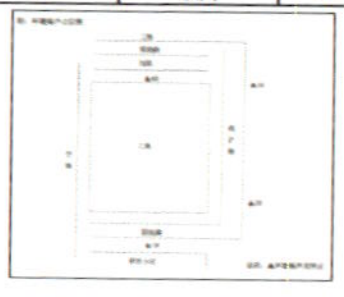

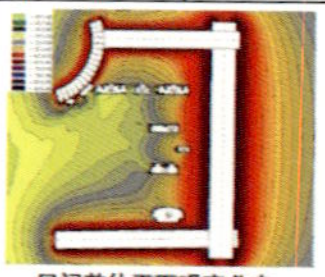

昼间整体平面噪声分布

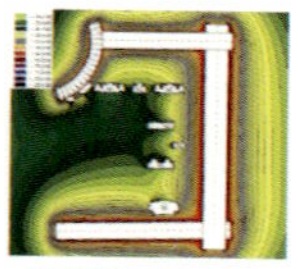

夜间整体平面噪声分布

经模拟：靠近国安路一侧参评建筑立面上的噪声昼间不大于70 dB、夜间不大于55 dB；内侧区域环境噪声昼间不大于60 dB、夜间不大于50 dB。

新江湾名邸节地与室外环境

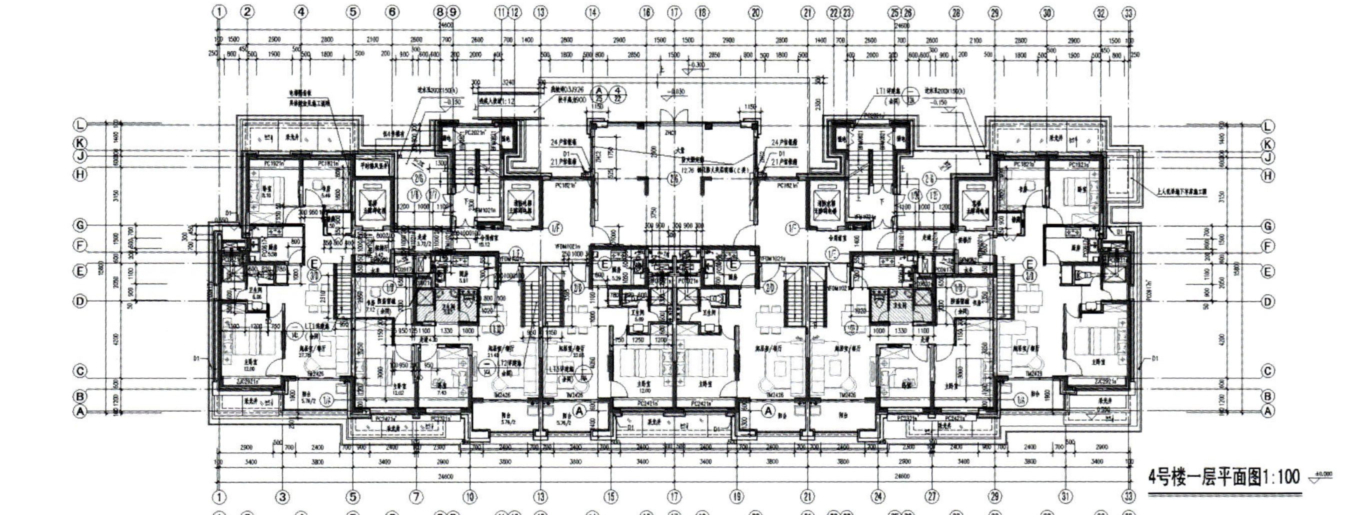

4号楼一层平面图1:100

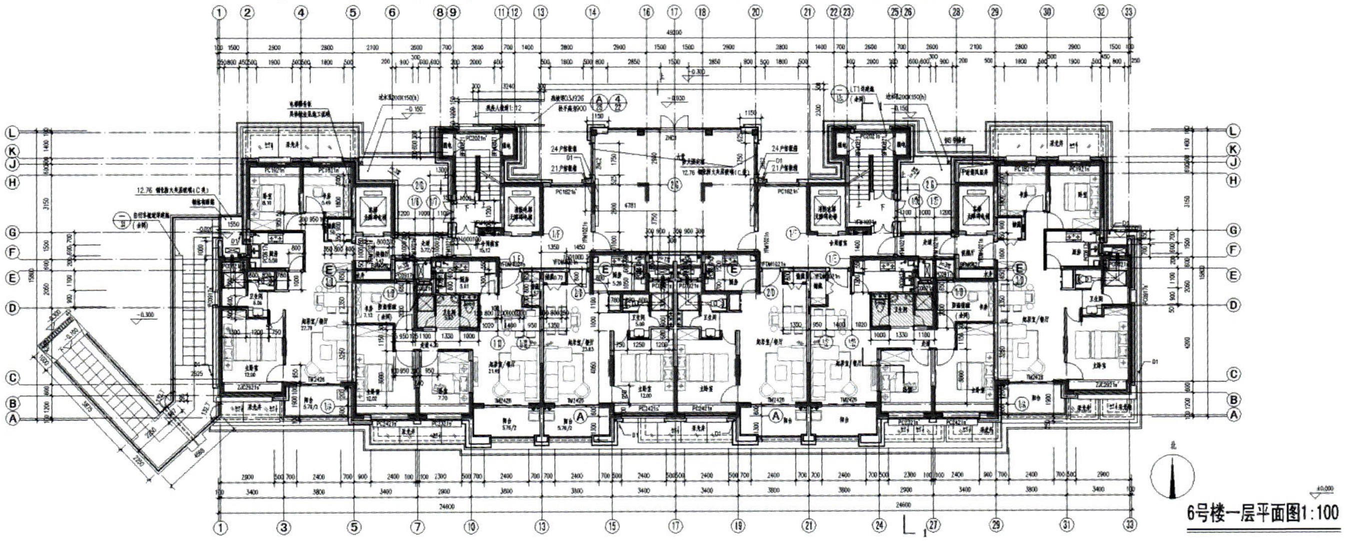

6号楼一层平面图1:100

主要建筑单体设计图

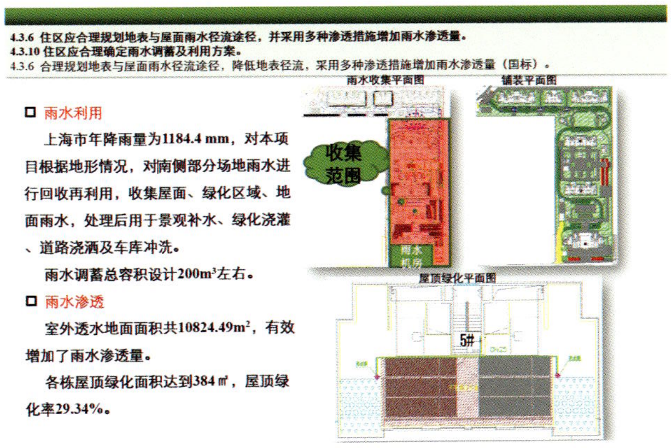

新江湾名邸节水与资源利用

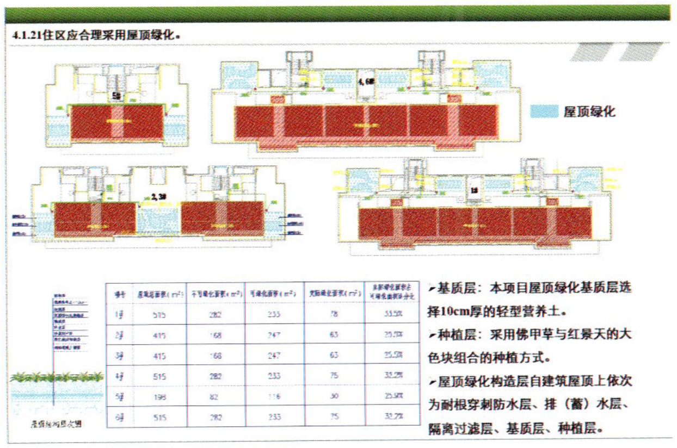

新江湾名邸节能与能源利用

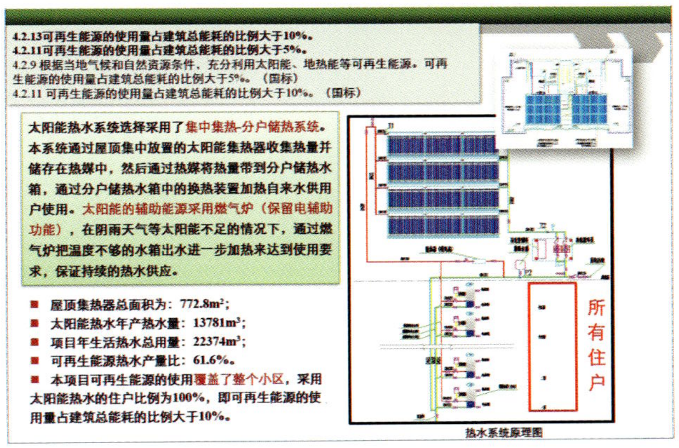

新江湾名邸节能与能源利用

专家点评

1. 该项目用地地形特点较为突出地体现了一线城市地产开发的“城市特征”，“局促、狭小、异形”，在这样的用地上开发高品质居住建筑所面临的难度与挑战是比较巨大的。该项目的设计很好地应对这种挑战。在看似单调的行列式布局中规划出层次分明，逐级递进的空间系列，将机动车与步行系统分离，消防车道与景园结合，物业管控与回家流线统一，并进一步营造出“公共景观・组团景观・游园景观”的层级空间，使小区的空间品质进一步优化，居住者的“回家体验”进一步强化。系列化的空间也使小区能“小中见大”、“步移景异”，客观上都对居住空间的品质提升创造了条件。因此，该项目作为成熟地段的品质住区的规划、景观和空间创新具有示范价值。

2. 单体设计方面，公共大堂空间的设计，提供了从室外景观空间到单元入户大堂之间的过渡空间，进一步丰富了从室外到室内的空间系列，符合高品质居住建筑的性格特征和居住者的高品质居住需求。此外采用了很多实施性强的绿色生态技术，绿色创新度好。

3. 立面设计理性、内敛、简洁，传递出居住者的文化品位和生活态度，细部设计运用了中国传统元素的提炼，体现了设计对传统文化的追求和创新。

4. 户型设计对可变性的注重和结合精装修的精细化处理，使得该项目对全寿命、高品质的追求成为创新的新亮点。

5. 该项目最大的特点在于综合运用各种创新手段来实现对高端居住品质的创新，尤其是高品质的住区达到绿色三星标准，值得推荐。

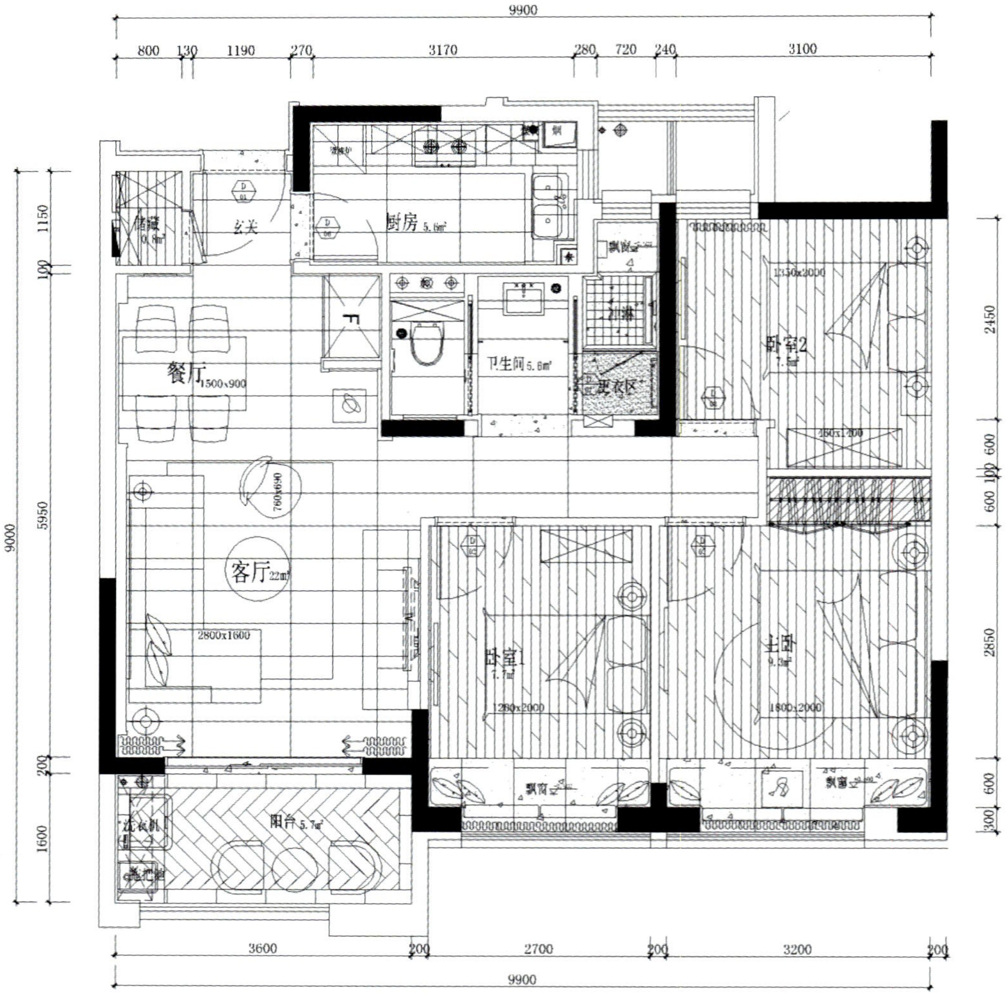

典型户型平面图

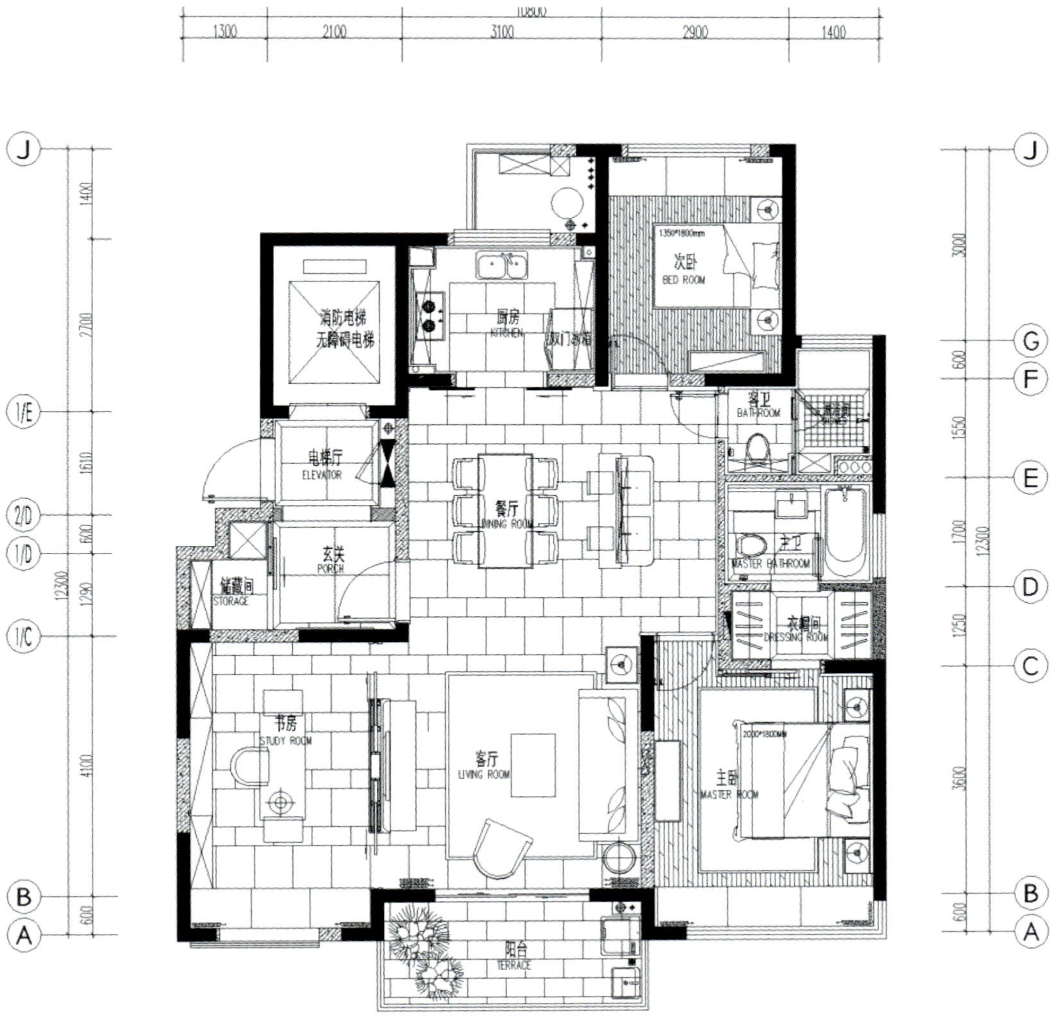

典型户型平面图

主要经济技术指标

用地面积：22331.7平方米
总建筑面积：65894.00平方米
地上总建筑面积：46438.55平方米
地上计容建筑面积：44663.40平方米
地上不计容建筑面积：1775.15平方米
地下总建筑面积：19455.45平方米
容积率：2
绿地率：35%
建筑覆盖率：17.40%
住宅户数：408户
机动车停车位：417个
地上停车位：21个
地下停车位：396个
非机动车停车位：425个

国际房地产创新典范

天津文化中心

设计单位：天津市城市规划设计研究院

总平面图

项目概况

“天津文化中心”项目位于天津中心城区南部，毗邻天津行政中心、迎宾馆和大礼堂，占地90万平方米，东临隆昌路、南临平江道、西临友谊路、北临乐园道。是天津市委、市政府为适应经济社会快速发展，体现城市发展定位，按照城市总体规划，整合现有文化资源，完善城市文化功能而规划建设的工程，于2009年9月开工，2012年3月竣工，同年5月向社会开放。

本项目总体布局利用中心湖形成开敞空间，底景布置大剧院，南侧布置博物馆、美术馆、图书馆，北侧布置市民广场和阳光乐园。地下空间包括：建筑单体地下室、地铁站点、商业、停车库、人防设施、能源站等配套设施。

本项目规划将其与行政中心、接待中心、小白楼商业商务中心共同构建中心城区的城市主中心，承担综合功能，完善城市文化服务功能，全面提升城市形象，成为一个功能多元、舒适开放的文化活动中心。在最重要的位置建设公共文化设施建筑群，突出了文化性和人民性，使其成为一个为广大群众服务的、生机勃勃的城市中心。

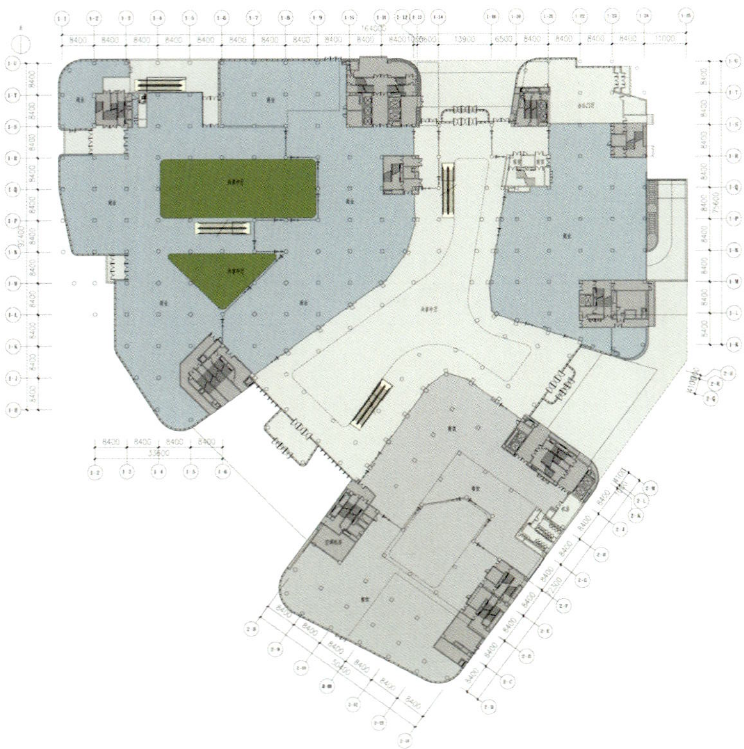

阳光乐园首层平面图

阳光乐园二层平面图

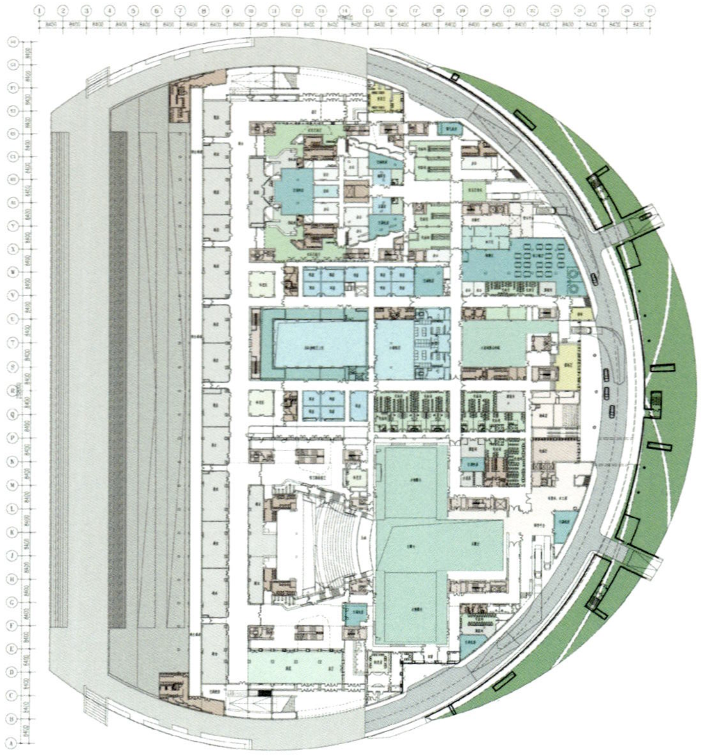

天津大剧院首层平面图

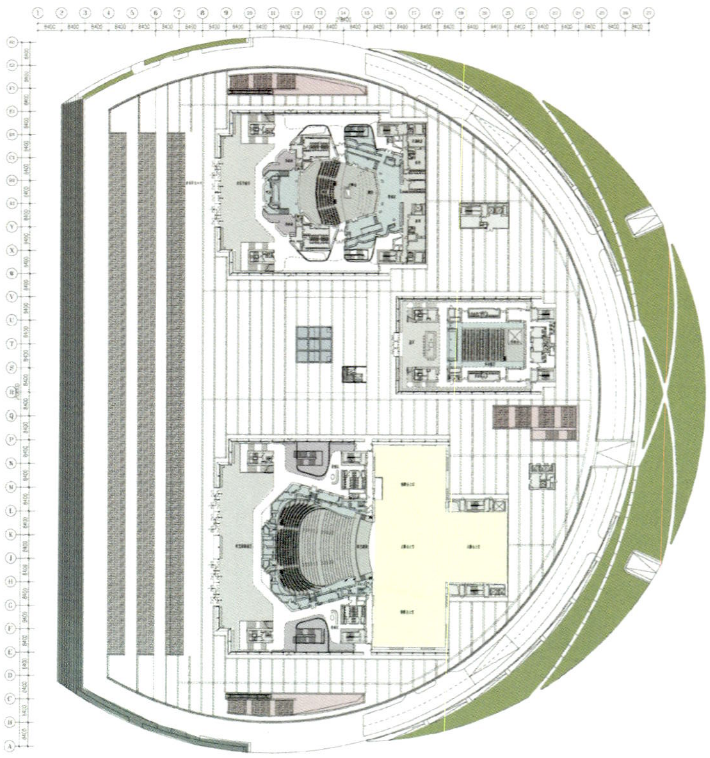

天津大剧院二层平面图

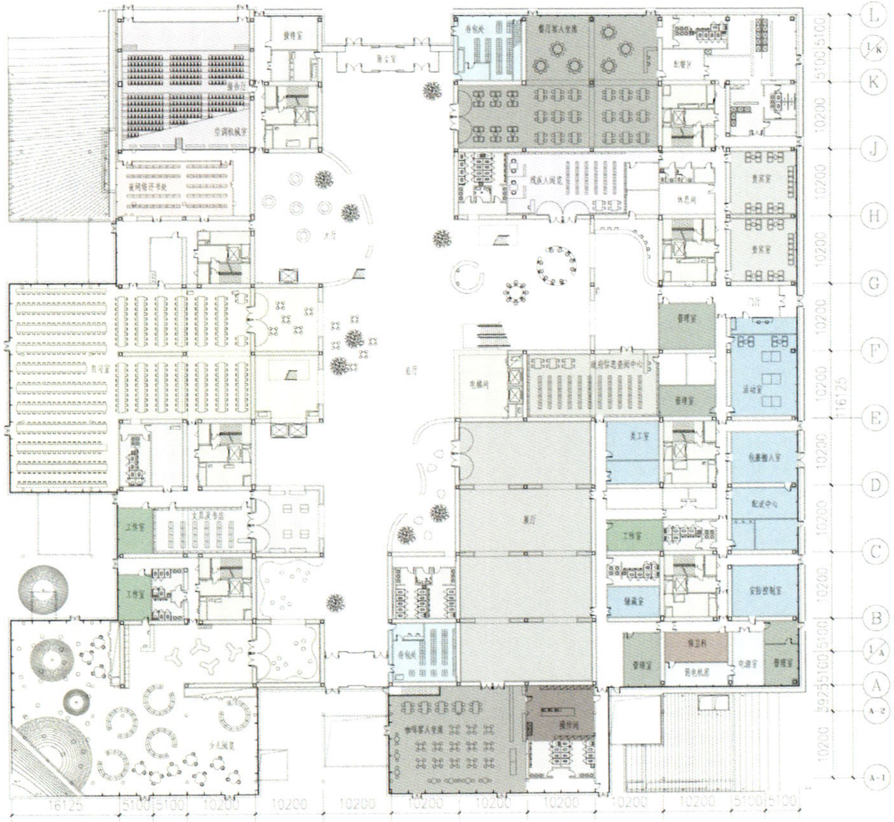

天津图书馆首层平面图

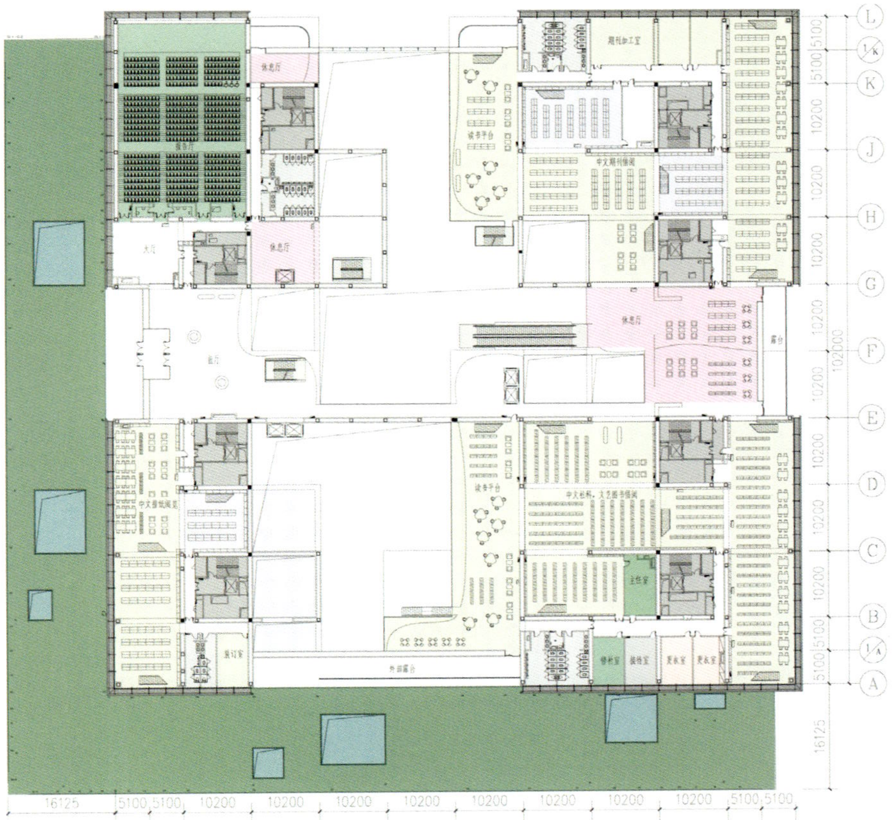

天津图书馆二层平面图

专家点评

1. 该项目占地90万平方米，规划以整合文化资源、提升城市文化功能为主题，力求打造一个功能多元、活动开放的“综合体类型”的大型组群级的文化活动中心。

2. 整体布局结合中心湖的开敞空间，主景为大剧院，周围辅以博物馆、美术馆、图书馆，配置市民广场和大型商业设施，并建有地铁和公交线，形成了国际化的集商业、娱乐、休闲等多元业态的，与多样性文化建筑融为一体的“文化综合体”空间组群。

3. 建设4条地铁站、一处公交站点，完善的内外部交通体系，让人们能够便捷地进出。

4. 大剧院、图书馆、博物馆、阳光乐园等大型单体建筑，风格多样，设计精细，技术先进，功能完善，总体来说具有极强的创新性。

5. 该项目技术先进，大量应用绿色技术，具有很强的示范性。

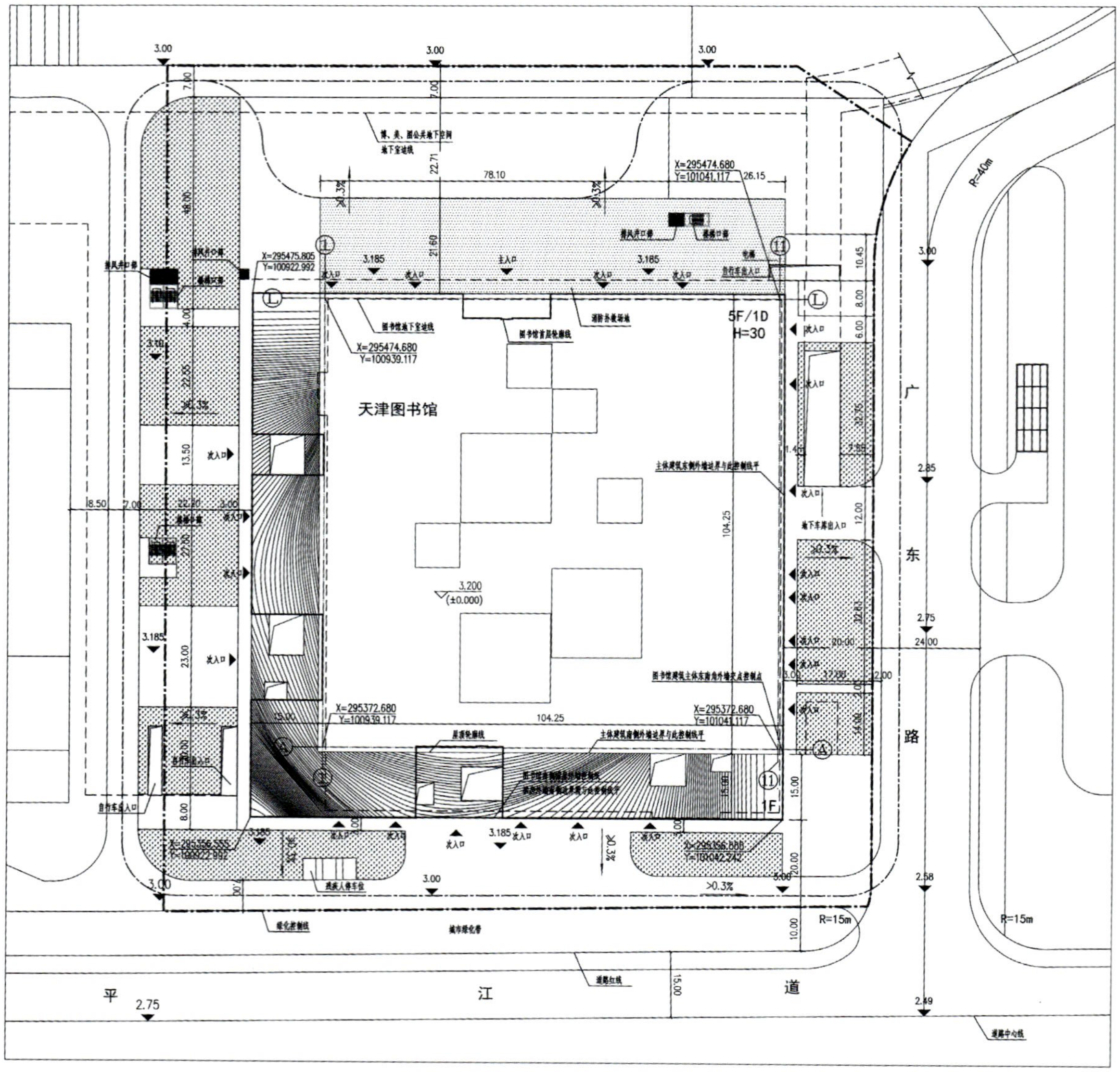

技术经济指标一览表

序号	项　目		单位	数　值
1	总建筑面积		m²	64451.88
其中	地上建筑面积		m²	45088
	地下建筑面积		m²	19363.8
2	容积率			1.49
3	建筑密度		%	45
4	绿地率		%	19
5	建筑层数		层	地上5层地下1层
6	建筑高度		m	30
7	机动车位	地上	个	3
		地下	个	110
8	非机动车位	地上	个	1950
		地下	个	800

注：

1. 地下建筑面积19363.8m² 包括博、美、图公共地下空间分摊面积7326m²；本体建筑面积地下部分12037.8m²。
2. 机动车除残疾人停车位外均布置在相邻博、美、图公共地下空间内；非机动车车位布置在相邻博、美、图公共地下空间，地下布置车位800个，其它结合地面景观设置。

说明：

1. 本图依照甲方提供1：2000实测地形图绘制。
2. 本工程采用1972年天津市大沽高程系统，以2008年水准高程算。设计标高±0.000相当于为大沽高程3.20米。
4. 本工程所用坐标系为1990年天津市任意直角坐标系。
5. 建筑物定位采取两套系统，绝对坐标点（轴线交点）定位以及建筑物相对尺寸（外包尺寸）定位，两者相互校验，施工放线后，经规划、消防部门确认同意后，方可动工。
6. 图中高程、距离以米为单位。
7. 本工程采用收水井方式收集室外地面雨水，具体详景观设计，室外道路、场地、环境设计详景观设计。

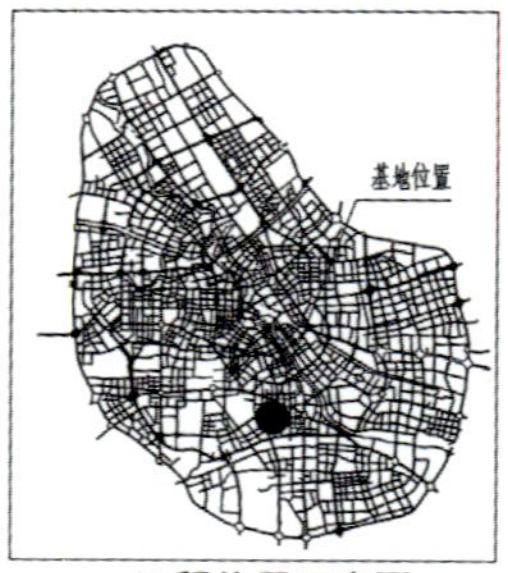

工程位置示意图

图　例

规划建筑　可用地界限　地下空间边线
绿地　道路红线　消防车道
规划道路　消防扑救场地

总平面图 1:500

北

建筑总平面及规划指标

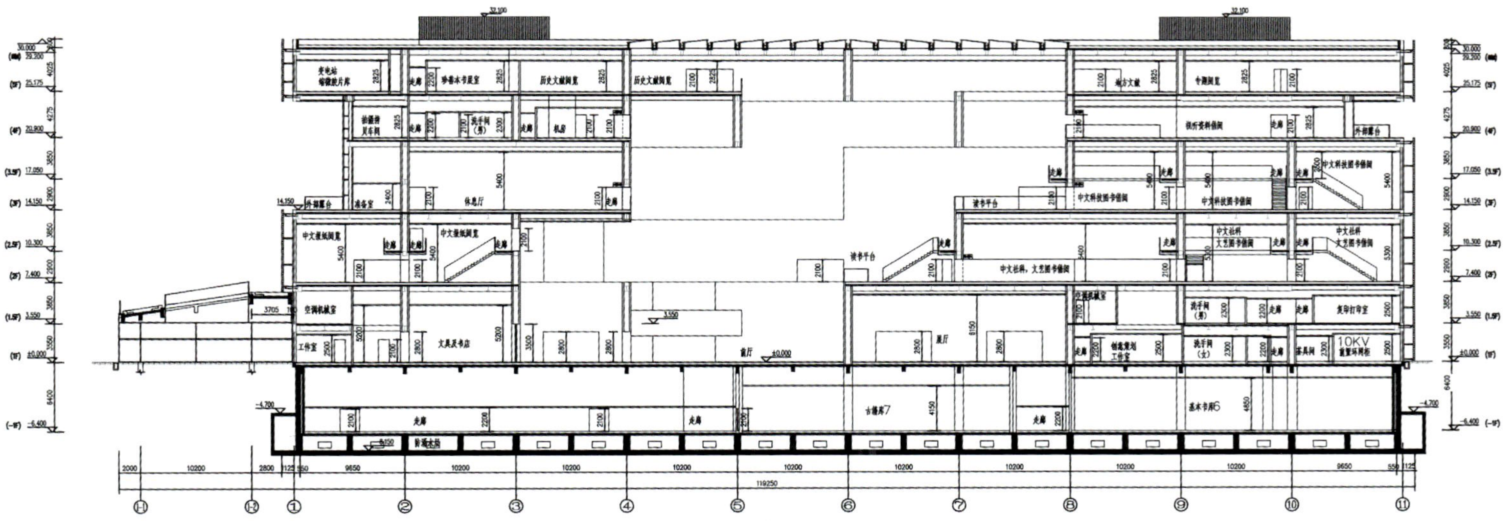

1-1剖面图 1:300

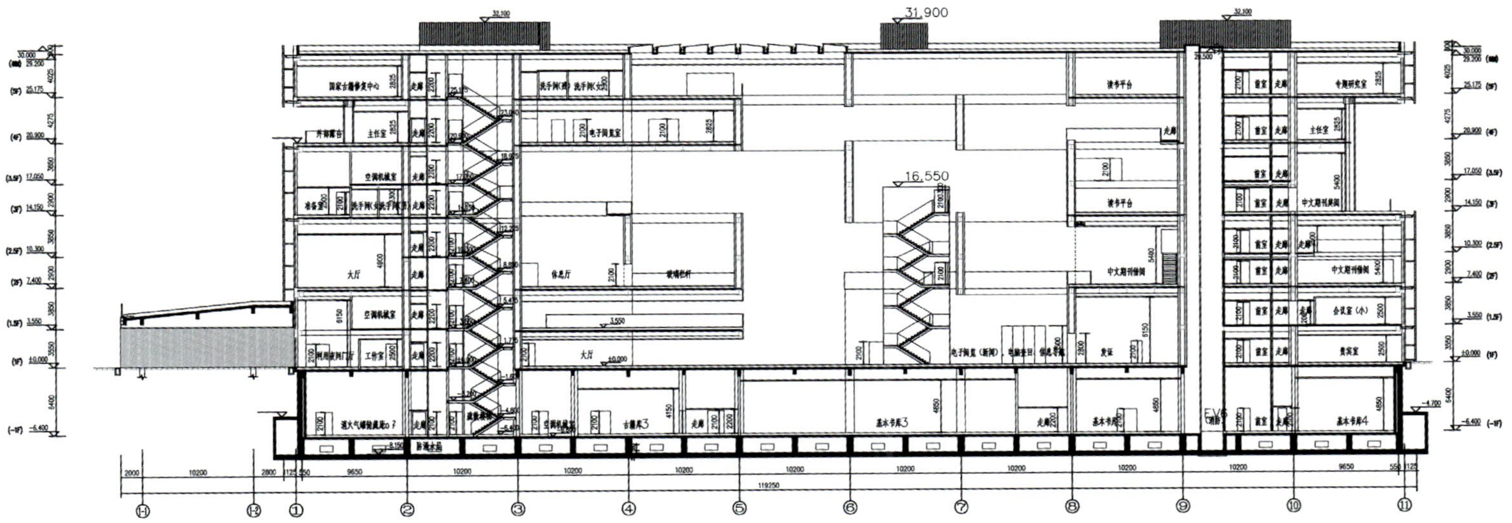

天津图书馆建筑剖面图

主要经济技术指标

规划总用地面积：90.09万平方米
规划可用地面积：83.13万平方米
- 公建用地面积：40.20万平方米
  - 天津博物馆面积：5.91万平方米
  - 乐园宾馆面积：1.48万平方米
  - 青少年儿童培训中心面积：2.17万平方米
  - 天津科技馆面积：1.73万平方米
  - 中华剧院面积：2.89万平方米
  - 天津乐园面积：45.10万平方米
  - 天津旅游外事职业学校面积：0.71万平方米
- 道路用地面积：9.73万平方米
- 公共绿地面积：22.51万平方米
- 其他用地面积：10.69万平方米

总建筑面积：104.20万平方米
- 地上建筑面积：58.08万平方米
  - 天津博物馆建筑面积：4.32万平方米
  - 天津美术馆建筑面积：2.40万平方米
  - 天津图书馆建筑面积：4.30万平方米
  - 天津大剧院建筑面积：6.97万平方米
  - 购物中心建筑面积：22.00万平方米
  - 阳光乐园建筑面积：5.53万平方米
  - 控制中心建筑面积：0.40万平方米
  - 变电站建筑面积：0.15万平方米
  - 自然博物馆建筑面积：3.45万平方米
  - 乐园宾馆建筑面积：1.86万平方米
  - 青少年儿童培训中心建筑面积：2.02万平方米
  - 中华剧院建筑面积：1.57万平方米
  - 天津科技馆建筑面积：2.10万平方米
- 地下建筑面积：46.12万平方米

容积率：0.7
建筑密度：19%
绿地率：41.87%
机动车停车位：3779个
非机动车停车位：33693个

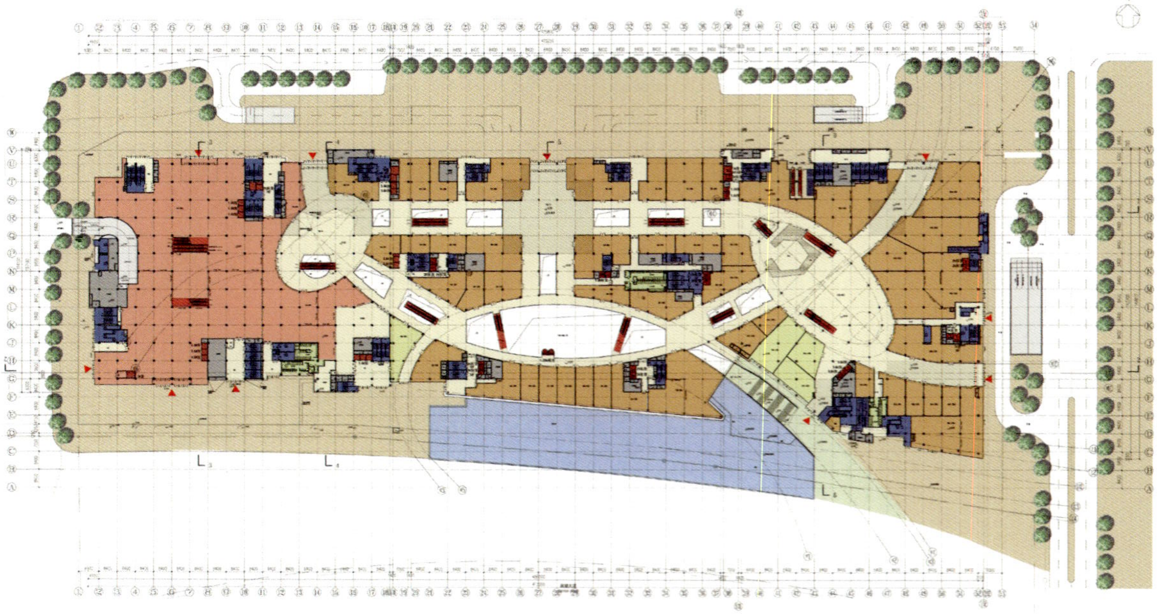

市民广场首层平面图

国际房地产创新典范

济南·万科城

开发单位：济南万筑房地产开发有限公司
规划设计：上海原构设计咨询有限公司
建筑设计：上海原构设计咨询有限公司
景观设计：上海原构设计咨询有限公司

项目概况

“济南•万科城”项目位于山东省济南市高新区与老城区交界处，城市东拓方向之上。东侧为奥体西路，规划红线宽45米；北侧为规划一路；南侧及西侧临近大辛河，并以规划城市道路相隔。地块总体呈四边形，南北最长距离约655米，东西最长距离约455米。

本项目以“开放的新城”作为规划的核心。建筑形态以板式为主，通过适当偏移形成错落的组团形式，并形成匀质的围合空间，保证了住宅的私密性，又形成了邻里之间高质量的交往空间。

本项目充分结合所处环境和景观资源，通过道路划分，在一定程度上打破居住区的封闭模式，使住区之间的道路成为城市道路的有机延伸，以开放的形态融入更大的周边城环境，形成与周边住区融为一体，从而使街区充满活力，提升居民的生活质量。大面积绿化及生态技术的实施使本项目城市宜居的社区，让更多的居民享受生活、享受自然。

总平面图

地下车库 · UNDERGROUND PARKING

地下车库

高度分布 · PRODUCT MIX DIAGRAM

高度分析

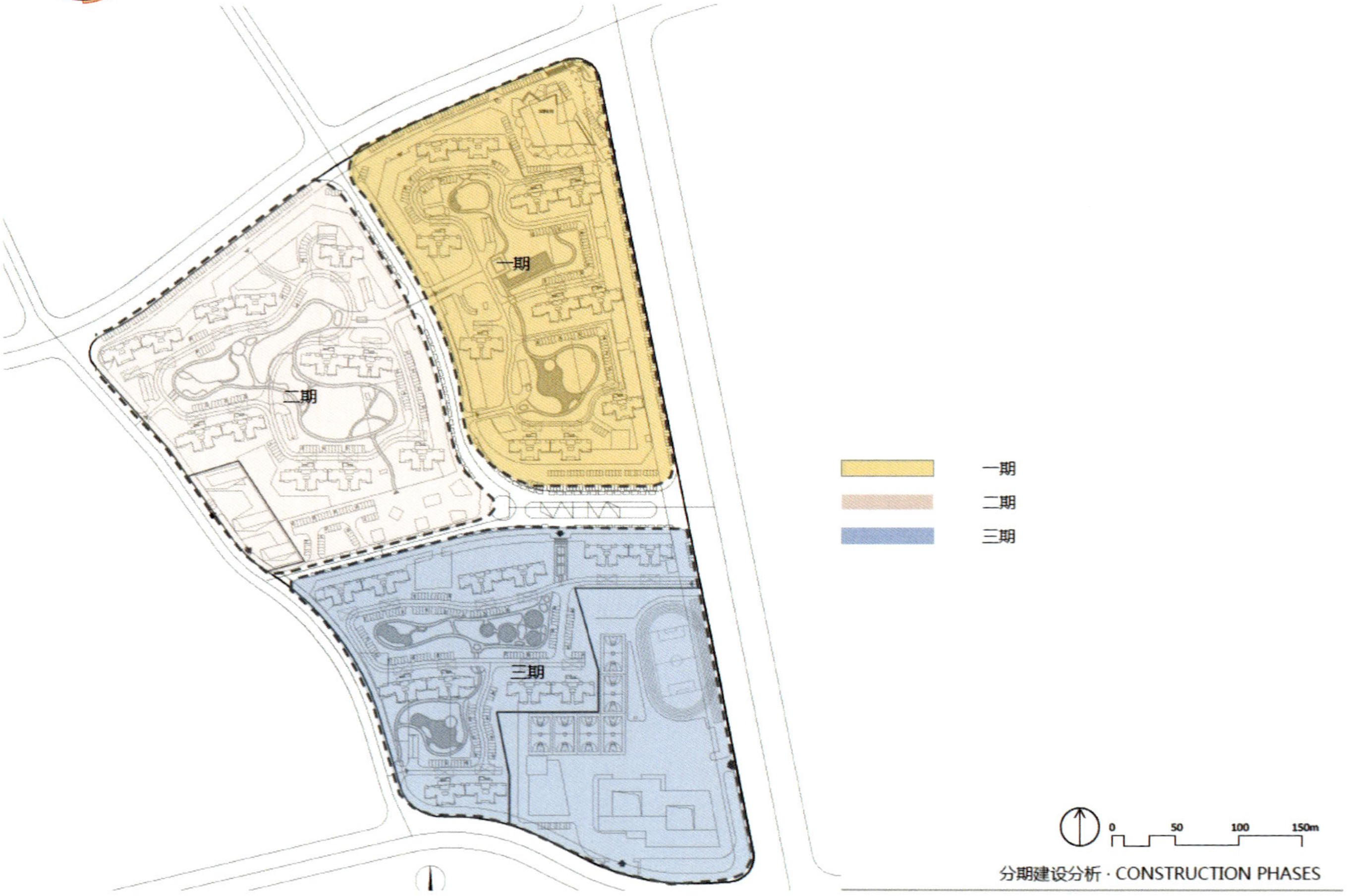

分期建设分析图

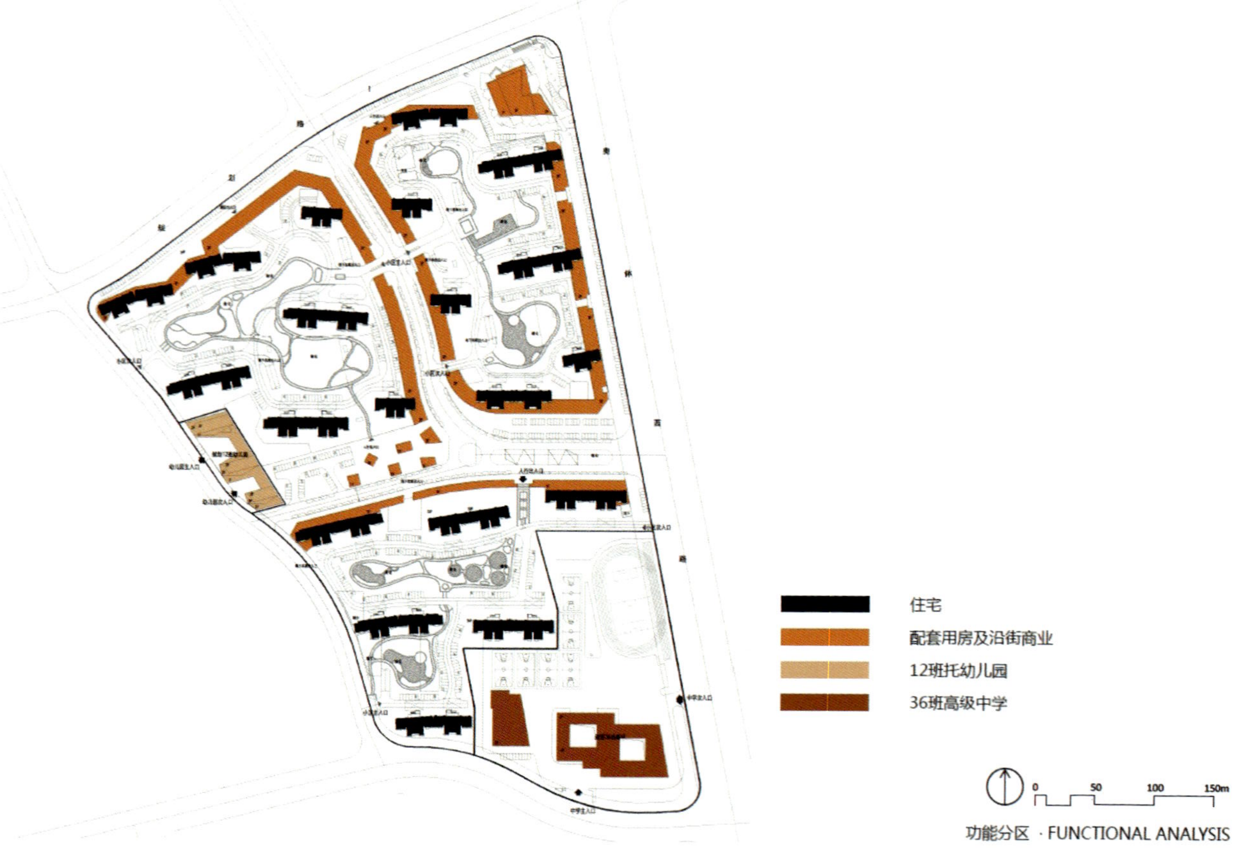

功能分区图

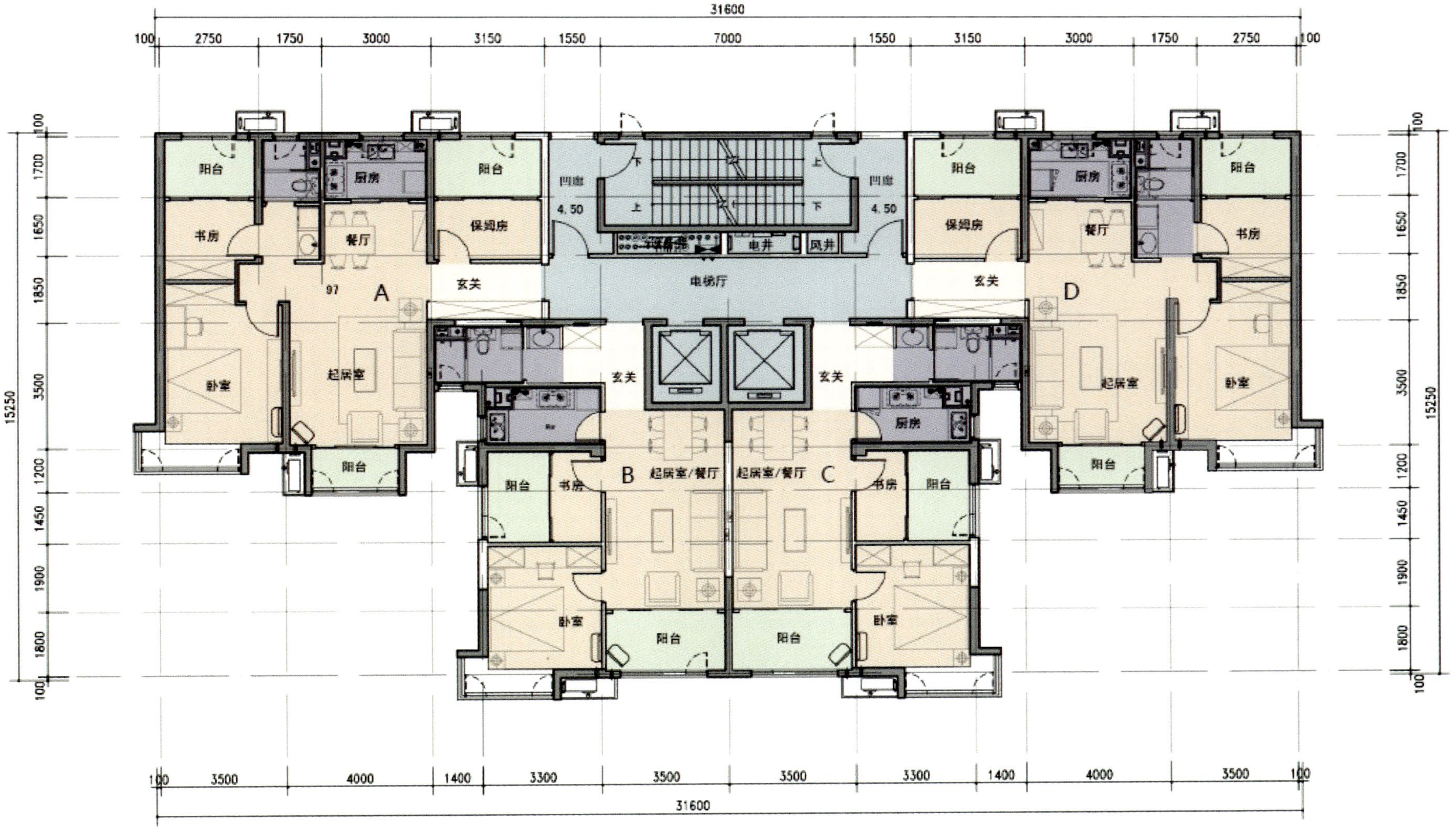

TYPE-1户型标准层平面图

专家点评

1. 该项目以开放的新城为核心规划理念，将整个住宅区分成三个组团，打破普通居住区的封闭模式，使住区间的道路成为城市道路的有序延伸。这种规划使街区容易集结人气、方便居民购物与交流，利于促进和谐的邻里关系。

2. 规划用了一梯四户的一个单元和两个单元合并，两种形式组合，作为南北向短板，保证户户采光通风好，小区内视野也比较疏朗。

3. 三个组围，大小规模适宜，每个均有一定的围合私密性，又在内部庭院设计上做到开放视野、回转联通，增加了趣味性。

4. 楼栋的摆放，既考虑了与街道的关系、南北朝向，又注意了适当的灵活性，如长、短栋型结合，小角度的偏转等，努力营造活泼的气氛，人性化的尺度感，以打破高容积率的压迫单调感。

5. 景观、绿地的设计活泼亲切，其他公共设施配置到位。车位数量充足，停车后能直接入户，方便出行。

6. 户型设计经济合理，符合国家提倡中小户型的要求。

7. 各空间面积分配合理，空间方正实用，设备布置细致合理。

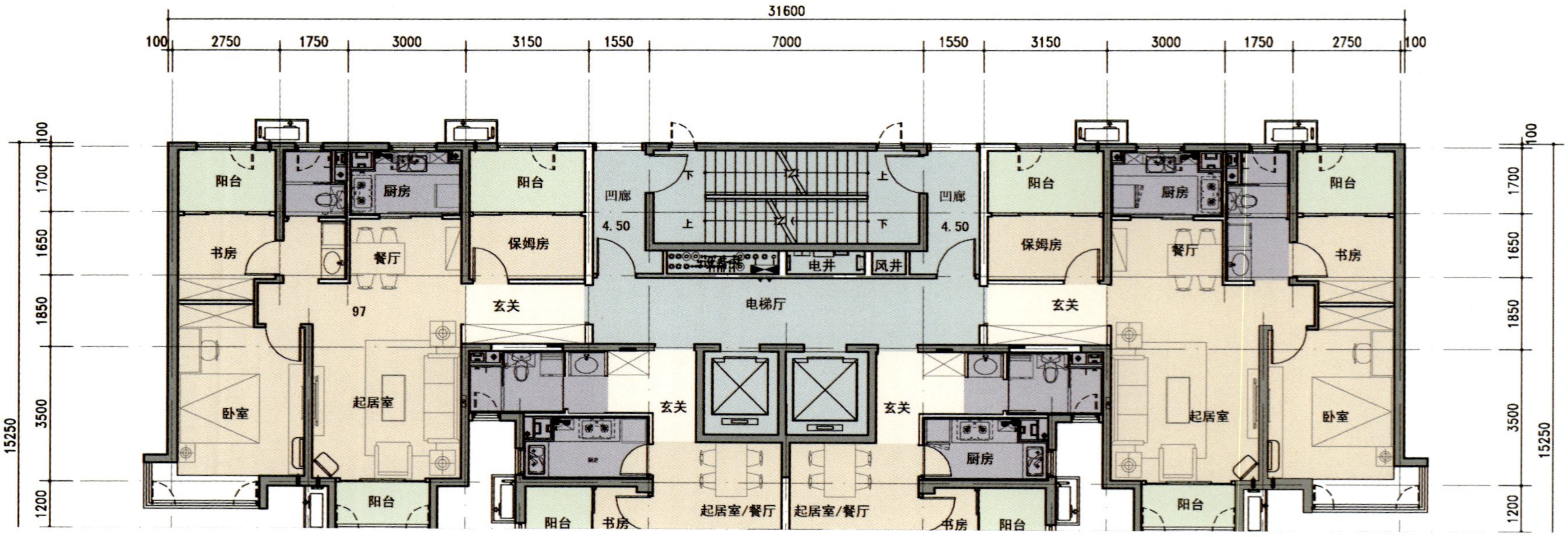

户型标准层平面图

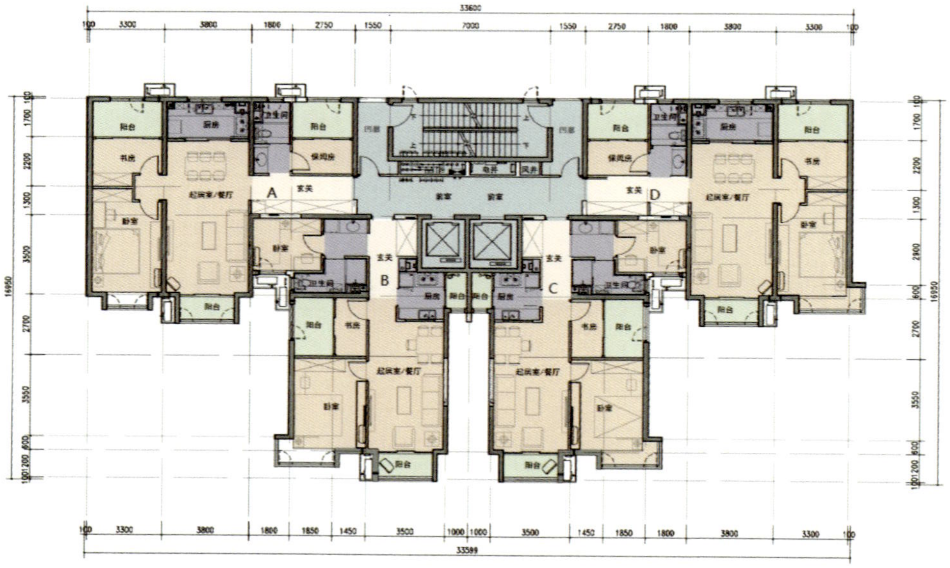

TYPE-2户型标准层平面图

主要经济技术指标

总用地面积：191417.9平方米

总建筑面积：597148.75平方米

地上建筑面积：478544.75平方米

住宅建筑面积：425636.4平方米

地上配套设施建筑面积：24215平方米

配套商业建筑面积：28693.35平方米

地下总建筑面积：118604平方米

容积率：地上：2.50；地下：0.62

建筑密度：18%

绿地率：35%

住宅总户数：4394户

机动车停车位：3832个

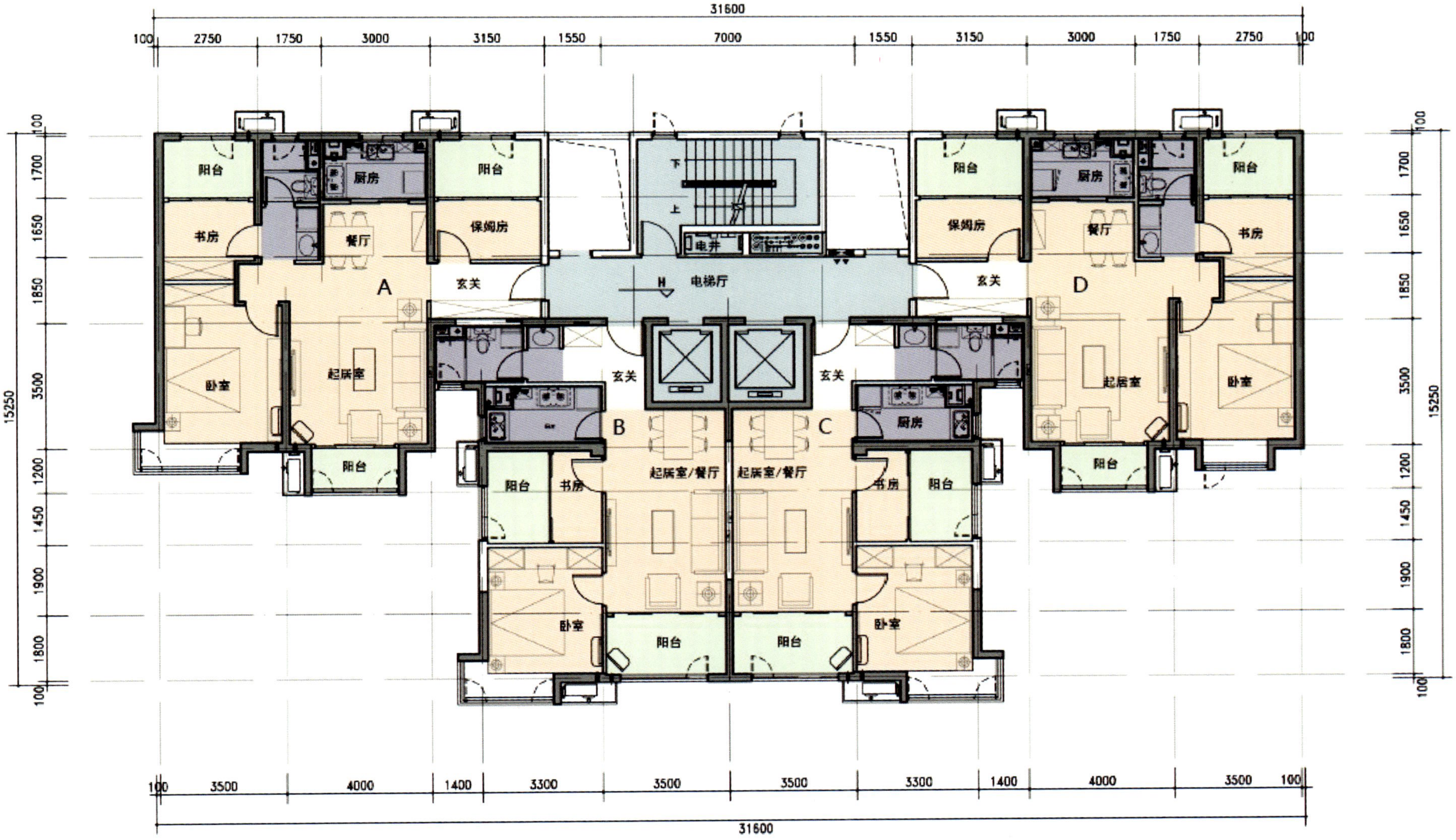

TYPE-5户型标准层平面图

国际房地产创新典范

张家港·澳洋·优居壹佰

开发单位：江苏澳洋养老产业投资发展有限公司
规划设计：清华大学建筑学院·周燕珉居住建筑设计研究工作室
建筑设计：清华大学建筑学院·周燕珉居住建筑设计研究工作室
景观设计：清华大学建筑学院·周燕珉居住建筑设计研究工作室

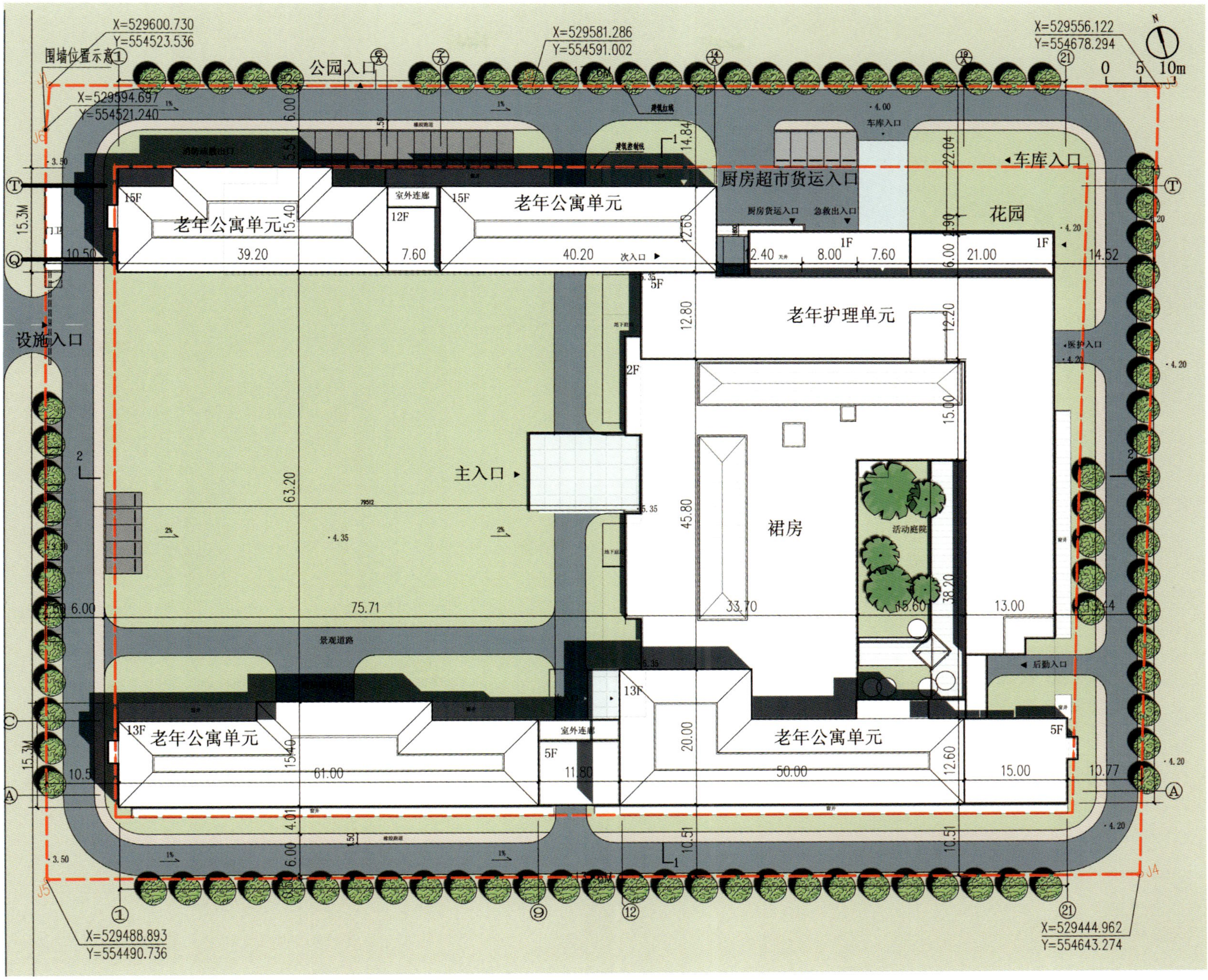

总平面图

项目概况

“张家港•澳洋•优居壹佰”项目位于江苏省张家港市的东北角，紧邻东二环路，距离北二环900米，距离张家港东西大动脉的南侧338省道只有1.6公里，距离张家港城市核心商业区只有4公里，距离张家港长途汽车站3公里。

本项目是江苏澳洋集团秉承“老有所养、老有所医、老有所为、老有所学、老有所乐”的宗旨，兴建的一座现代化的老年公寓。共设有350套高档装修的适老化居家养老套间，并设有100多个全护理床位。

本项目占地28亩，建筑面积55950.9平方米。 配备专门为老年人提供的文体活动、餐饮、洗浴、康复保健、医疗护理等功能区，满足不同老年人不同时期的需求，实现可持续照料功能。

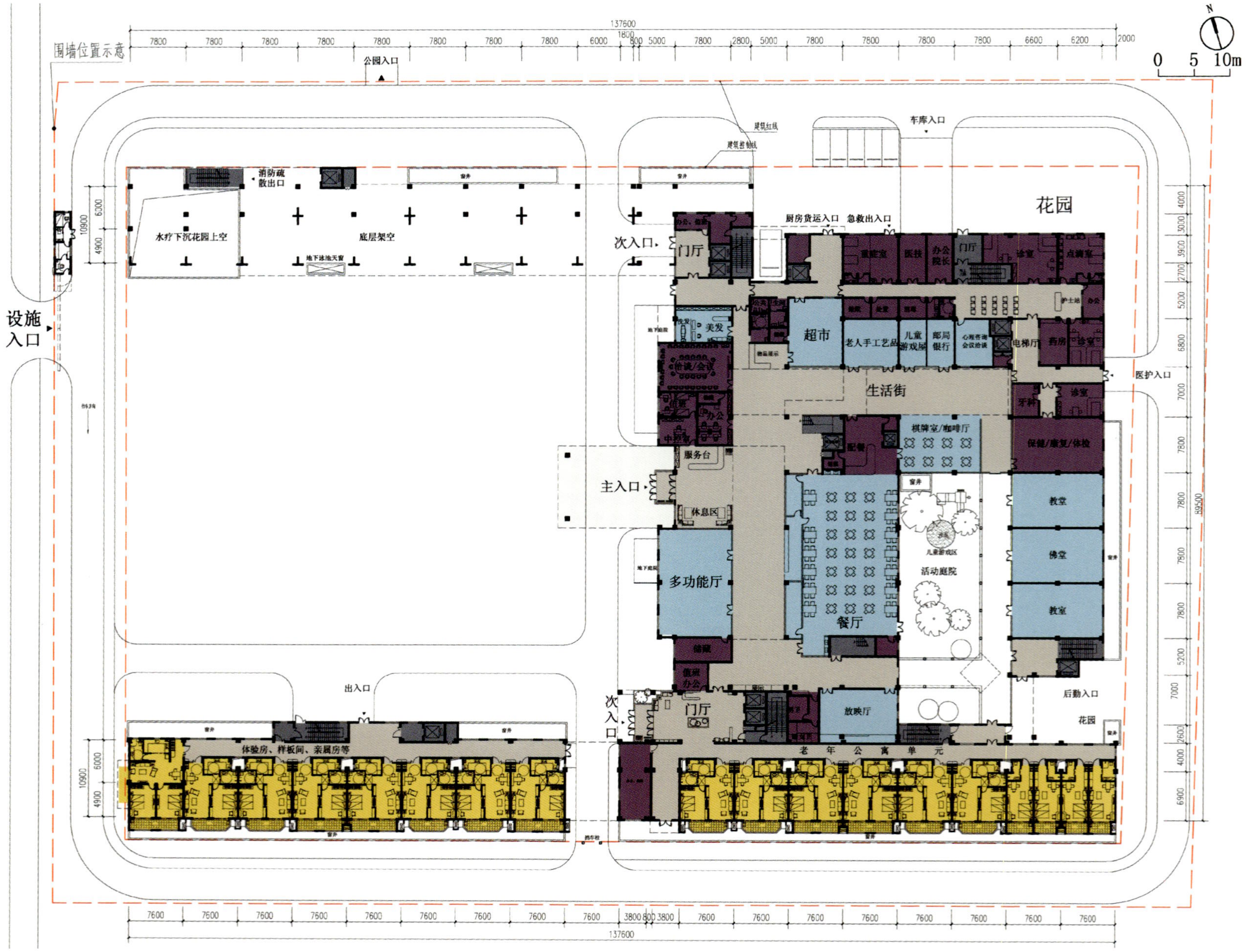

首层平面图

专家点评

1. 该项目为养老地产项目，从规划到设计处处以老年人的需求为第一原则，突出适老型、宜居型和服务型的特点，满足老年居住者的生理和心理需求，充分体现对老年人的关怀和尊重。项目选址恰当，周边有大面积的城市公园，结合优越的周边环境，紧凑布置了养老院的建筑群落，形成空间丰富、层次有序的室内外生活起居的场所，为老人提供了生活方便、环境优美、服务优质的养老环境。

2. 该项目设计对老人充满了关爱，突出老年人居住的特殊需求，在住宅、公共服务、室内外设施及环境方面，通过精细设计，为健康老人和残障老人营造了幸福的晚年生活场所和提供各种服务，为全国养老地产的设计和建设做出了十分重要的示范作用。

3. 养老院分为健康老人和需要护理的老人两种人群的公寓。两部分共用服务设计，功能分区合理，活动流线明确、顺畅，且十分有情趣。

4. 室内功能设计做出了多种方案的选择，确保老人护理和生活的方便与安全，并为老年人提供了丰富的生活内容。总之，该项目在我国养老产业方面做出了好的榜样，是值得推崇和宣传的。

137600
7800 7800 7800 7800 7800 7800 7800 7800 6000 1800 800 5000 7800 2800 5000 7800 7800 7800 7800 6600 6200 2000
0 5 10m
N
10900
6000
4900
老年公寓单元
露台
厨房
网络室
阅览室
上空
书画室
配餐
员工餐厅
护理
办公
老年护理单元
手工室
包间
活动庭院
陶艺室
茶餐厅
戏曲室
K歌房
宴会厅
公共活动厅
89500
7600 7600 7600 7600 7600 7600 7600 7600 7600 3800 800 3800 7600 7600 7600 7600 7600 7600 7600 7600

二层平面图

优居壹佰

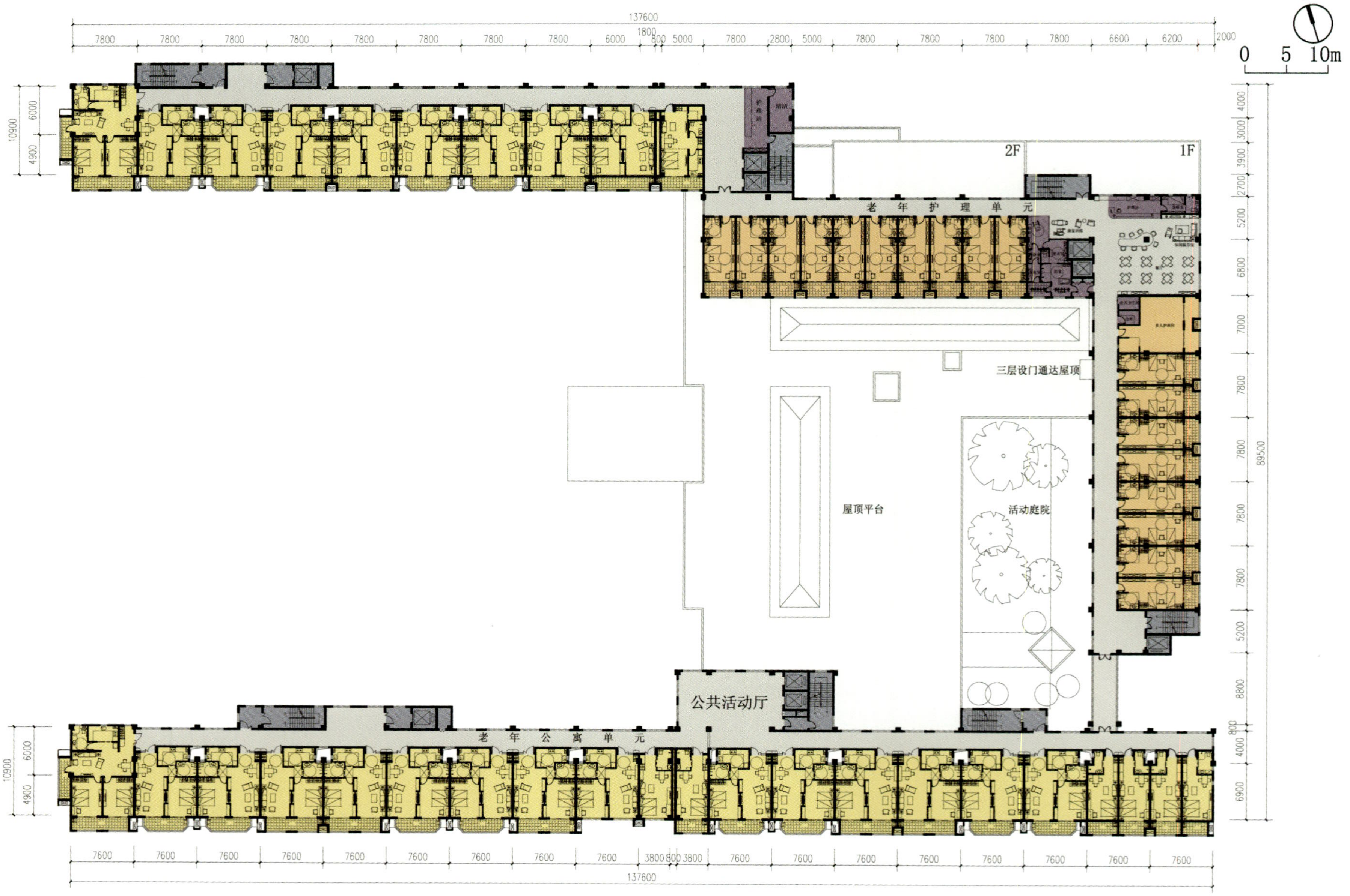

三至五层平面图

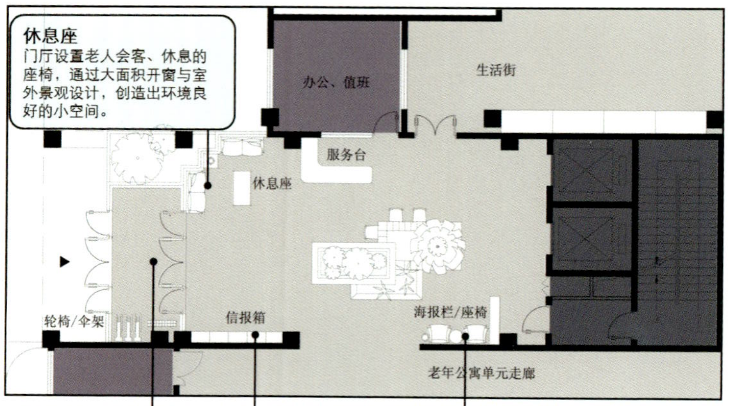

休息座
门厅设置老人会客、休息的座椅，通过大面积开窗与室外景观设计，创造出环境良好的小空间。

门斗
1.双层门可防风；
2.入口停车处保证有雨篷；
3.预留有存放轮椅与雨伞的空间。

信报箱
老人需要在门厅查收邮件，因此需要设置信报箱与收集废纸的垃圾桶等工具。

海报栏、座椅
老人容易疲劳，因此在电梯旁设置老人等候的休息座椅。同时可以将信息发布栏设置在电梯旁，方便老人在等电梯时阅览。

康复训练区
设有简单的康复机械和按摩椅，老人在做康复训练时还可以与他人交流。

老人洗浴区
老人更衣间避免视线直视，配有小型卫生间，并在更衣间外设有整理台与水池。

洗衣晾晒区
洗衣室靠近浴室，方便及时清洗老人衣物。洗衣室外设晾晒阳台，形成一体化的洗衣动线。

护理办公区
设有护理站、值班室、员工卫生间，以及冰箱、储物柜、洗手池等设施。护理站视线可达两条走廊端部，并可方便地照顾整个活动厅。

休闲娱乐区
设有沙发、电视、手工作业桌等设备满足老人交流、休闲娱乐的需求。同时还设有展示架，存放老人的手工艺作品。大面积开窗带来充足的光线。

用餐区
为本层所有老人提供用餐座位。并且设有水池，方便老人和工作人员清洗餐具。

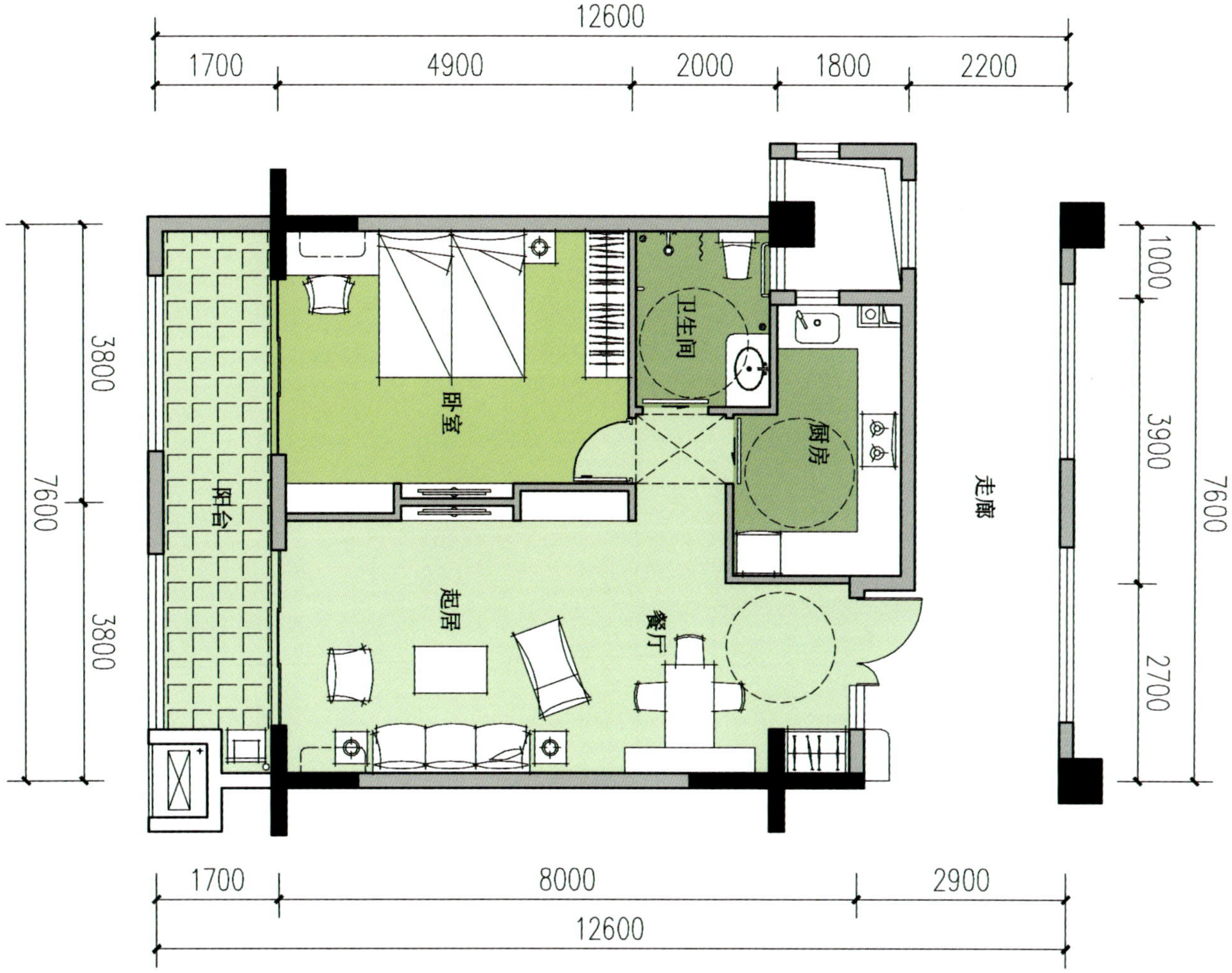

老年公寓单元一室户平面图

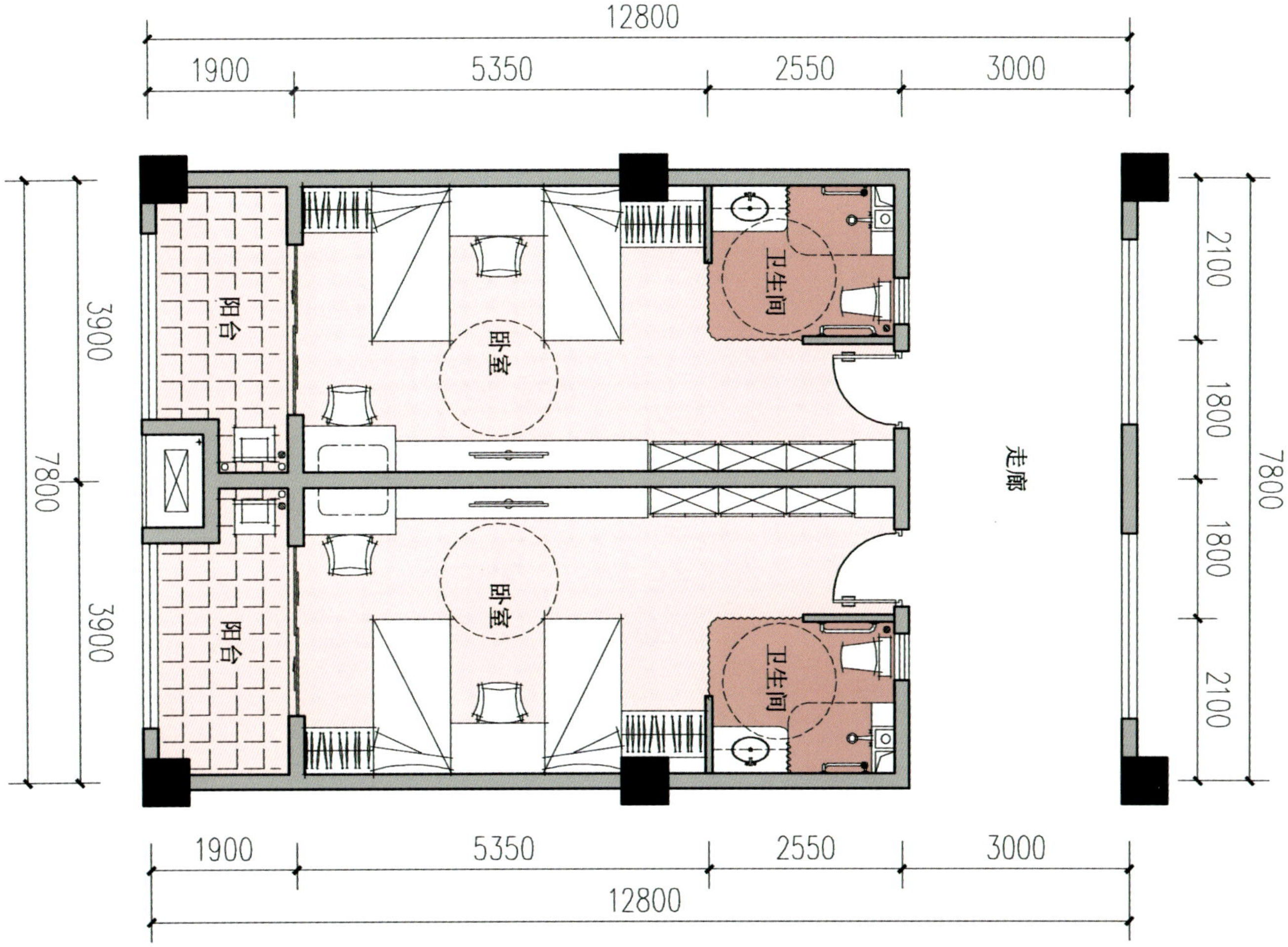

老年护理单元零室户平面图

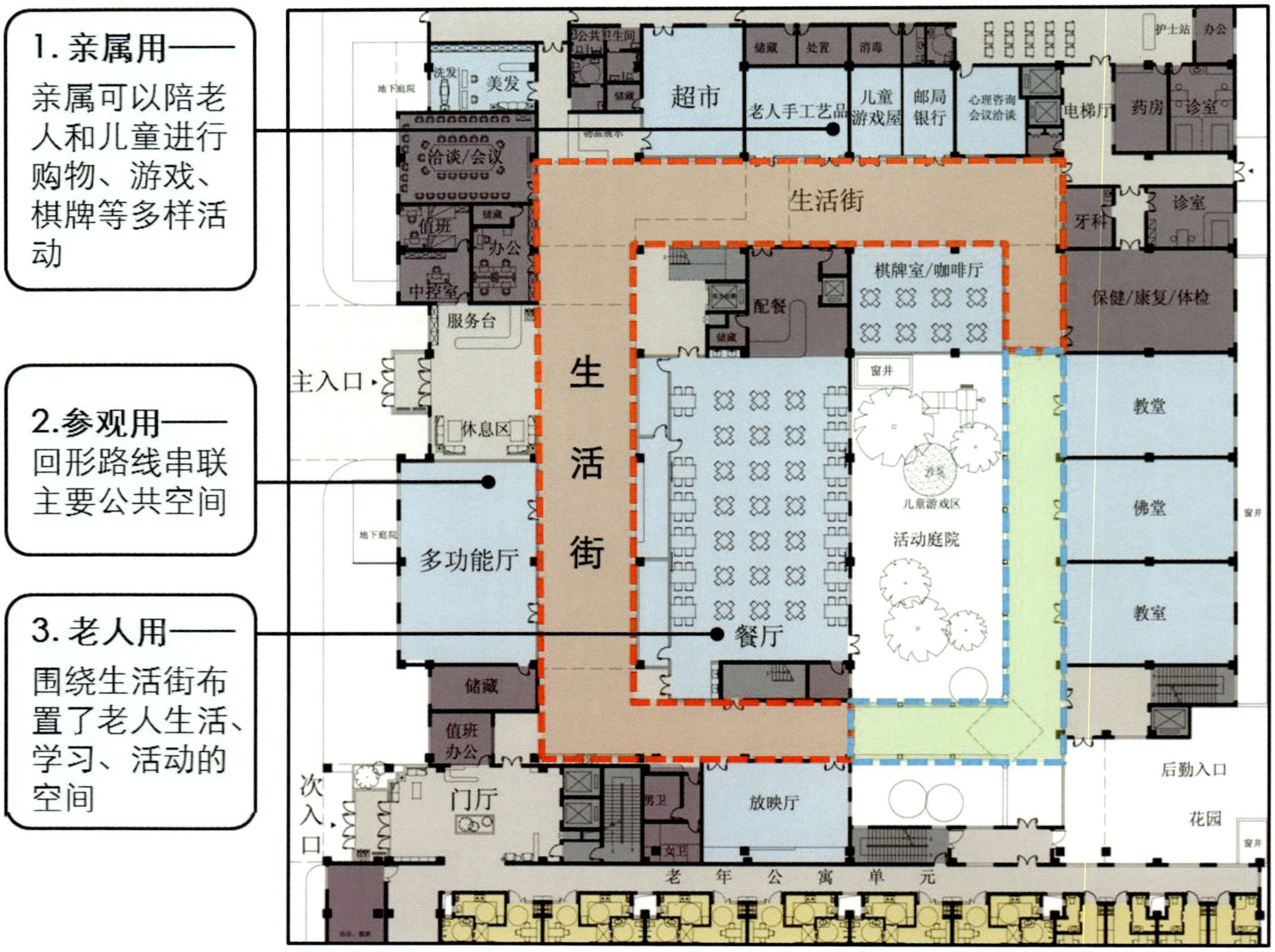

生活街设计分析图

主要经济技术指标

总用地面积：18661平方米

总建筑面积：55950.9平方米

　　地上计容建筑面积：46574.7平方米

　　地下不计容总建筑面积：8164.9平方米

　　首层架空层、消防通道面积不计容建筑面积：1211.3平方米

容积率：2.496

建筑密度：34.69%

绿地率：30%

机动车停车位：136个

　　地上停车位：37个

　　地下停车位：99个

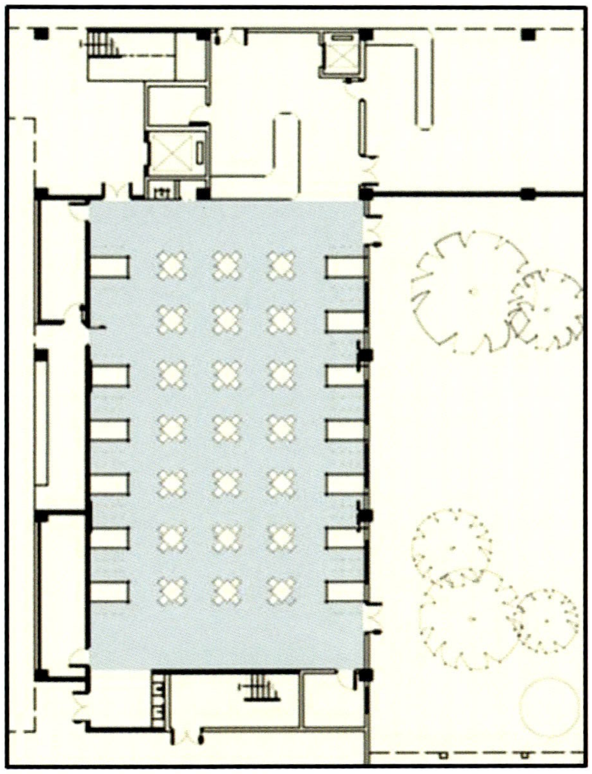

①平日进餐

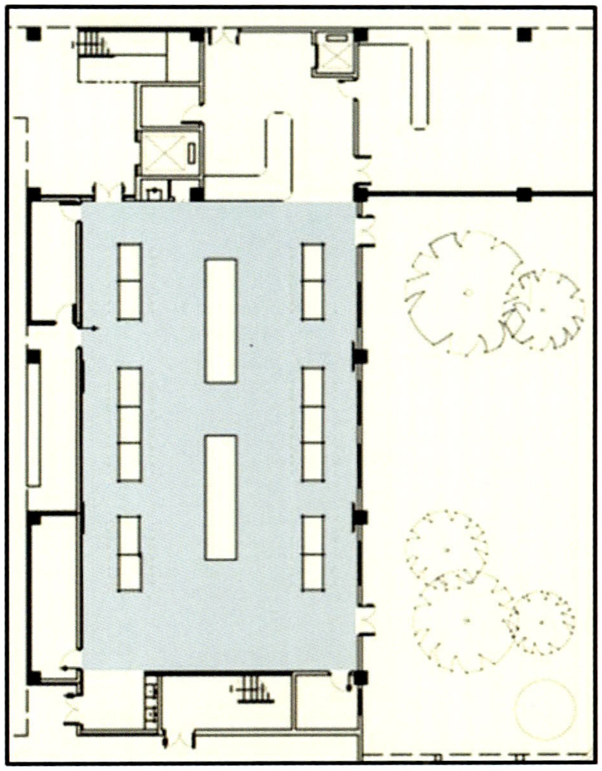

②自助餐联欢

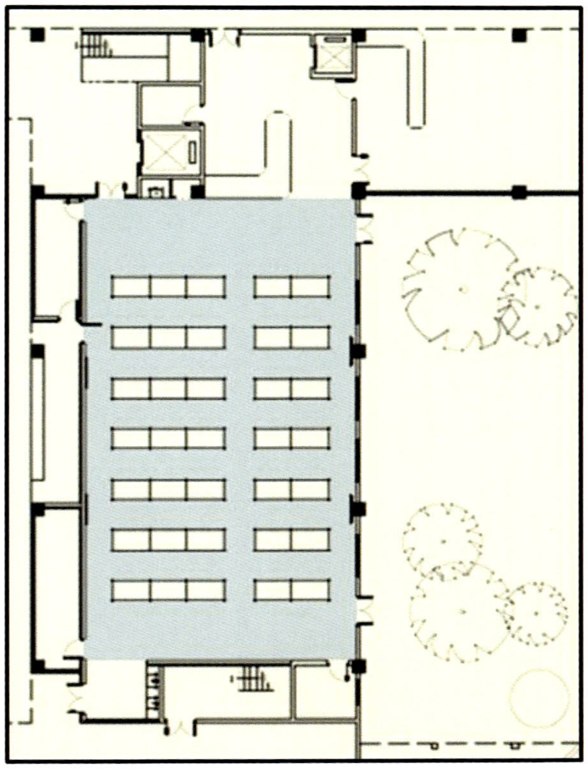

③开会观影

餐厅多样功能分析图

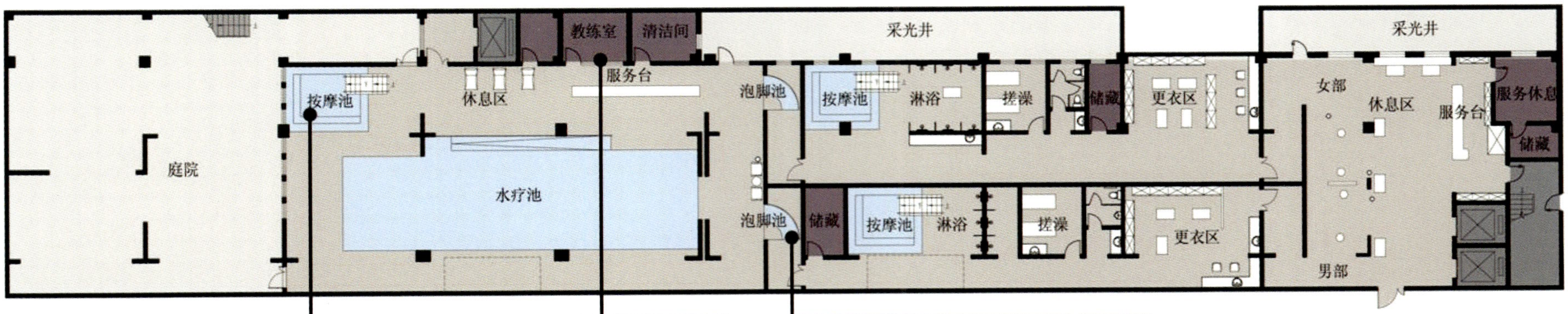

按摩池
按摩池一侧设置台阶，使老人可坐姿浸泡，并配有扶手，保证老人安全。池底与外部地面齐平，便于护理员帮助老人搓洗。

教练室
教练室和泳池之间采用玻璃隔断，方便教练观察老人游泳的情况，有危险情况的时候可以及时救助。老人游泳时可以看到教练，也会更安心。

泡脚池
泡脚池具有消毒功能，并考虑了多种人的使用需求。工作人员经常性地进出泳池时可通过池旁的小平台。为方便老人通过泡脚池，在其旁设置了扶手。

泳池设计分析图

国际房地产创新典范

北京·鸿坤·林语墅

开发单位：北京鸿坤伟业房地产开发有限公司
规划设计：北京维拓时代建筑设计有限公司
建筑设计：北京维拓时代建筑设计有限公司
景观设计：北京源树景观规划设计事务所

总平面图

项目概况

“北京•鸿坤•林语墅”项目位于北京市大兴区西红门镇兴荣北大街45号，南侧为宏旭路，北侧为宏福路，东侧为欣荣大街，西侧为欣旺大街。距离玉泉营桥仅8.6公里，建设用地约10万平方米，总建筑面积15.27万平方米。北部及东部安排南北朝向的四层叠拼别墅，南侧为联排别墅，中心为自然景观轴线，配套设施位于东南角。是北京五环内罕见的低密度城市别墅，由276套联排和叠拼别墅组成的纯别墅社区。

本项目首次采用了新古典原创风格，外立面采用名贵石材卡拉麦里金，将怀古的浪漫情怀与现代人对生活的需求相结合，尽显华贵典雅与时尚现代；曲径通幽、花海烂漫、赏心悦目，让您私享法式园林的风情；在世界级豪宅高端品质之上升级了新风系统，除了实现室内恒湿恒温外，还做到了恒氧、恒洁，对PM2.5的净化率可达到99%，对PM0.3也能实现90%的滤除，是北京首个实现PM2.5室内检测的高端项目。

本项目是鸿坤地产“语墅”系列的高端产品，主打恒湿、恒温、恒氧、恒洁的健康住宅理念和智慧社区的服务宗旨，项目定位为城市别墅第一居所，是鸿坤地产近年来的重点工程。

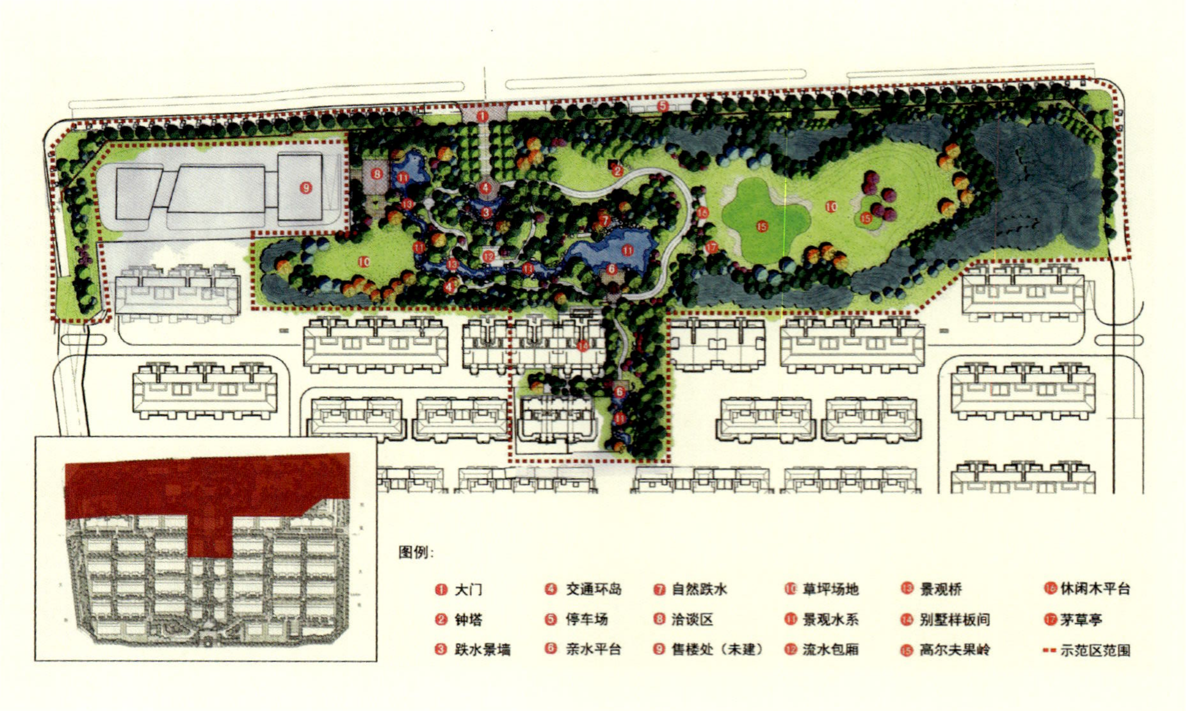
图例：
1 大门
2 钟塔
3 跌水景墙
4 交通环岛
5 停车场
6 亲水平台
7 自然跌水
8 洽谈区
9 售楼处（未建）
10 草坪场地
11 景观水系
12 流水包厢
13 景观桥
14 别墅样板间
15 高尔夫果岭
16 休闲木平台
17 茅草亭
示范区范围

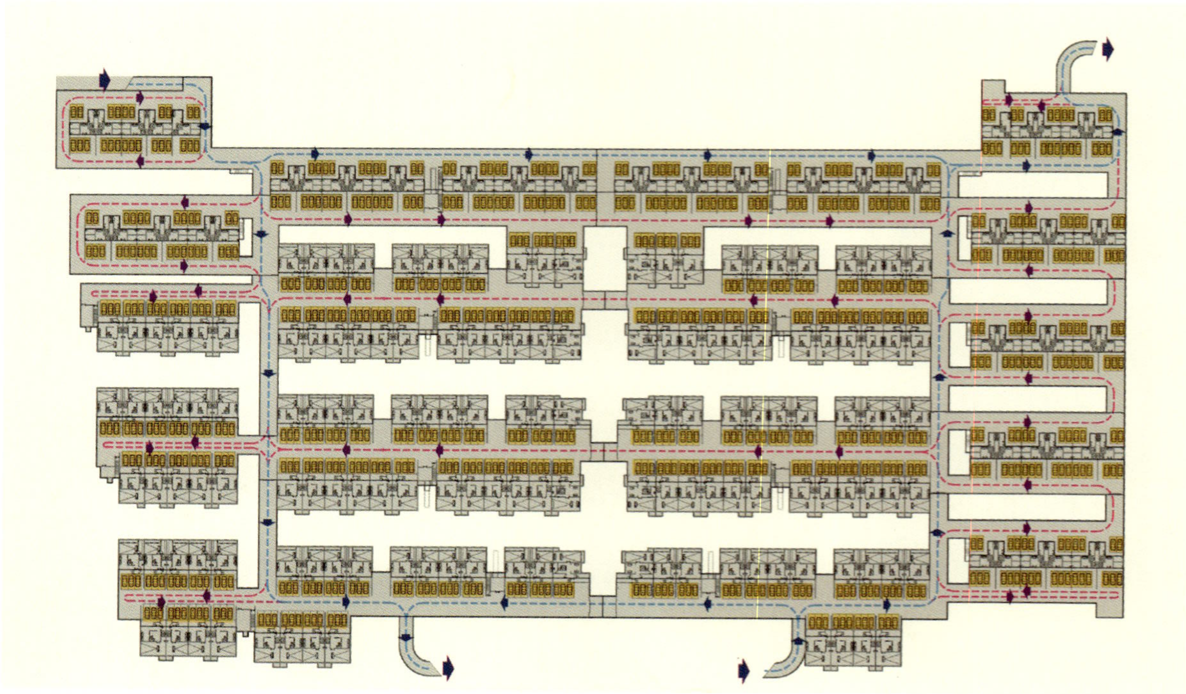

地下二层车库流线图

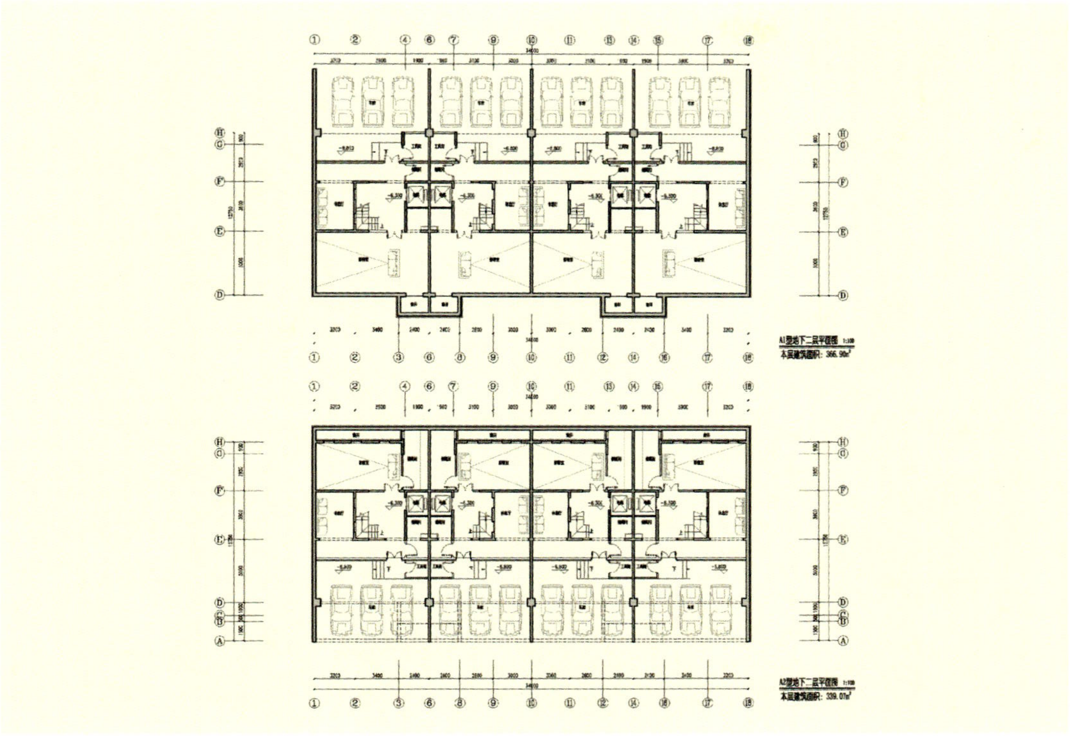

A型联排住宅

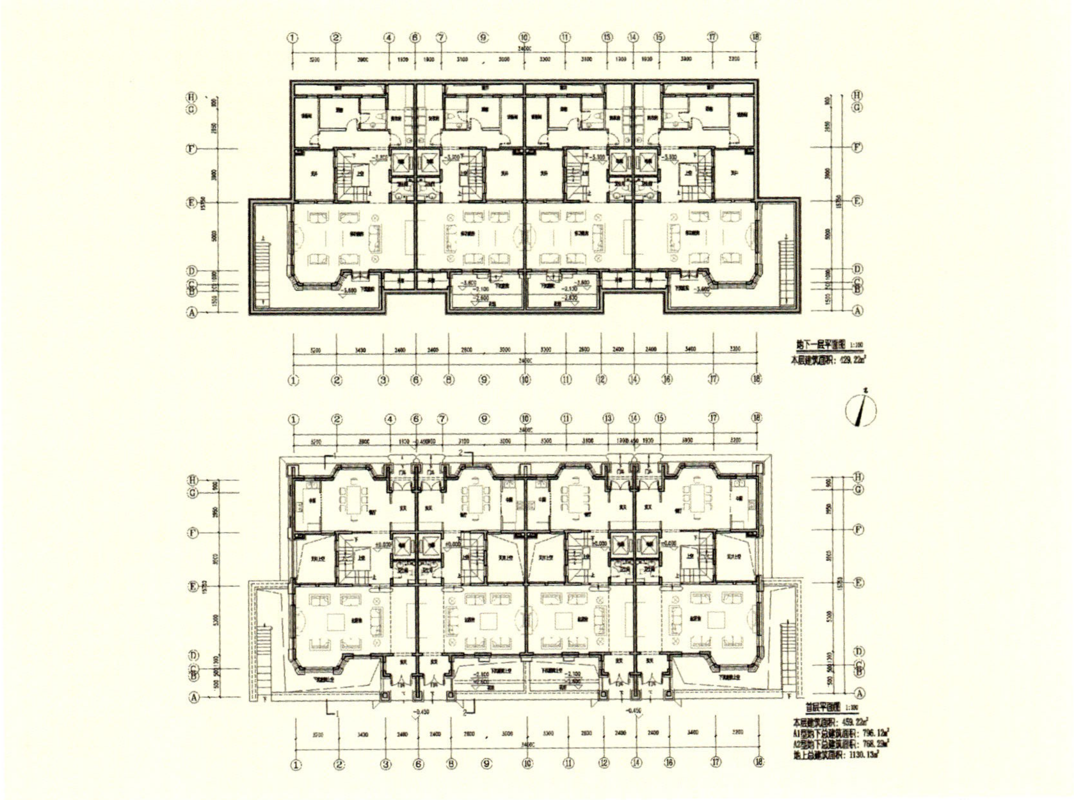

A型联排住宅

专家点评

1. 该项目为联排别墅和叠拼的花园洋房项目。规划采用行列式布局，结构清晰，道路系统简洁顺畅。每栋住房都能在地下自己的车库停放车辆，既做到人车分流又彰显尊贵。住栋的空间组织能作为两排楼两两相对，相对形成较多的绿化空间，节约了交通面积。该项目利用精致细腻的景观设计和多种绿色植物的种植来弥补绿化空间的严重不足。

2. 住宅单体设计种类多样，作为别墅和洋房类的平面设计，均属于上乘之作。功能合理，空间舒适，尽显豪华。

3. 在住宅科技方面，采用了多种先进的技术，在恒温、恒湿、恒氧、恒洁的高舒适度方面进行了有益的探索和实践，尤其是针对北京多雾霾天气的气候特点，研发使用的空气清洁和检测技术，使住宅健康体系更趋完善，在建设节能和可再生能源利用方面进行了探索。

4. 在智能社区建设方面堪为范例。该项目在智能家居和智能商业方面做了全方位的设计与考虑，尤其体现对老人和儿童健康、安全的关注与保障。

5. 作为离城区较近的项目，能够做到高效利用土地，又不失高端品质，节地效果明显。

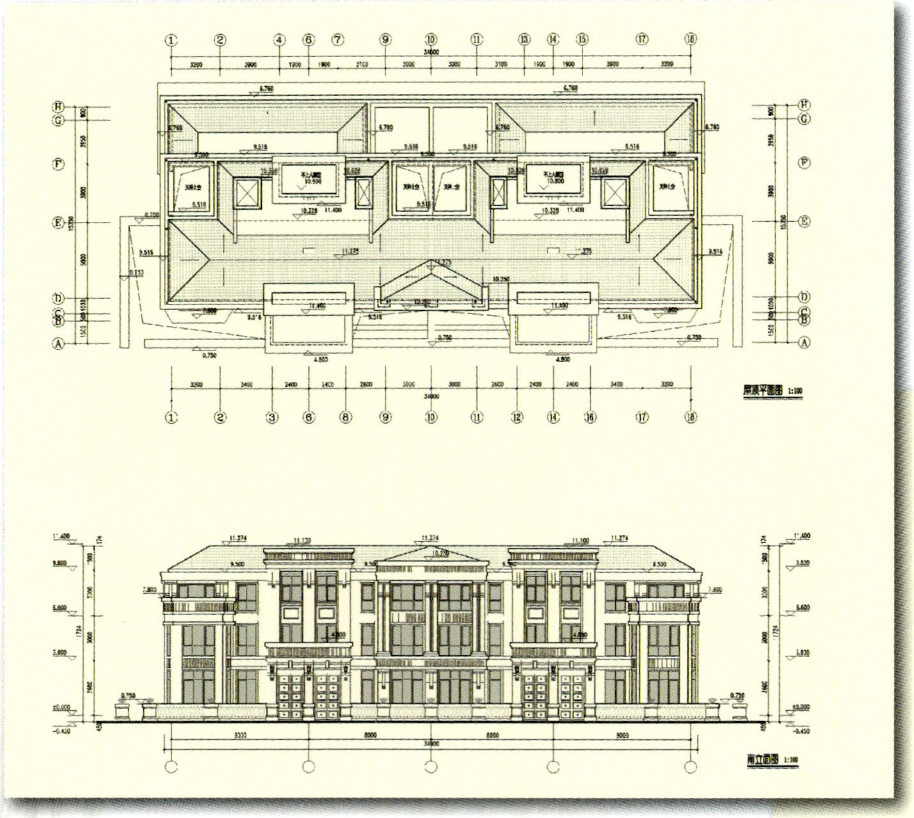

A型联排住宅

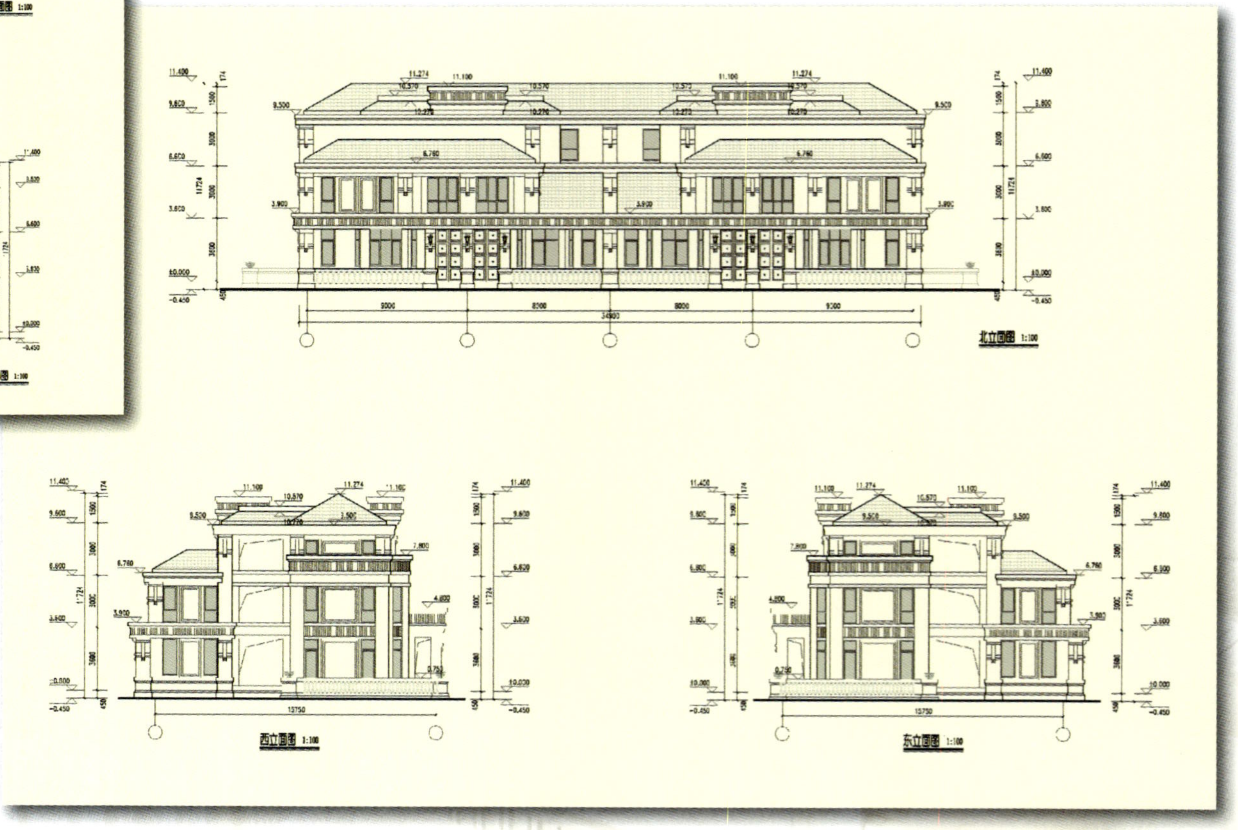

A型联排住宅

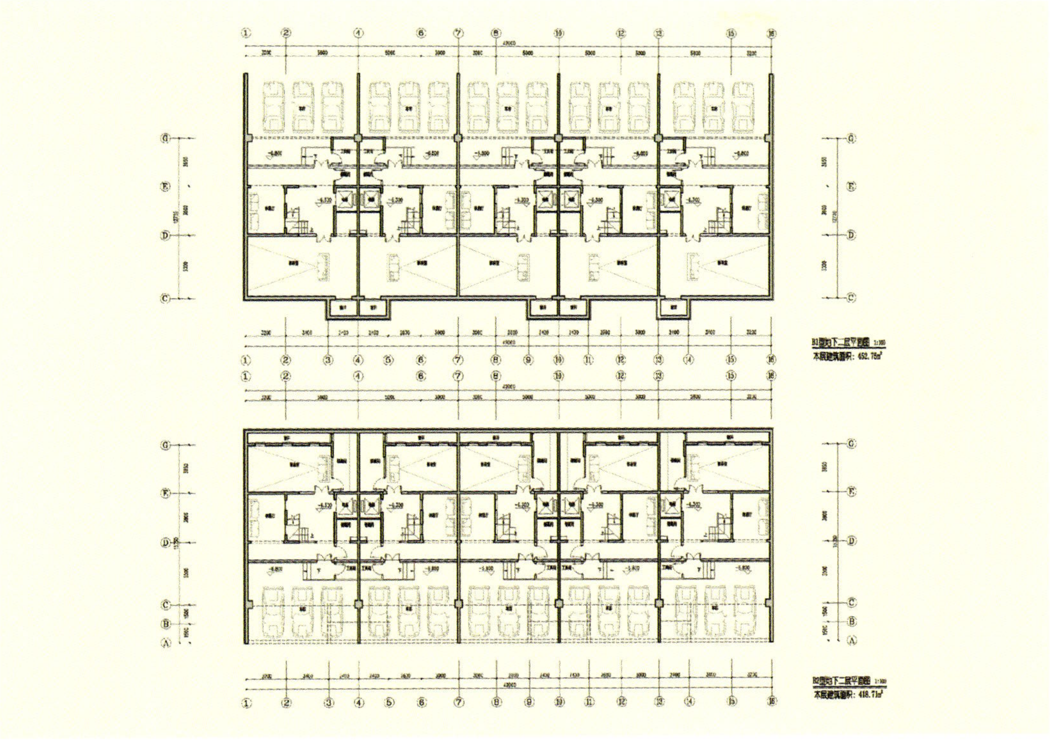

B型联排住宅

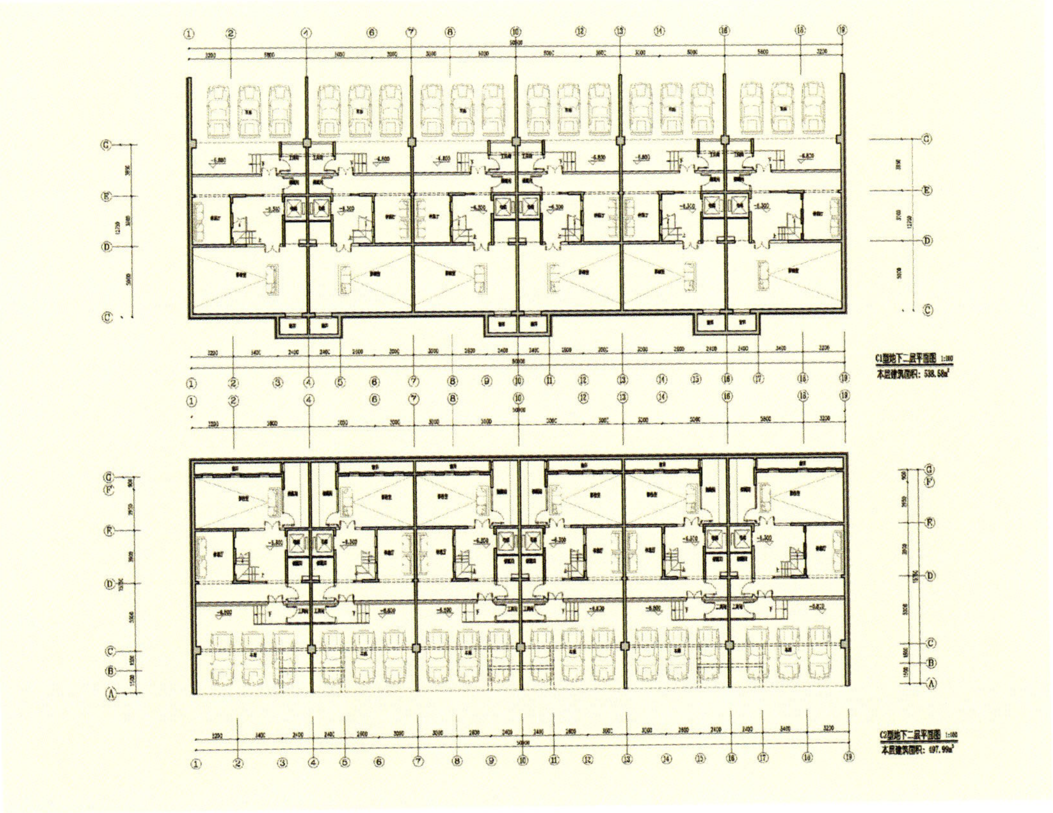

C型联排住宅

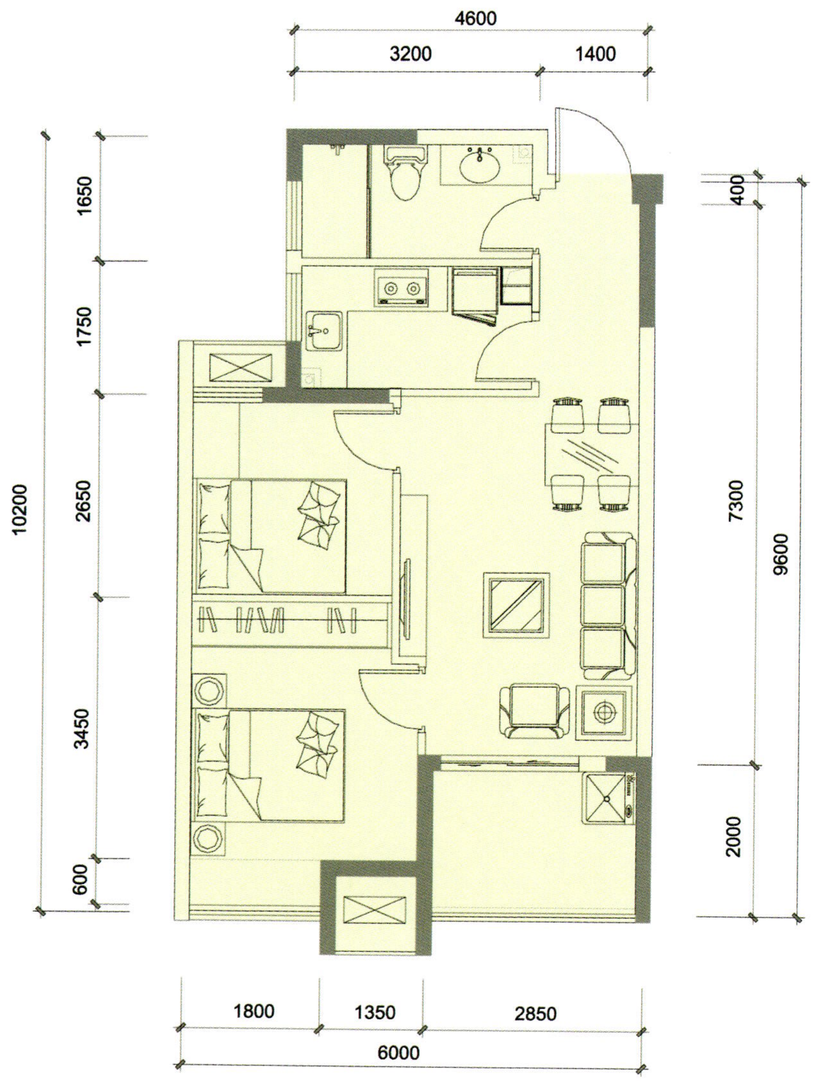
4600
3200
1400
1650
1750
2650
3450
600
10200
400
7300
9600
2000
1800
1350
2850
6000

A1户型

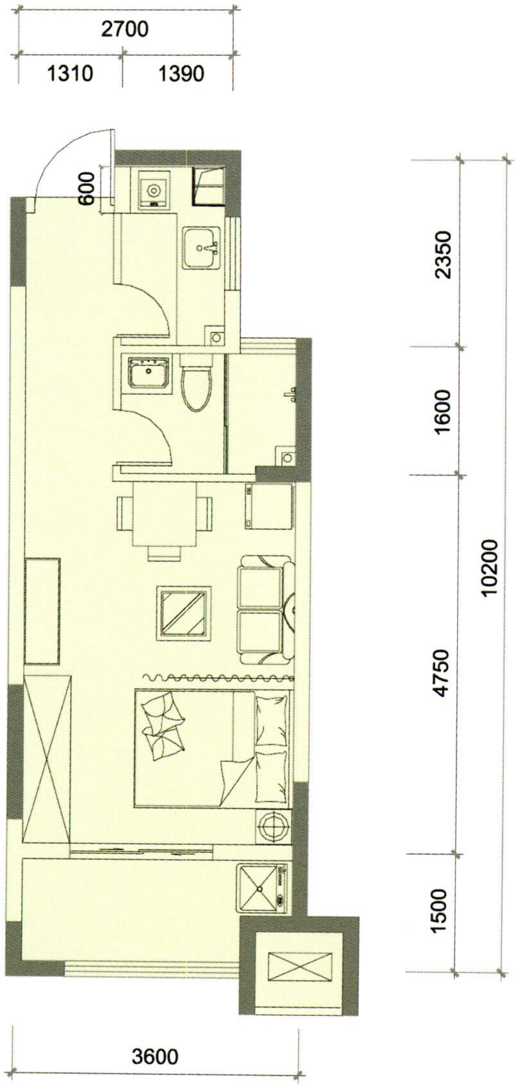
2700
1310
1390
600
2350
1600
4750
1500
10200
3600

A3户型

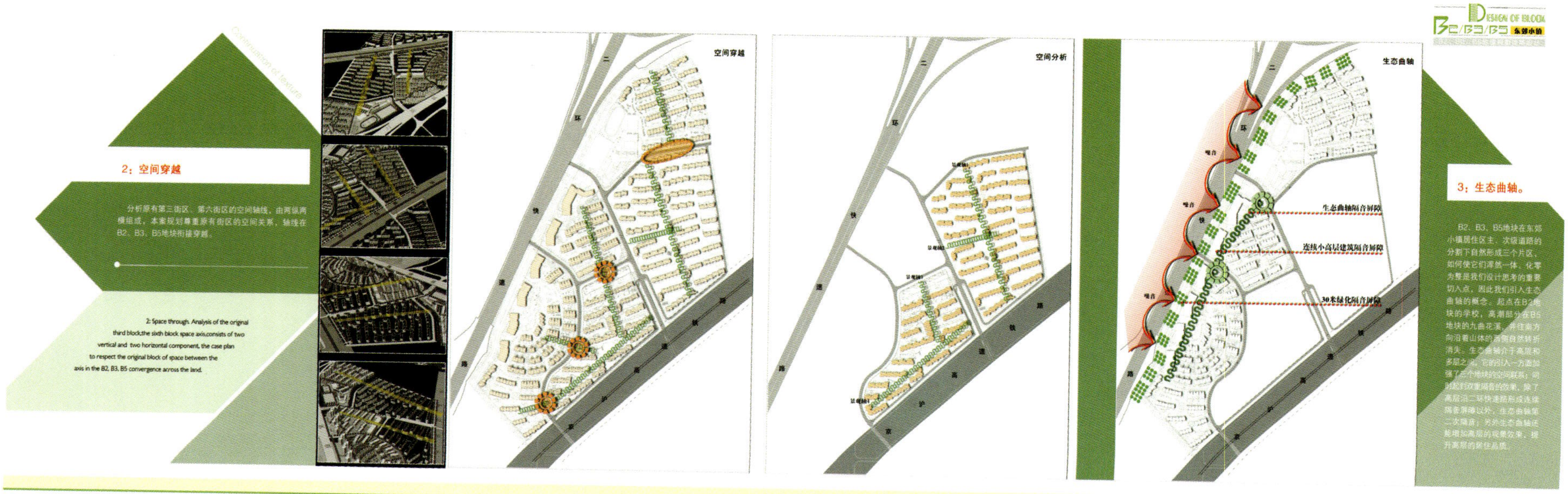
2：空间穿越
分析原有第三街区、第六街区的空间轴线，由两纵两横组成，本案规划尊重原有街区的空间关系，轴线在B2、B3、B5地块衔接穿越。
2: Space through. Analysis of the original third block,the sixth block space axis,consists of two vertical and two horizontal component, the case plan to respect the original block of space between the axis in the B2, B3, B5 convergence across the land.
空间穿越
空间分析
生态曲轴
生态曲轴向内延展
连续小高层建筑间向延展
30米绿化向内延展
3：生态曲轴。
B2、B3、B5地块在东郊小镇居住区主、次级道路的分割下自然形成三个片区，如何使它们浑然一体，化零为整是我们设计思考的重要切入点，因此我们引入生态曲轴的概念，起点在B2地块的学校，高潮部分在B5地块的九曲花溪，

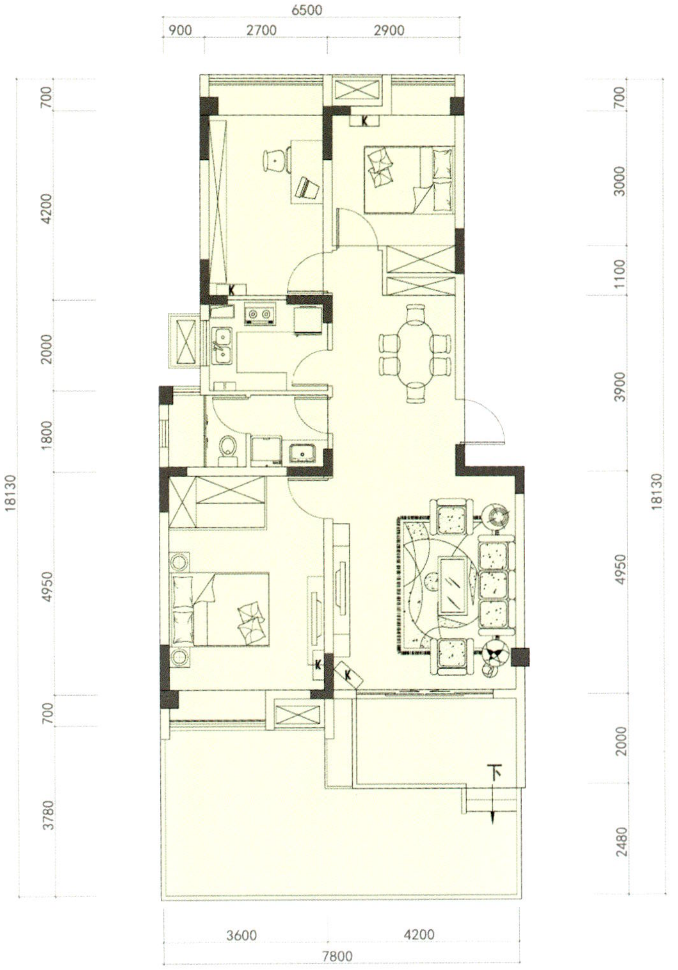
6500
900
2700
2900
700
4200
2000
1800
4950
700
3780
18130
3000
1100
3900
2000
2480
3600
4200
7800
下

H1户型

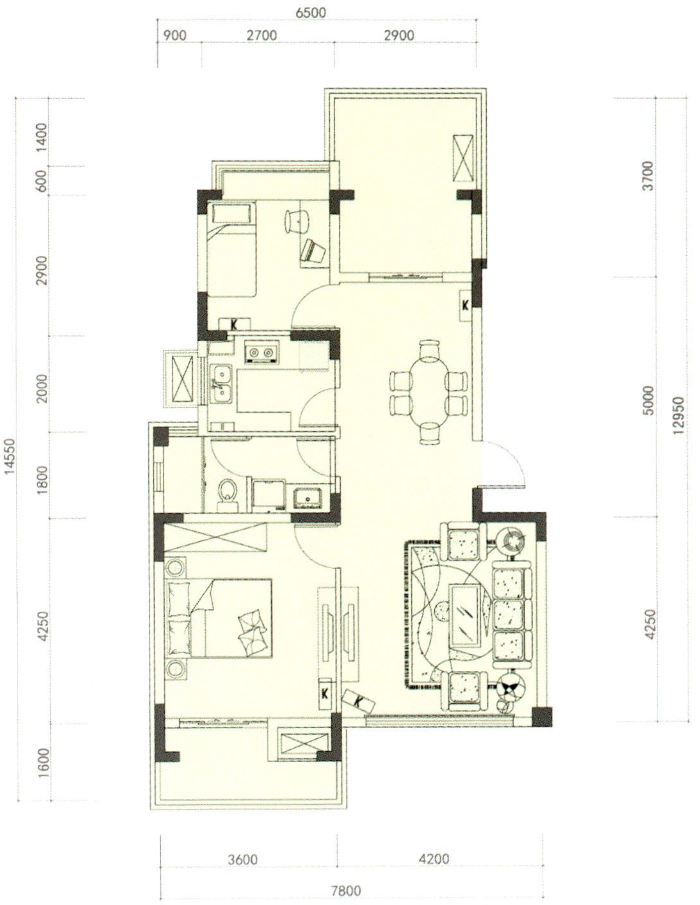
6500
900
2700
2900
1400
600
2900
2000
1800
4250
1600
14550
3700
5000
4250
12950
3600
4200
7800

H4户型

产品分析

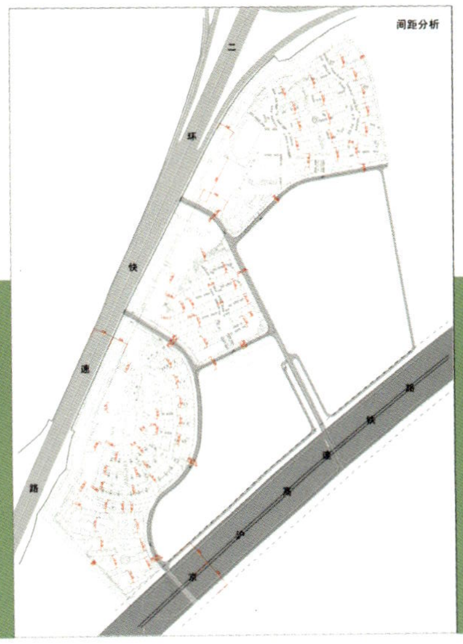
间距分析

景观分析

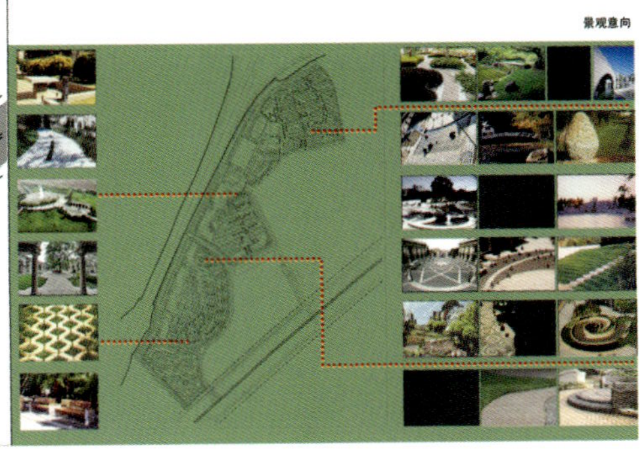
景观意向

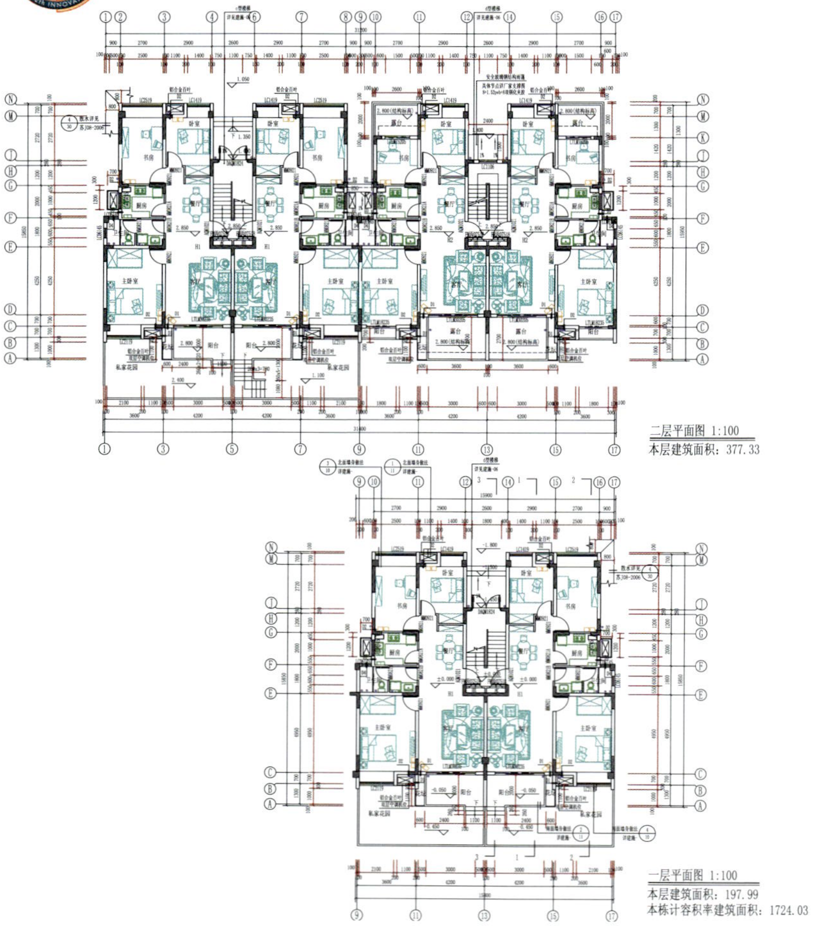

第八街区花园洋房平面图

第八街区花园洋房南北立面图

专家点评

1. 该项目具有很好的超前规划设计理念，符合住区提升生活品质、方便生活、与城市发展融合的绿色生态居住的目标，印证了“非常生态，非常接近”的理念。

2. 规划采用“立足此地”的原则，充分地考虑了场地周边资源的优势、现状和不足之处，逐一应对处理达到了资源优化。

3. 该项目利用已建成熟社区的建筑和道路系统，取得肌理的适应与配合，形成区域文理的协调，城市的美观，特别是在生态曲轴、空间穿越等方面取得了很好的效果。

4. 住区规划采用了开放式建设布局形式，利用原规划的道路系统的二级、三级之路网很好布局了出行出入口，组织了车行、步行的系统，人车分流，保持了便捷、快速、舒适及与城市共享的特点。

5. 建筑形态各异，布局顺理成章，应合肌理，采光充足，通风流畅；为应对西北侧快速交通的噪声，采取了应对的双措施，特别是曲轴绿地，保证了居住的安静、景观、休闲的功能。

6. 小高层住宅设计丰富，有较好立面造型的现代感、简约感，接近和适应舒适生活的要求，平面采用短长廊的形式，有利于住户的交往，用一个交通单元，对节约成本，提高利用效率有好处，采用的小套型设计，组合合理适用。

7. 多层住宅有较高舒适生活的平面布局，各层采用的局部变化，既满足了立面造型和高端生活需求，又体现了紧凑、适用的经济性布局。

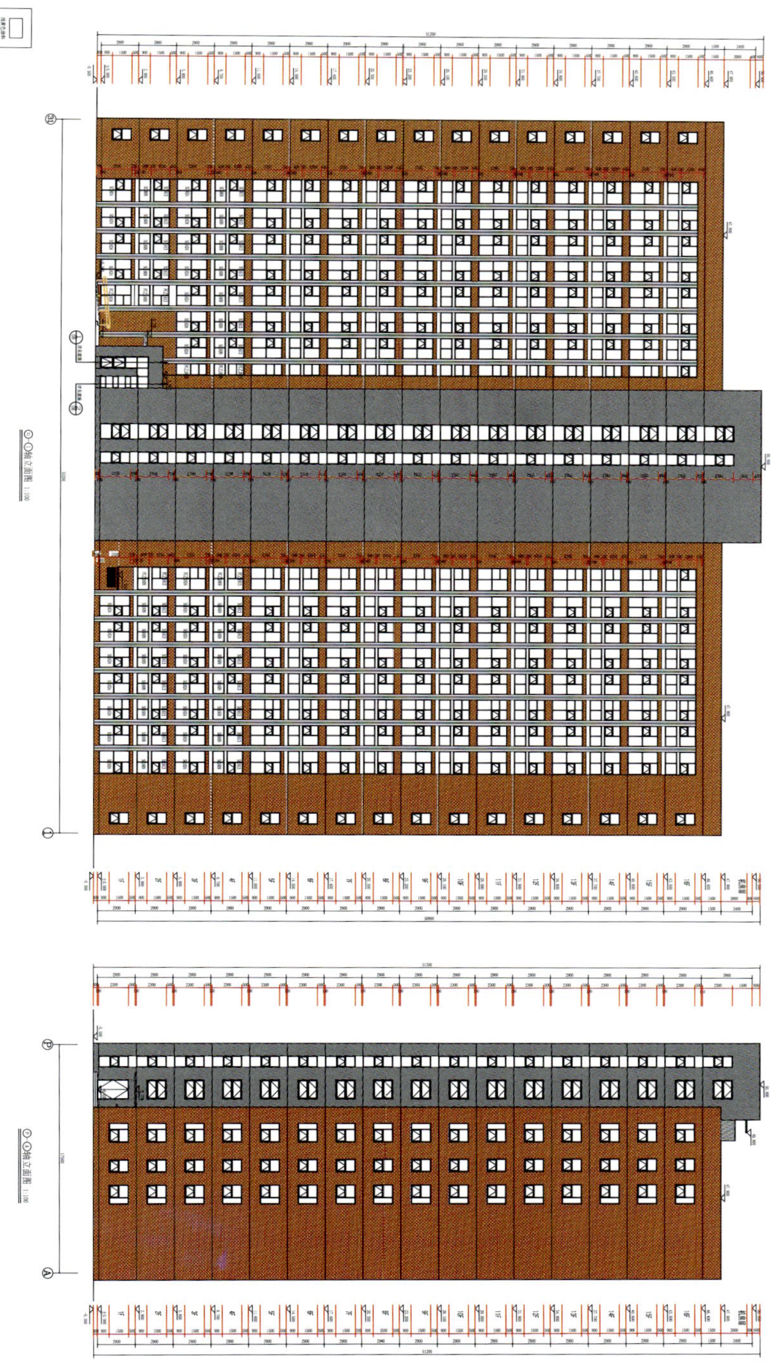

第五街区花园洋房立面图

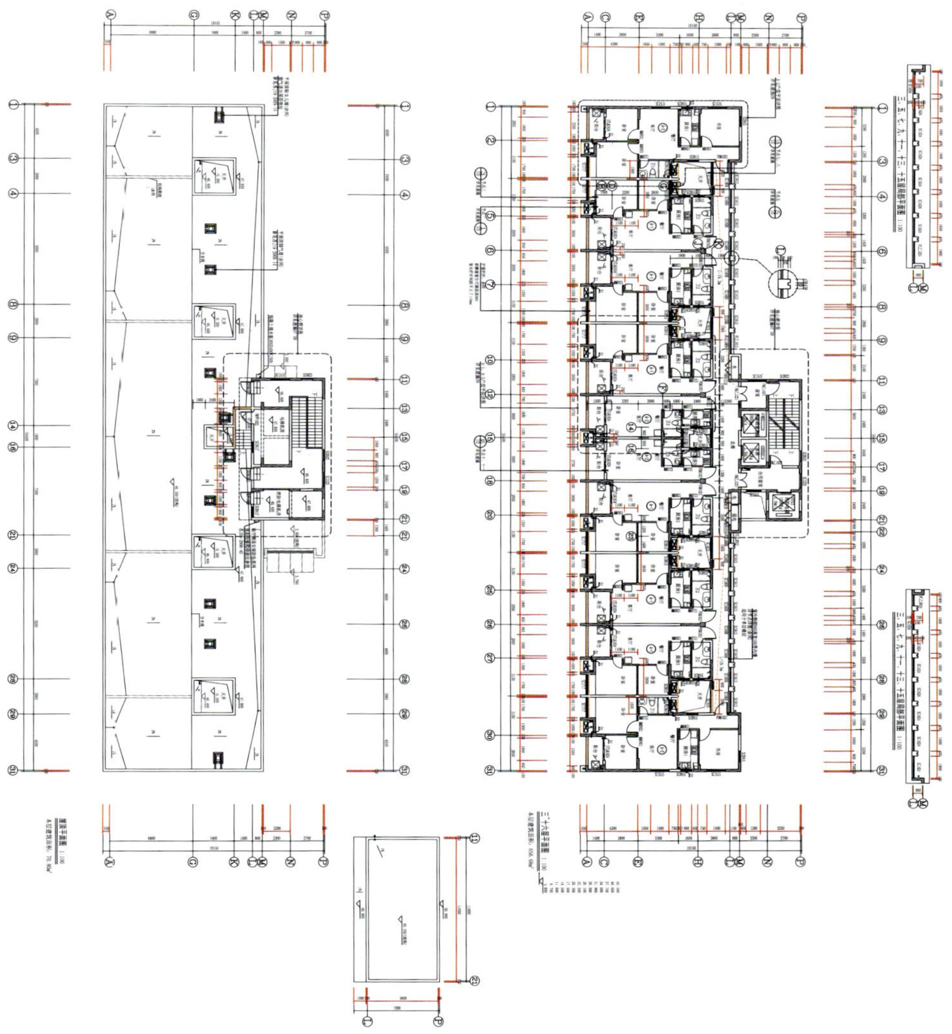

第五街区花园洋房平面图

14号、15号、16号、17号、18号、19号、20号楼立面图

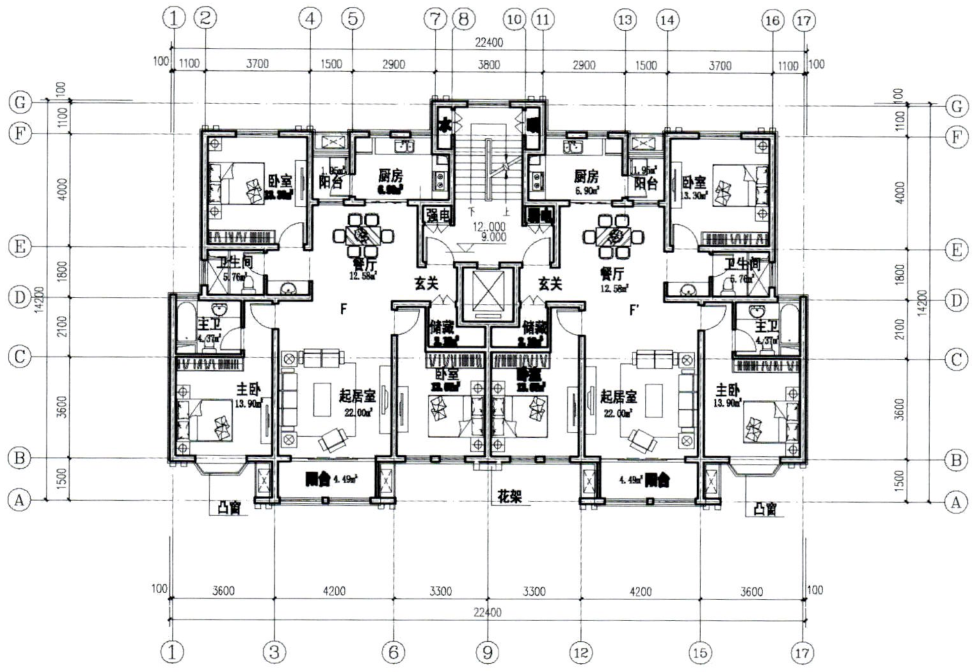

14号-20号楼四至五层平面图

专家点评

1. 该项目的优势在于其较低的容积率（容积率1.17），比较符合国际人士的高品质、低密度生活需求。

2. 规划采用多层+小高层的规划布局，空间结构和环境比较宜人，实行“人车分流”的交通规则。建筑形态高低错落。

3. 采用了生态、节能和智能化的规划设计理念与技术，全面打造绿色生态居住社区。

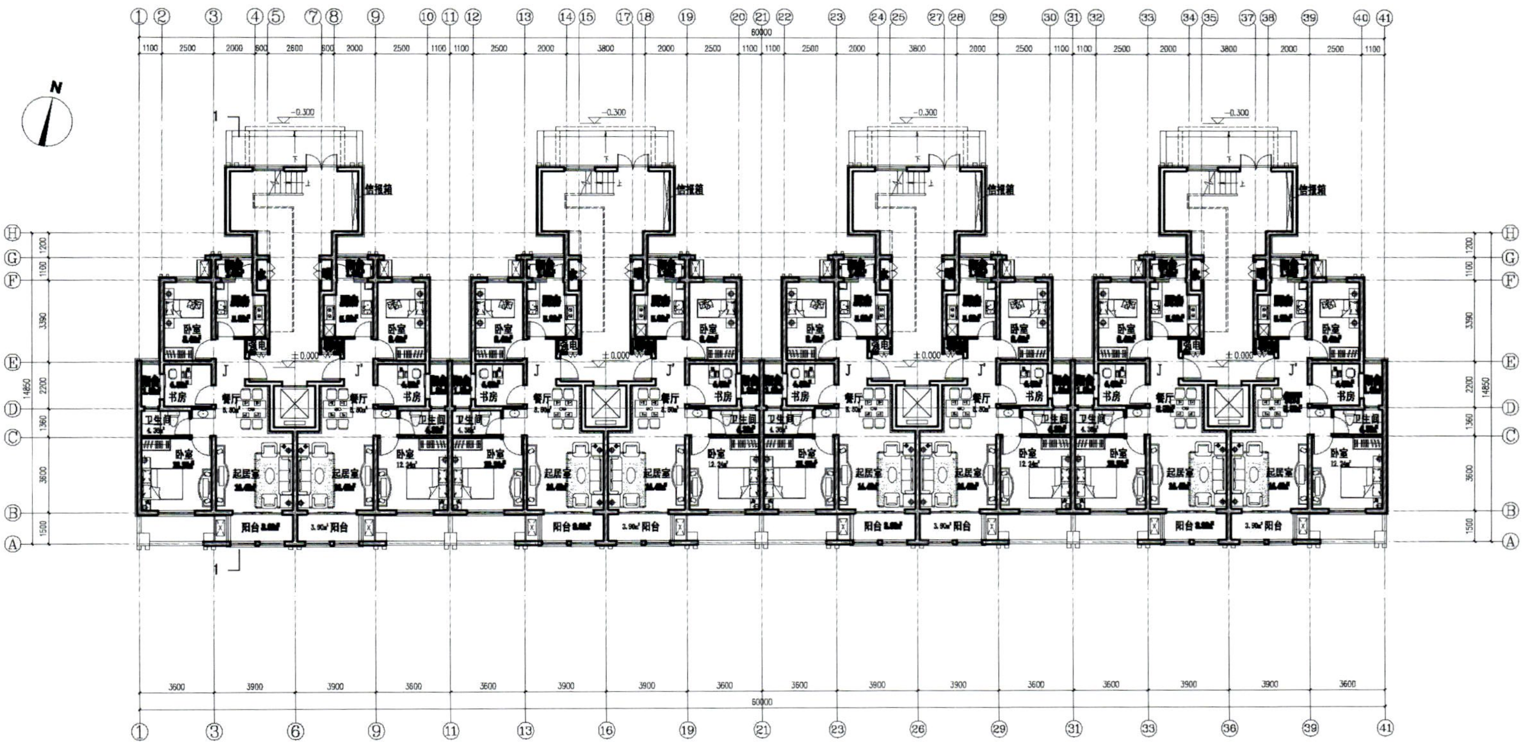

24号、25号、30号、31号楼一层平面图

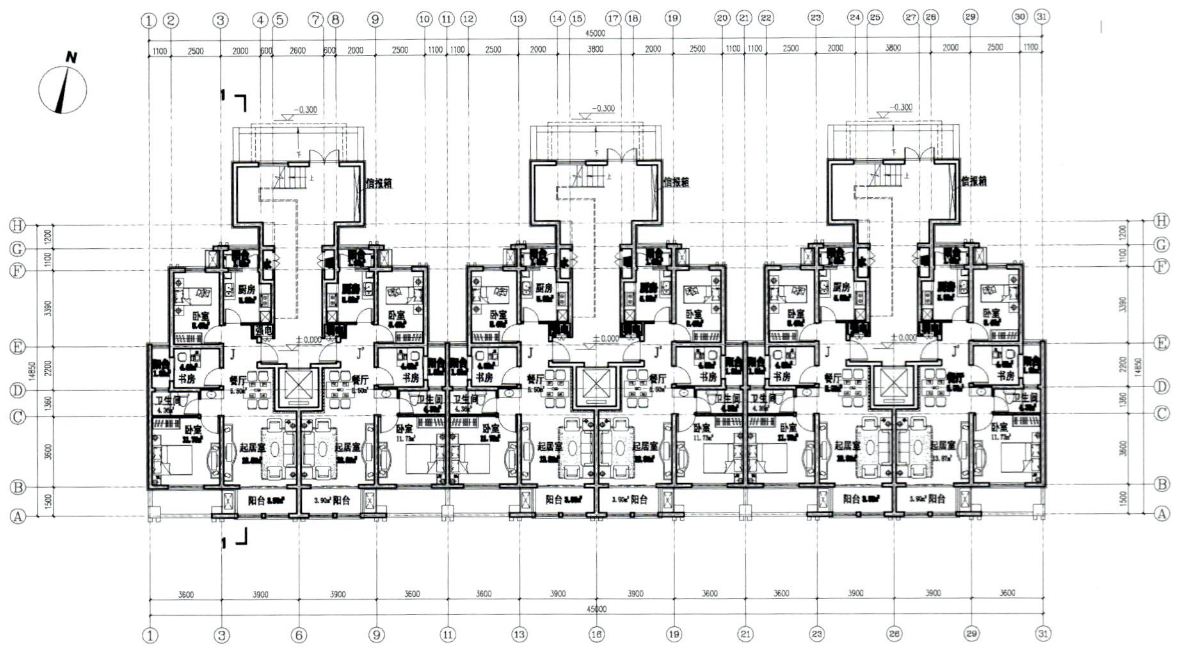

26号~29号、23号楼一层平面图

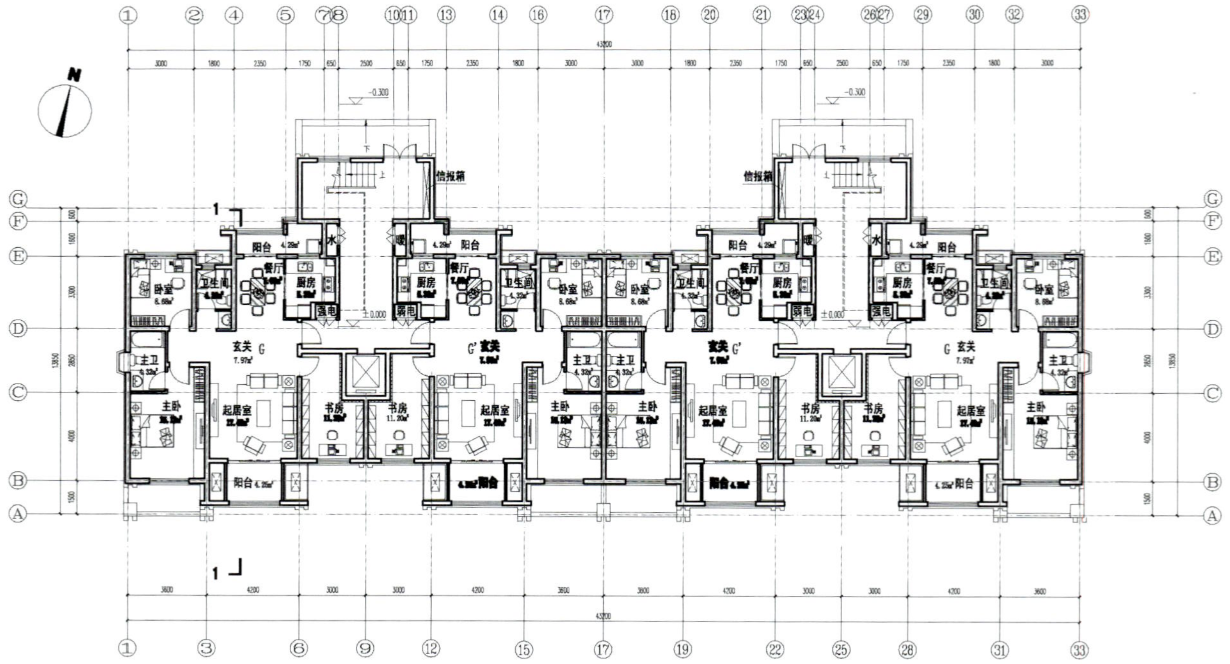

21号楼一层平面图

主要经济技术指标

总用地面积：171573.5平方米
可建设用地面积：108375平方米
总建筑面积：167018平方米
　地上总建筑面积：126798平方米
　　住宅建筑面积：121198.57平方米
　　配套公建建筑面积：5599.43平方米
　地下总建筑面积：40220平方米
容积率：1.17
建筑密度：17.98%
绿地率：45%
居住户数：1232户
机动车停车位：1261个
非机动车停车位：2188个

国际房地产创新典范

国奥村

开发单位：国奥集团

规划设计：澳大利亚PTW建筑设计公司

建筑设计：北京城建设计研究总院有限责任公司

北京天鸿圆方建筑设计有限公司

景观设计：北京天鸿圆方建筑设计有限公司

项目概况

“国奥村”位于北京2008奥运会主场馆区奥林匹克公园中心区，北京中轴线北端，南临鸟巢、水立方、国家体育馆三大奥运比赛场馆，北接680公顷奥林匹克森林公园。规划建设用地约27.5公顷，总建筑面积50余万平方米，是北京第29届奥林匹克运动会运动员村。

本项目由42栋6层或9层南北向电梯板楼精装公寓组成，分为A、B、C、D四大组团。秉承“绿色、科技、人文”三大奥运理念打造，广泛使用节能减排、可持续发展建筑科技，构建未来绿色低碳、人性化住居典范。本项目代表北京市入选上海世博会，对落实奥运三大理念取得的成果进行展示。同时还将以践行“三个北京”为己任，通过对国奥村在各地的不断开发与经营，实现对人、社会、城市及自然和谐相处的倡导，以及新的生活方式的推广与共享。

本项目奥运会后改造为住宅，供1800余户约6000人居住，成为绿色宜居社区典范。国奥村经受了奥运会和残奥会，各国体育代表团2万余名人员使用的考验，运行稳定，设施设备运行零失误、零故障，工程与物业保障零投诉，更是为祖国争了光。

总平面图

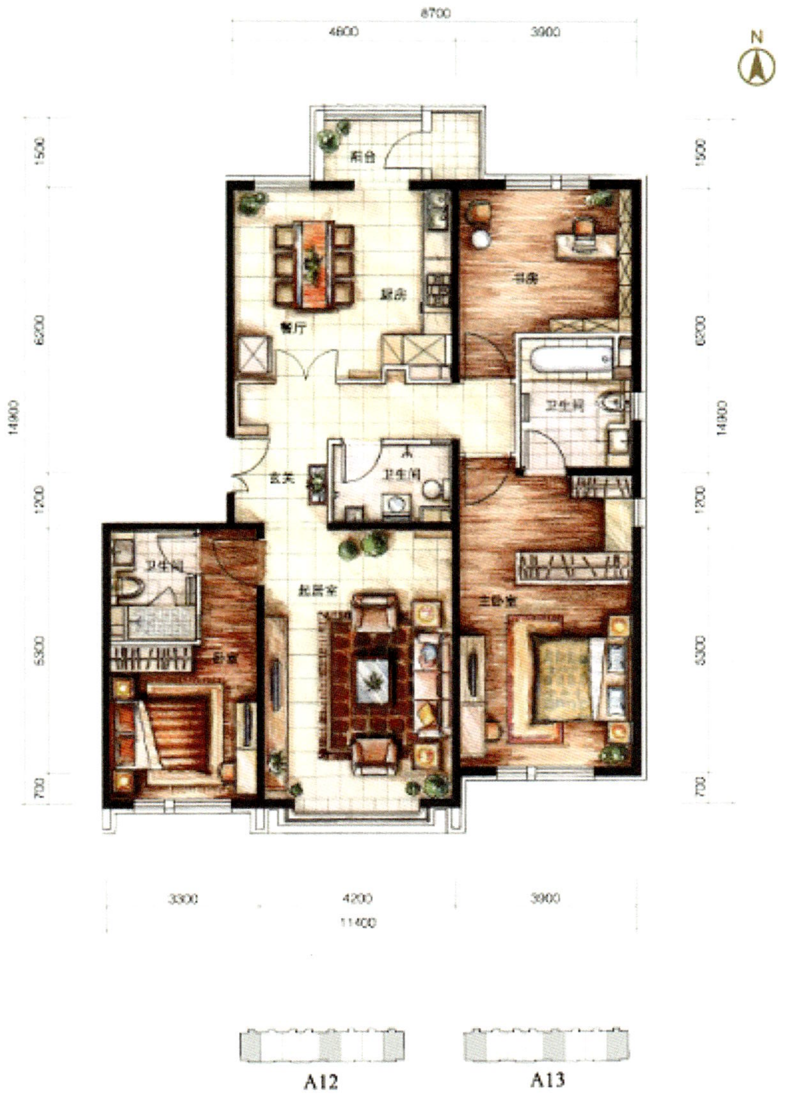

主力户型3

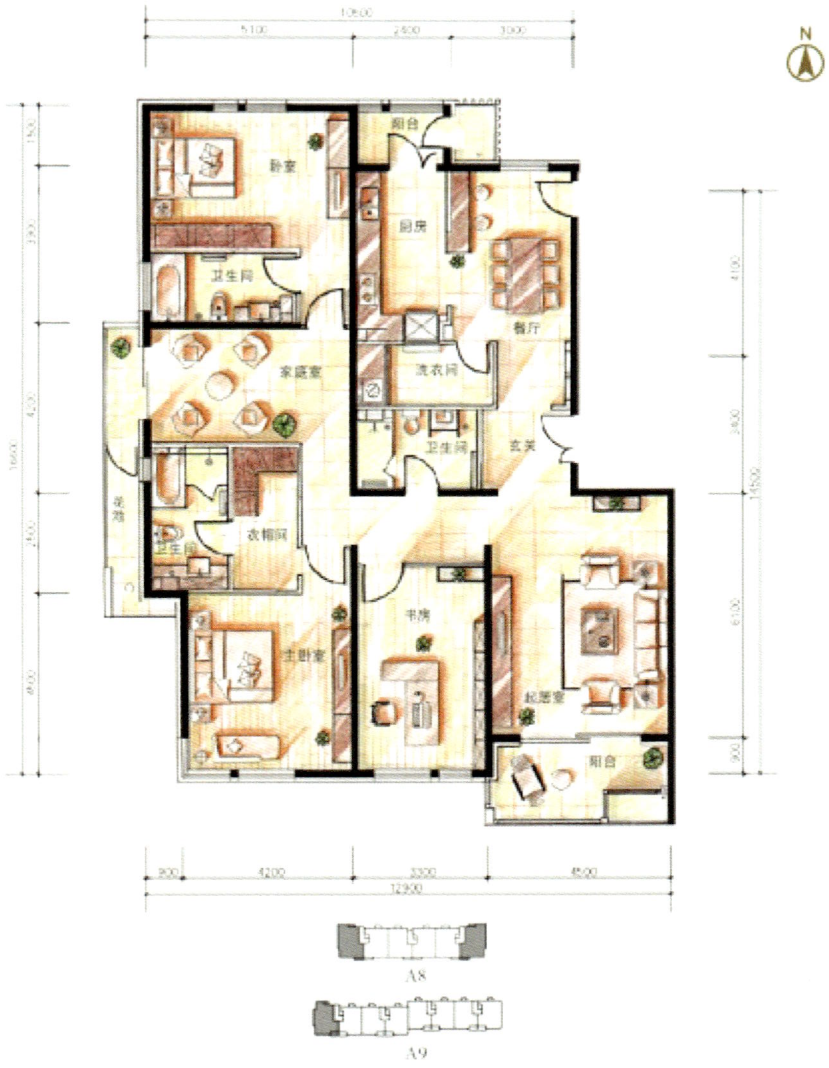

主力户型4

专家点评

该项目提出了绿色、科技、人文三大理念，并通过35项科技手段来达到上述目的，该项目自建设以来，以绿色新能源技术为领衔，在以下七个方面对各项技术进行了逐一的落实：

1. 园林绿化
2. 建筑能源
3. 水资源保护和利用
4. 绿色建材及再生材料利用
5. 可再生能源利用
6. 室内环境及绿色照明
7. 微能耗建筑

该项目至今建成多年，在近几年的使用中，深受各界好评，各项节能措施发挥了相应作用，成为绿色低碳居住典范的实践案例。

国奥村《三大理念》项目表

序号	项目名称	项目特点	适用范围	水平状况
1	施工降水的综合利用	渗排结合、减少抽取地下水，排水收集，综合利用	抑制扬尘、冲车、浇绿地	建设部十项新技术（绿色）
2	钢渣路基	钢渣二灰无极混合料铺设路基，废物利用、节约示范	场区道路，全部3000m	曾通过北京市科技成果鉴定（绿色）
3	再生水源热泵冷热联供	城市污水能利用，能效比高（COP≥4）区域化三联供	全区夏季制冷/冬季供暖/常年生活热水三联供	达到发达国家水平（科技绿色）
4	光导管光照明	自然光导入无采光条件的地下室，提供自然照明，不耗能	地下车库值班室。全部值班室	国内领先（科技、绿色）
5	景观花房生物水处理	与景观结合，在阳光花房中，组成植物及微生物的食物链处理生活污水，中水利用	景观与水处理花房相结合。处理2000m^{2}的住宅生活污水或景观水体	国际先进水平（绿色、人文）
6	无障碍设计	设计无障碍设施及设备	电梯、通道、座椅、厕卫、更衣等设施，方便残疾人	满足残奥会的使用要求（人文）
7	低耗能维护结构	复合保温墙体及屋面遮阳隔热	外墙维护结构，采光、保温、隔热	符合节能65%的标准（绿色）
8	LED建筑发光	彩色组合点光源，耗电低寿命长，色彩绚丽	国奥村群体夜景彩色发光及草坪灯	最先进的节电光源（科技）
9	雨水利用	收集雨水，回用雨水	道路洒水、绿地浇灌	雨水收集理念先进（绿色）
10	中水利用	污水送至处理厂，配置中水供水管线	冲厕、洒水、浇地、洗车	中水回用符合承诺（绿色）
11	太阳墙板光热利用	镀太阳能吸热涂层的金属墙板，冬季吸热加热室内空气	在楼梯间屋顶或南立面外墙设置，冬季为楼梯间提供采暖	国际先进技术（绿色）
12	太阳能热水	优先使用太阳能加热生活热水，再生水源热泵做保障系统	洗浴及生活热水	履行申奥承诺（绿色）
13	太阳能燃气空调	在国际区安置太阳能高温集热器，驱动溴化锂机组供暖和制冷	赛时临时食堂	国际领先（科技、绿色）
14	小区智能化及网络系统建设	安防报警、电子巡更、计量收费、手机对家电的远程控制	小区信息化、智能化管理	达到国际先进水平（科技）
15	风光互补太阳能路灯	利用太阳能或风能发电的路灯照明	庭院路灯	达到国际先进水平（科技）
16	景观生态绿化及渗透型地面	科学搭配植物品种及相应昆虫的生态平衡，使景观环境良好的生态效益	景观绿化、广场地面	北京特色、国内领先（绿色、人文）
17	绿色建材使用及回收利用	装修材料无害化、卫生洁具、地面材料赛时选用及赛后利用	内装修	符合国家标准

续表

序号	项目名称	项目特点	适用范围	水平状况
18	蓄能自发光人性化标准	设置周全、方便识别、指示明确、蓄能发光材料制作	从小区外围到居室的全部行程、光线暗处	新材料。人性化（科技、人文）
19	安防、消防	高新科技、智能联动	安检门禁，消防设备系统	达到国际先进水平（科技）
20	再生材料使用	农作物秸秆制作的建材制品、水泥纤维复合井盖等再生材料	隔墙板、室内门、办公家具、场区井盖	良好的示范作用（科技、绿色）
21	室内空气微循环置换	外墙设置换气口，有组织室内微循环换气	保持室内空气新鲜	国内领先，国际水平（人文）
22	节水型洁具	3/6升坐便水箱、无水免冲小便斗	卫生设备节水	良好的示范作用（绿色）
23	垃圾处理	分类收集、压缩脱水、无害化处理	生活垃圾处理	国内领先（绿色）
24	屋顶绿化	上人屋面、无土栽培、四季常绿	屋顶绿植栽培	国内先进技术（绿色）
25	直饮水入户	对自来水质进行深度处理，达到可直接饮用水标准	赛后住户直饮水	国内先进（人文）
26	多功能磁卡	智能卡、可实现同星、交费、身份识别的全面功能	居民日常使用便利	国内先进（科技、人文）
27	数字电视系统	高清晰度、交互式电视节目选择	数字电视光缆布线	国内先进
28	建设三大理念展示中心	全面展示绿色建筑技术	来访者接待、展览	国内先进水平（绿、科、文）
29	微能耗建筑	全面利用可再生能源，节约能耗90%以上	赛时医院，赛后幼儿园	国内先进水平
30	远程抄表技术	对住户水、电、热、冷实现远程、随时、无线抄表	各项抄表计费工作，不影响居民的正常生活	国内领先
31	智能门锁	编码更新，利用赛时与赛后的锁芯转换	用于门户，自动记录来访纪录	国内领先
32	光伏水泵	用于景观水系循环。节约市电	尝试新的水系循环方式	国内领先
33	噪声监测	在区内设置噪声监测仪，监测噪声	远程传输，反映区内噪声情况	国际领先
34	微能耗建筑运行测试	综合利用风能、光能、热能、冷能、地能的效能检测	为未来建筑发展提供探索实例	国际领先
35	绿色关键技术的应用效果测试	对太阳能热水系统、再生水源热泵系统等进行节能效果测试	为推广可再生能源建筑应用，提供数据依据	
36	科普影碟			

主要经济技术指标

居住区总规划用地面积：27.533万平方米
总建筑面积：524400平方米
　　住宅地上建筑面积：379950平方米
　　公建地上建筑面积：32300平方米
　　地下总建筑面积：112150平方米
　　公建地下建筑面积：7310平方米
　　地下车库及市政配套用房建筑面积：74472平方米
总容积率：1.5
总建筑密度：21.20%
绿化率：40.2%
住宅总户数：1868户
机动车停车位：3033个
非机动车停车位：3736个

国际房地产创新典范

西安·紫薇·花园洲

开发单位：西安紫薇地产开发有限公司
规划设计：北京中新佳联建筑设计有限公司
建筑设计：北京中新佳联建筑设计有限公司

获奖项目展示 B

中国房地产创新力设计机构

中国建筑设计研究院
北京市建筑设计研究院有限公司
上海现代建筑设计（集团）有限公司
北京清华同衡规划设计研究院有限公司
天津市城市规划设计研究院
IBI集团（中国）

中国房地产创新力设计机构

中国建筑设计研究院

企业简介

中国建筑设计研究院（CAG）是2000年4月由原建设部直属的建设部设计院、中国建筑技术研究院、中国市政工程华北设计研究院和建设部城市建设研究院四家组建的大型骨干科技型中央企业，前身是创建于1952年的中央直属设计公司，改革开放后是第一批进入国际建筑市场并较早获得对外经营权的设计企业之一，注册资金为18143万元。2000年11月通过ISO9001国际质量管理体系认证。

院集团现有员工4000余人，其中工程院院士2人，工程勘察设计大师8人，经国务院批准享受政府津贴的专家90余人；国家一级注册建筑师240余人，一级注册结构工程师210余人，注册城市规划师40余人，注册造价师30余人，注册咨询师50余人，注册监理师50余人，注册设备工程师180余人，注册电气工程师80余人，其他注册人员10余人；高级设计、研究人员1100余人，中级技术人员900余人。

1986年至今获包括国际奖、国家级金奖在内的省部级以上各类奖项500余项。

业务范围

目前拥有包括民用建筑、市政工程、城市公用综合设计与规划、施工图设计审查等20项甲级资质。主营业务范围涵盖前期咨询、规划、设计、工程管理、工程监理、工程总承包、专业承包、环评和节能评价等固定资产投资活动全过程。包括建筑工程设计与咨询、城市与小城镇规划、市政工程综合设计、城市燃气与工业煤气、污水与垃圾处理、道路桥梁设计、建筑智能化及系统工程设计、建筑标准设计、景观艺术设计、工程监理、工程总承包、居住工程、建筑标准、科技信息技术、建筑历史、建筑经济等业务及其相应科研工作。基本形成了建筑设计、城市建设规划、城市市政、建筑标准、建设信息、工程咨询、室内装饰、园林绿化、住宅研发等一体化的集团化产业构架。

企业文化

中国建筑设计研究院在保持专业设计研究院优势的基础上，建立以“项目为中心”的管理体制，设立院集团设计运营中心、项目总监部、专业设计研究工作室和名人工作室，专业化改革逐步完善，企业核心竞争力逐渐增强。继续发扬“忠诚、贡献、创新”的企业精神，秉承“科学管理、竭诚服务、精心设计、质量第一”的执业方针，坚持“从质量中求精品、从管理中求效益、从服务中求市场、从创新中求发展”的工作宗旨，充分利用设计与科研、人才与技术等综合优势，积极开拓更广阔的业务市场，与国内外朋友开展广泛诚挚的合作，为广大客户提供高效优质的服务。

主要业绩

中国建筑设计研究院60年来先后完成了北京火车站、中国美术馆、国家图书馆、北京国际饭店、拉萨火车站、国家体育场（鸟巢）、国家网球馆、北京·望塔、深圳体育馆、首都博物馆新馆、重庆国泰艺术中心、殷墟博物馆、外交部大楼、海南国际会展中心、西直门交通枢纽、莫斯科中国贸易中心、北京珠江帝景、万科城市花园、上海金地艺境、万科十七英里、北京万泉新新家园、故宫保护、长城保护、敦煌莫高窟保护等工程项目，在中国130余个城市和全球60余个国家和地区共完成工程设计项目20000余项。

中国房地产创新力设计机构

北京市建筑设计研究院有限公司

企业简介

北京市建筑设计研究院有限公司（英文名称：BEIJING INSTITUTE OF ARCHITECTURAL DESIGN。以下简称BIAD）成立于1949年10月，累计完成建筑设计面积已超过1.5亿平方米。1979年开始实行事业单位企业化管理试点，1980年实行自收自支，1988年获得工商企业法人营业执照，1992年享有对外经营权，成为改革开放后最早进入国际建筑市场的国内著名设计企业之一，1998年通过ISO9001国际质量管理体系认证，2009年被评为国家高新技术企业，2012年由全民所有制企业改制为国有独资公司。

截至2012年6月，BIAD拥有职工2758人，工程技术人员达2325人。包括工程院院士1名，工程勘察设计大师9名，突出贡献专家12名，教授级高工102人，高级建筑师和高级工程师459人，建筑师和工程师588人，拥有一级注册建筑师292人，一级注册结构工程师171人，注册造价工程师8人。

从1977年至2012年5月，设计获国家奖61项，获住房和城乡建设部奖281项，获北京市奖551项。科研获国家进步奖28项，获住房和城乡建设部科技进步奖84项，获北京市科技进步奖147项。获詹天佑土木工程大奖14项。

业务范围

建筑设计、城市规划设计、人防工程设计、风景园林工程设计、环境工程设计、建筑智能化系统工程设计、建筑装饰工程设计、建筑幕墙工程设计、轻型钢结构工程设计、照明工程设计、消防设施工程设计、工程概预算编制、工程监理、工程总承包等领域。

企业文化

BIAD以“建设中国卓越的建筑设计企业”为共同目标，以“建筑服务社会”为核心理念，以“开放、合作、创新、共赢”为经营宗旨，以“为顾客提供高完成度的建筑设计产品”为质量方针，坚定不移地实施“BIAD设计”品牌战略，充分利用设计与科研、人才与技术的综合优势，全面提升核心竞争力，在激烈的市场竞争中保持设计水平和原创能力的领先地位，为促进行业的发展和建筑设计领域的繁荣贡献力量。

主要业绩

公共建筑建成代表作品，在北京地区，有国家大剧院、首都机场3号航站楼、中国科技馆、中国电影博物馆、中国石油大厦、中国工商银行总行、北京电视中心、全国人大机关办公楼、凯晨广场、望京科技园二期、商务部办公楼改造、外交部新闻领事中心、市高级人民法院、清华大学工艺美院等建筑以及国家体育馆、五棵松文化体育中心、国家会议中心、奥林匹克公园中心景观及下沉广场等北京奥运会部分工程等；在外埠，有深圳文化中心、深圳湾体育中心、海南博鳌亚洲论坛、三亚喜来登酒店、浙江中国美术学院、新疆体育中心、青岛国际帆船中心、新广州站、南京南站、昆明机场航站楼、深圳机场航站楼、上海世博会项目、北川中学等；在国外，有孟加拉邦戈邦都国际会议中心、多哥总统府、坦桑尼亚体育场、塞内加尔国家剧院等援建项目。

居住建筑建成代表作品有，望京新城、现代城、万科星园、西山庭院、西山华府、橘郡、颐源居、朗琴园、远洋山水、华瀚国际公寓、回龙观居住区、华贸中心公寓、嘉润园国际社区、星河湾、世纪华侨城、万恒家园以及深圳万科第五园、浙江平湖梅兰苑等。

中国房地产创新力设计机构

上海现代建筑设计（集团）有限公司

企业简介

上海现代建筑设计（集团）有限公司是一家以建筑设计为主的现代科技型企业，集团旗下拥有华东建筑设计研究院和上海建筑设计研究院等20余家专业公司和机构。2001年至2012年连续十二年被美国《工程新闻纪录》（ENR）列入“国际工程设计公司200强”和“全球工程设计公司150强”之一， 根据2012年ENR发布的最新排名，集团位列“全球工程设计公司150强”第67位。

集团现有职工4000多人。其中教授级高级职称约100余人、高级职称约900余人、各类专业注册从业资格的人员约1300余人。集团拥有中国工程院院士2名、工程勘察设计大师6名、国家有突出贡献中青年专家6名，人才梯队合理，技术力量雄厚。

2011年集团荣获中国质量协会与全国用户委员会颁发的“用户满意企业”奖。

业务范围

集团业务领域涵盖建筑、水利、市政和规划等行业，业务包含工程咨询、工程设计、工程承包、工程勘察等项目全过程服务类别，其中包括建筑设计、历史建筑保护和利用设计、环境与装饰设计、建筑声学设计、项目管理、工程监理、项目可行性研究、投资控制、科技咨询等咨询工作。

企业文化

企业文化的核心理念：

企业精神——“创意成就梦想”。以“创意”寓意集团的设计主业和集团创新文化的特色；以“成就梦想”反映集团努力创造建筑精品佳作、帮助客户实现期望、打造城市美好未来和为员工创造美好生活的理想。

企业使命——“传承历史，设计现代，创造未来”。表现集团的宏大志向和崇高责任，并且显示企业具有承揽重任的魄力、坚韧执着的意志和继往开来的自信。

企业愿景——“行业前沿，国际品牌”。突出集团发展的方向和定位，明确了集团努力和奋斗的目标。

企业价值观——“为城乡创造发展，为业主创造价值，为员工创造机会”。把企业的价值取向，分为社会的、客户的、集团内部员工的三个方面，直观、清晰、全面地表达企业的最根本的价值取向，体现集团对社会负责、对企业负责、对职工负责的宗旨，以及倡导共享共赢、和谐发展的现代理念。

主要业绩

上海2010年世博会项目（世博轴、世博文化中心、世博中心、上海案例馆、世博村绿化景观工程、世博村A地块近代建筑别墅群文物保护工程、世博村J地块经济型酒店、世博行政中心二期、世博会奥地利国家馆、摩洛哥王国馆、日本国家馆、世博石油企业馆等）、青草沙水库、上海光源工程、东方体育中心、长江三峡鱼类保育中心、中国博览会会展综合体、上海金茂大厦、中国保险大厦、上海浦东国际金融大厦、中央电视台新台址建设工程、绿地卢湾滨江CBD、上海外滩金融中心、东方之门、世茂国际广场、上海铁路南站、上海浦东国际机场、上海虹桥综合交通枢纽、上海体育场、沈阳奥体中心体育场、虹口足球场、上海大剧院、上海东方明珠广播电视塔等。

中国房地产创新力设计机构

北京清华同衡规划设计研究院有限公司

企业简介

北京清华同衡规划设计研究院有限公司成立于1993年（原北京清华城市规划设计研究院）。2012年8月，由全民所有制改为有限责任公司，改制完成后整体划转至清华控股有限公司。该院拥有国家相关主管部门授予的城市规划设计甲级资质（证书编号：081004），国家旅游规划设计甲级资质（证书编号：03-2003），文物保护工程勘察设计甲级资质证书（证书编号：0201SJ0025），风景园林工程设计专项乙级资质证书（证书编号：A211005872）。下属建筑分院（北京清城华筑建筑设计研究院有限公司）拥有国家相关主管部门授予的建筑行业（建筑）专业甲级资质（证书编号：A111001213）。

业务范围

植根于清华大学的学习研究环境，依托于清华大学的人才优势，一直坚持城市规划工程实践与科研、教育相结合的发展思想，通过十余年来企业化发展逐渐形成了自己的技术优势和突出的学术特色。始终坚持专业所的发展架构，目前已经形成近三十个专业所，涵盖五大规划设计方向：（1）城乡规划，包括城乡总体规划、详细规划、城市发展策划、文化遗产保护、历史文化名城研究、建筑与城市遗产研究、城市公共安全、城市更新、住区规划、乡土聚落与乡土建筑研究等；（2）风景园林，包括风景园林规划、风景旅游规划等；（3）环境、市政与交通，包括生态环境、环境技术、市政规划、声学设计、交通规划、消防科学技术研究、光环境设计、能源规划、城市建筑环境与能源研究等；（4）科技与传媒，包括文化创意及传播、规划专业软件研发、数字城市及数字展示等；（5）建筑设计，包括绿色建筑、结构优化、公共与居住建筑设计等。截至2011年底，我院共有专业技术人员700余人，大部分拥有硕士及以上学历。

企业文化

秉承“自强不息，家国天下谋人居发展；厚德载物，行稳致远辅政通人和”的思想，清华同衡已探索出一条科学的发展道路，即在“清华同衡”的平台上，根据实际工程的具体需求，充分整合院内相关专业所的技术资源，并进一步集合清华大学以及北京市其他研究机构的城市规划相关学科、专业的技术优势，组成包含有：策划、规划、经济、社会、历史、地理、生态、景观、能源、交通、物流、环境、建筑等多学科技术人员的综合技术团队，并与地方兄弟设计单位紧密合作、相互配合，为委托方提供“策划+规划+设计+服务”的全方位的技术解决方案。我们坚持自己的理念，为中国社会的城乡发展和人居环境建设贡献自己的力量。

主要业绩

近年来，清华同衡完成项目规划设计千余项，省（市）级、国家级获奖数百余项，国际获奖数十项。其中“中关村西区修建性详细规划”、“北京奥林匹克森林公园规划设计”、“四川汶川灾后重建规划设计”、 “青海玉树禅古村灾后重建规划设计”、“新疆库车历史文化名城保护规划”、 “再现圆明园移动导览系统”、“四川雅安灾后重建规划设计”等众多优秀项目，取得了广泛的业界好评。

中国房地产创新力设计机构

天津市城市规划设计研究院

企业简介

天津市城市规划设计研究院、天津市土地规划研究院成立于1989，是具有国家城市规划、土地规划、建筑设计、工程咨询甲级资质和市政公用工程、旅游规划、风景园林工程设计专项乙级资质，以及规划环评甲级资质的综合性规划设计研究院，2000年通过ISO9001国际质量管理体系认证。

天津规划院现有在职人员530人。其中，建院以来，共培养出享受国务院特殊津贴专家12名、天津市政府授衔专家1名、正高级专业技术人才30名、高级专业技术人才130名；博士后、博士、硕士学历149人。2010年经国家人社部博士后工作委员会批准，建立博士后工作站，2011年与同济大学合作建立人才培养基地。

获得国家级银质奖3项、建设部优秀规划（勘察）设计奖47项、詹天佑规划设计大奖6项、市级优秀规划（勘察）设计奖144项、市级工程设计咨询奖10项、全国人居环境综合大奖2项。

业务范围

天津规划院主要业务为城乡规划、城市设计、村镇规划、道路交通规划、市政工程规划、土地规划、城市园林规划、规划环境评价、环境景观设计、建筑设计、道路交通与市政工程设计、规划招投标及成果设计包装、多媒体制作等10多个专业，并提供规划技术咨询、规划设计信息处理、工程技术开发等多项辅助性专业服务。

企业文化

20多年来，天津规划院秉承“用技术引领行业、用质量赢得用户”的理念，以“服务人民、奉献社会”为宗旨，团结协作，追求卓越，先后高水平完成了天津市历次总体规划、滨海新区总体规划、分区规划、国土规划、土地利用规划、基本农田保护规划、综合交通规划、近期建设规划等天津市重点规划编制任务，并承接了大量的外埠项目，业务已遍及全国25个省、市、自治区。

主要业绩

中新天津生态城控制性详细规划、滨海新区生态绿地系统与生态策略、陕西宁强县燕子砭镇木槽沟村村民安置点规划、天津市中心城区城市设计导则、天津市滨江道商业步行街综合整治规划、天津滨海国际机场综合交通枢纽集疏运规划、天津子牙循环经济产业区总体规划、北塘小镇修建性详细规划、天津南岗工业区一期控制性详细规划、天津海河教育园区起步区修建性详细规划、天津市静海县城乡总体规划、天津滨海旅游区总体规划、天津市城市道路截面景观设计导则、天津市邮政设施布局规划、天津市工业布局规划（2008—2020年）等。

中国房地产创新力设计机构

IBI集团（中国）

企业简介

IBI集团是全世界第三大建筑公司（2013），目前在全世界拥有80多个办事处，雇用了3000多个专业技术人员和骨干员工，已在多伦多证券交易所公开上市。

IBI集团（中国）还拥有众多注册建筑师、规划师和景观设计师。本土资深的一级注册建筑师及专业人士，帮助IBI及时了解和掌握中国文化及政策，在确保设计国际化的同时，能从独特而深入的角度去考虑。在中国，IBI集团在规划、建筑设计，度假村设计和规划，景观设计等方面拥有专业知识和丰富经验。凭借丰富的经验，可以使项目增值，并通过综合的、可持续的、有吸引力和功能性的设计丰富本地社区。

业务范围

IBI集团是集建筑设计，工程设计，城市规划，智能化系统，城市交通，城市土地和水6个主要领域服务的国际性多元化咨询公司，以全方位的专业服务迎接21世纪的挑战。

企业文化

“IBI集团是当地社区的国际化设计师，我们就如同世界各地城市肌理的设计师。”IBI集团长久以来就意识到整合6个专业领域以一个全面的方式来塑造我们未来的城市。这种协作的方式使我们能够高效地解决可持续环境开发中的复杂问题。IBI“虚拟工作室”的方式，无论人身处何处，都能利用各种协作技术，应用自主的智能系统，有效地在团队成员之间进行沟通。

主要业绩

国际地区：

巴萨路易滨水公共空间、蒙特利尔老港口、水晶点住宅、贝尔中心娱乐露天剧场、蒙特朗布朗度假村、丽兹卡尔顿酒店和公寓、耶鲁大学管理学院、BC癌症研究中心等。

中国地区：

威海双岛湾规划区发展战略策划、北京通州新城核心区II区域概念方案设计、廊坊生态文化艺术新区城市规划、即墨温泉镇项目；泰豪国际动漫产业园概念性总体规划、北京金海湖酒店概念建筑设计、北京交通大学现代轨道交通创新基地暨新校区总体规划方案设计、三亚天涯之巅综合开发规划等。

C 获奖项目展示

中国房地产创新典范

南京·绿地·紫峰花园

北京·首开·熙悦广场

南京·万科·金域蓝湾三期

厦门·禹洲·云顶国际

唐山·水岸东方

武汉·广发银行大厦

西安·金地·翔悦天下

金融街（南开）中心

镇江·绿地中央广场·润创国际

哈尔滨·会展城上城

中锐·姑苏尚城

中国房地产创新典范

南京 · 绿地 · 紫峰花园

开发单位：绿地地产集团南京置业有限公司
规划设计：上海柏涛建筑设计咨询有限公司
建筑设计：上海柏涛建筑设计咨询有限公司
景观设计：HZS USA , LLC

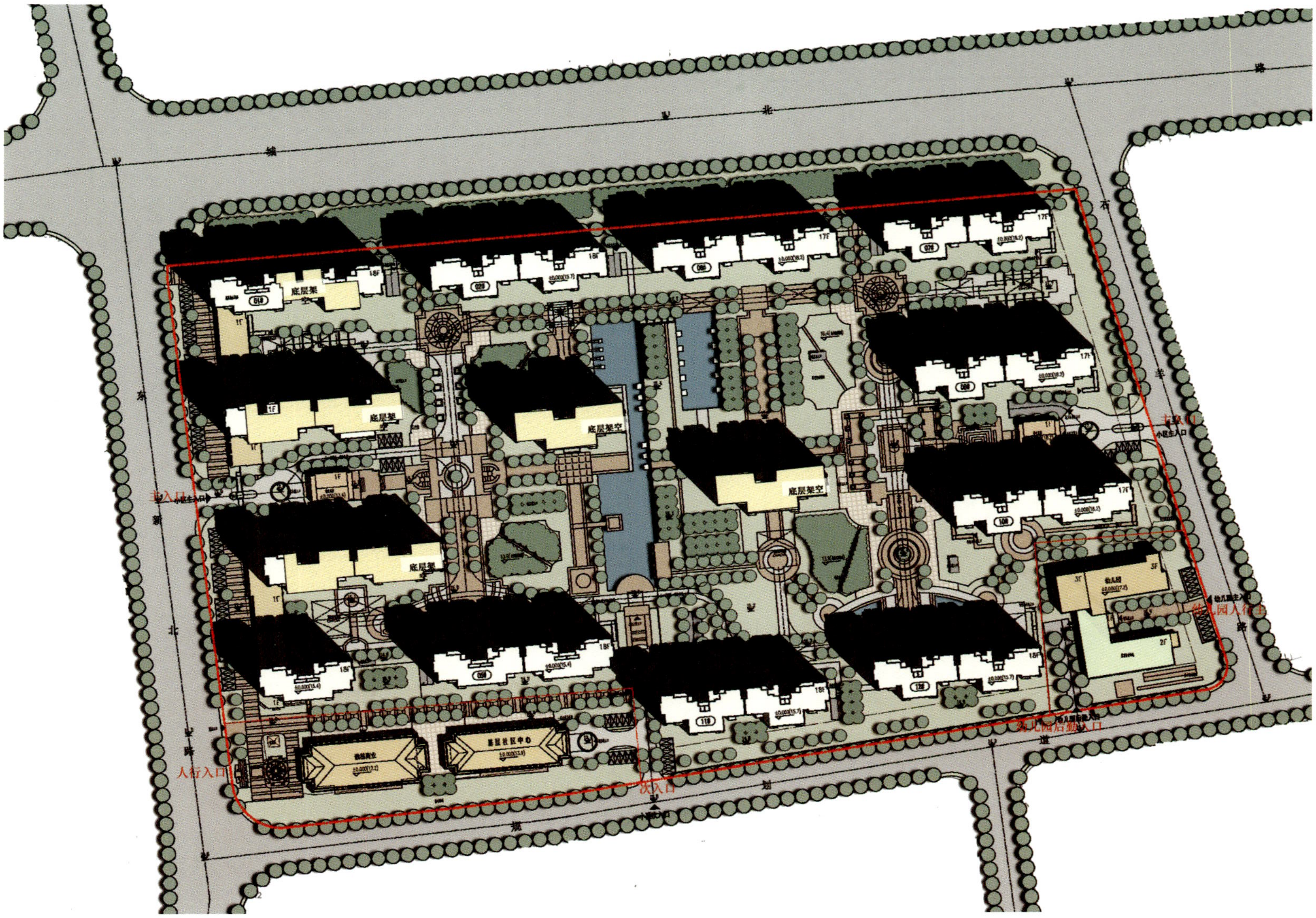

总平面图

项目概况

“南京•绿地•紫峰花园”项目位于南京市江宁区东北侧，城北路以南，石羊路以西，东新北路以东，西侧相邻用地为住宅用地，东面为规划绿地公园。由10栋18层高层住宅、4栋17层高层住宅及约3000平方米3层幼儿园、2000平方米3层基层社会中心、约1700平方米3层商业楼、约1750平方米1层商业裙楼组成，以地块南北及东西中轴营造景观轴线，住宅东西分为两个组团分布，营造围合静谧的中心花园。东新北路、石羊路分别设置主入口，南侧规划路为小区次入口。

本项目规划突出一个中央大花园，两个组团花园，从北向南穿越住宅区实轴，通过建筑、广场、林荫道、绿化、小品景观、水景串串相连，以步行道构成的交通路线，并与小区各个铺地广场相贯通，形成视觉上延续的轴线。采用Art-deco式建筑风格立面设计手法，凸显建筑的品质感、尊贵感。住宅造型给人以挺拔稳重感。立面强调装饰与虚实对比，强调建筑雕塑感与典雅美。米色基调外墙涂料、米色石材，营造典雅和谐的人文氛围。

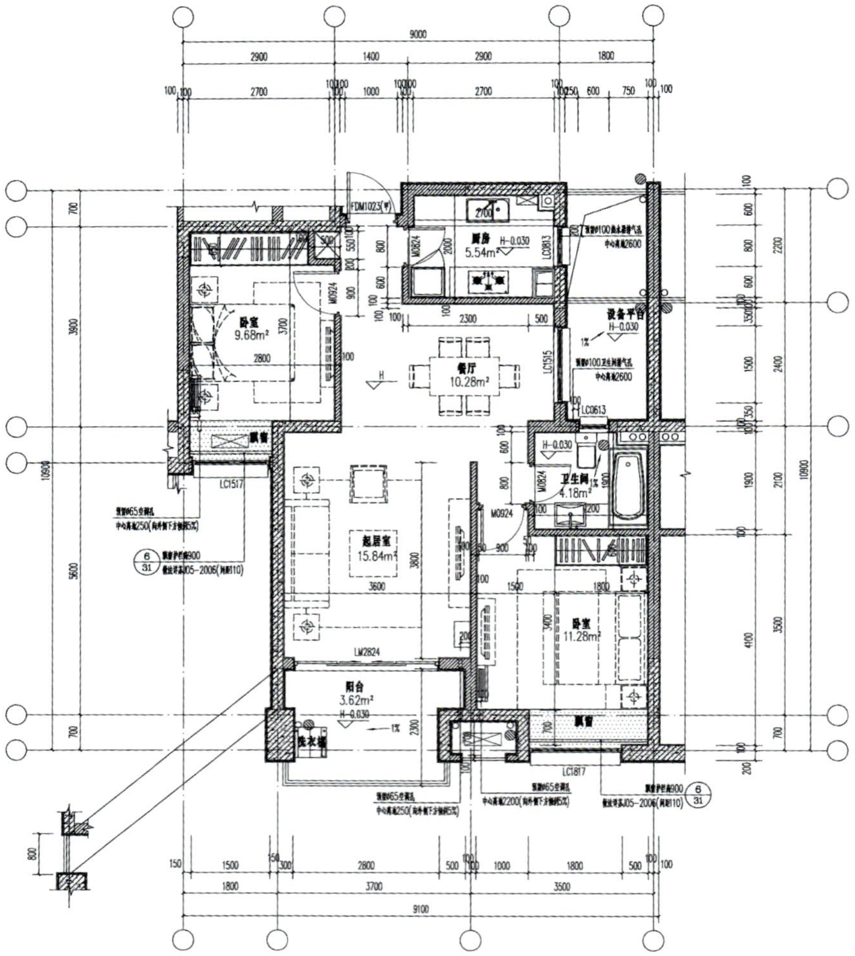

A户型平面图

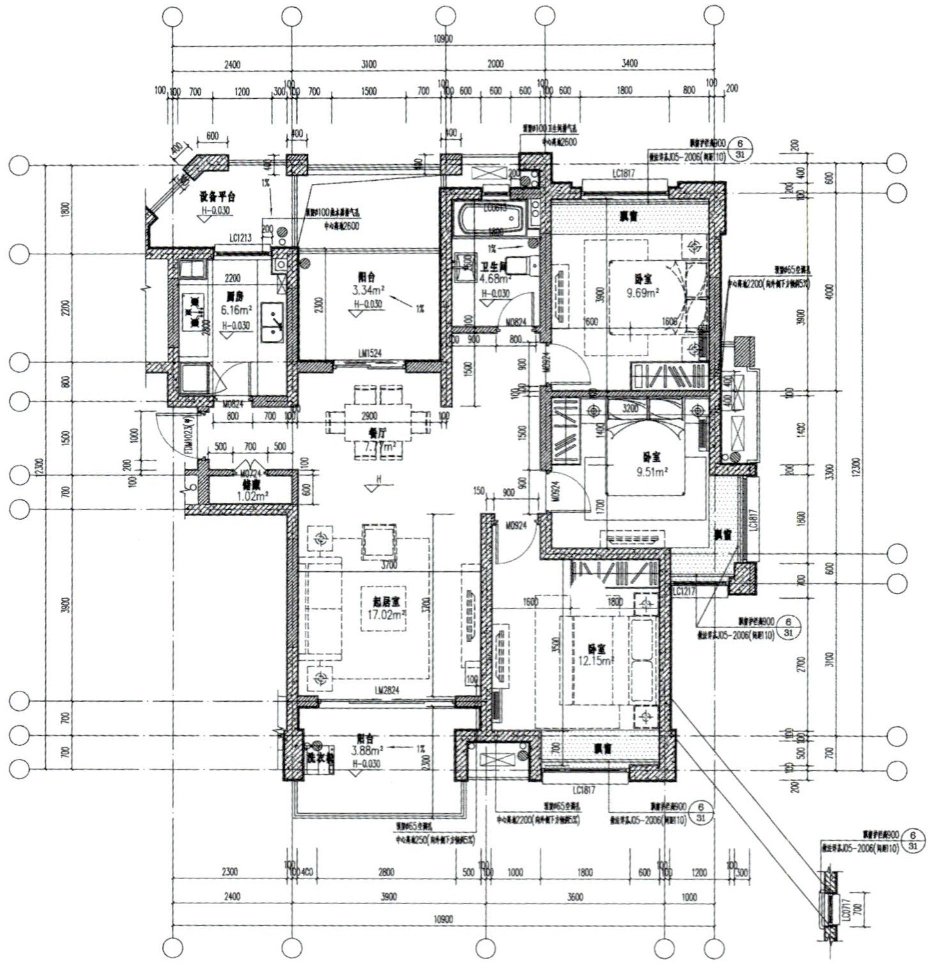

B户型平面图

沿街立面透视图

住宅入口透视图

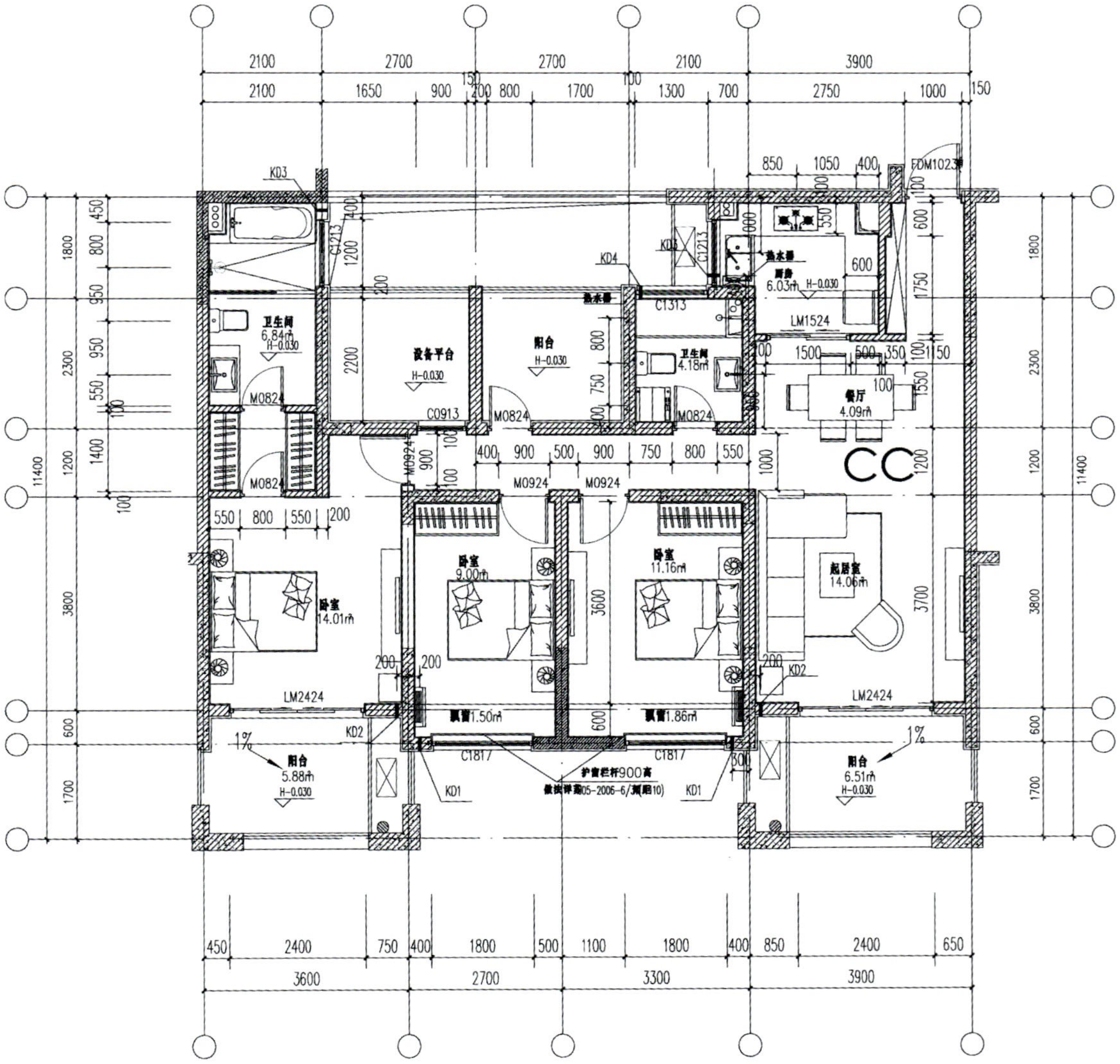

C户型平面图

专家点评

1. 该项目以“全生命周期”为建设理念，力图为住宅打造一个健康舒适宜居环境，项目从整体规划布局，室内套型设计的多样化、功能化等方面都体现了高端居住的价值。

2. 规划设计对东西两个方向的出入口、南侧的步行次入口的气氛渲染很好，迎合了居民的心理需求，同时又为城市的空间节点、景观元素增添了特色。内部通过建筑的精心布置，组合成两个核心花园并相映成趣，互为联络通透，达到了美丽花园、幸福社区的水准。

3. 地下和地面停车的结合和高低差地形的利用，使停车的方便程度和数量均为较高设计水准，采用的自然下沉花园和生态车库使景观和车库的停车，交织在一起，成为项目建设的一个亮点。

4. 单体设计多样，以中小户型为主的个性设计为住区提供了较好的生活空间，沿街底层商业的布局，公共服务设施和幼儿园的合理布局，既满足居民多种需求，又营造了丰富多彩的沿街景观，利于聚集人气。

5. 该项目申报绿色二星评定，为此做出很多有成效的努力，措施得力，有很好的实效性，通过规划措施提出对噪声的防治、自然风的利用、注重绿色种植、雨水收集利用等都达到了合格的水准。

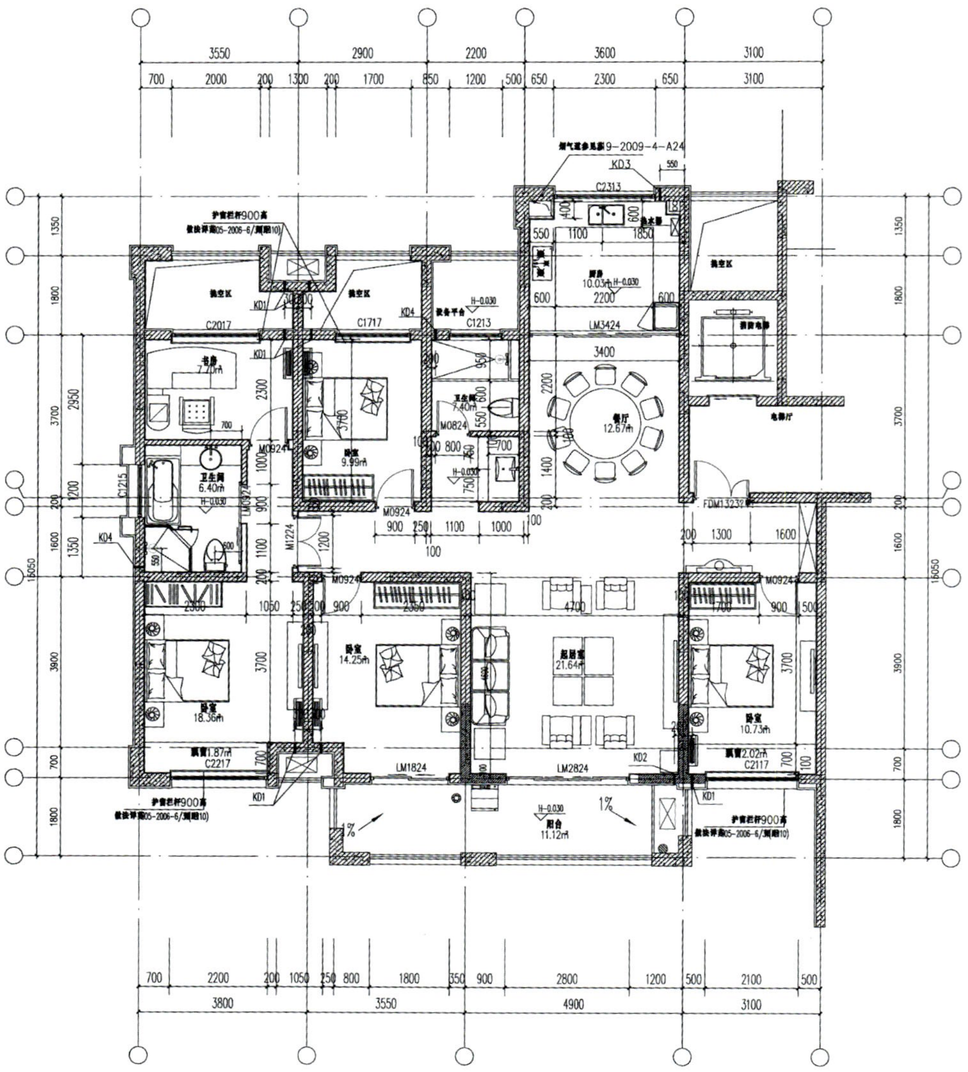

D户型平面图

主要经济技术指标

用地面积：87580平方米
总建筑面积：236947.8平方米
地上建筑面积：183902平方米
　　住宅建筑面积：173149.24平方米
　　商业建筑面积：3490.2平方米
　　幼儿园建筑面积：3439.82平方米
　　用地建筑面积：5400平方米
　　基层社区中心：2064.38平方米
　　物业用房：907.91平方米
　　电信模块局：46.15平方米
　　地上配电房：803.6平方米
地下建筑面积：53045.8平方米
　　住宅地下室：12316.51平方米
　　商业地下室：132.6平方米
　　地下车库面积：40596.69平方米
容积率：2.1
建筑密度：22%
绿地率：35%
住宅总户数：1719户
机动车停车位：1515个

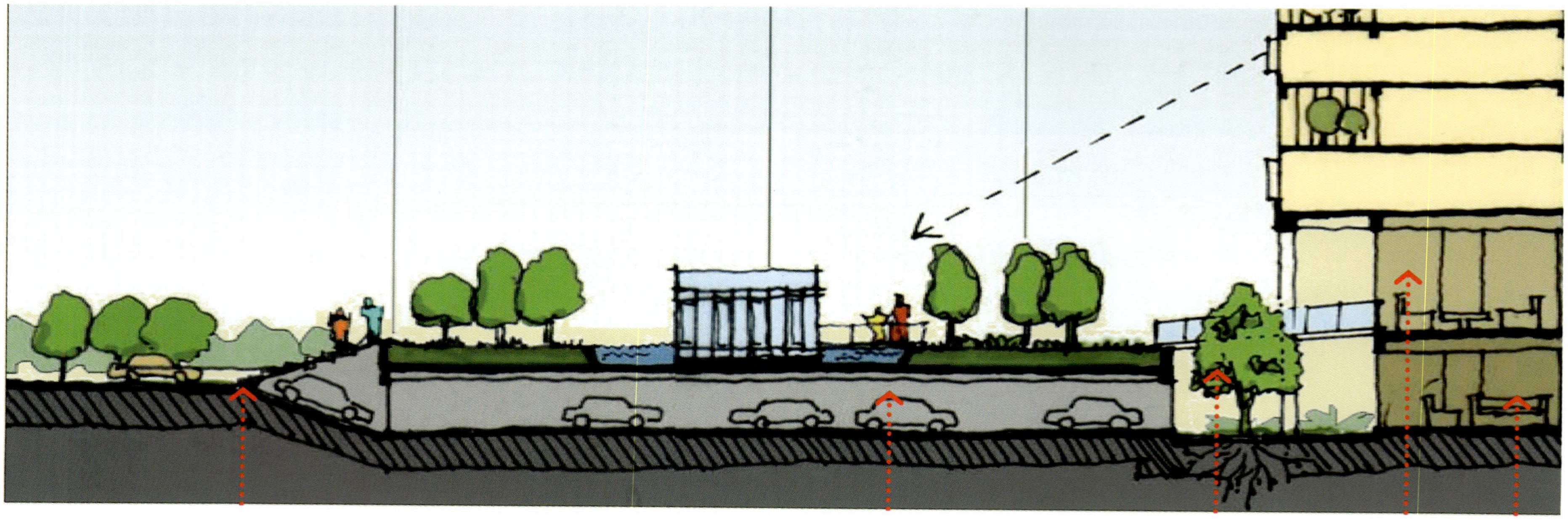

中国房地产创新典范

西安·金地·翔悦天下

开发单位：西安筑家置业有限公司
规划设计：北京墨臣建筑设计事务所
建筑设计：北京墨臣建筑设计事务所
成都基准方中建筑设计有限公司
景观设计：北京易兰建筑规划设计有限公司

项目概况

“金融街（南开）中心　”项目位于天津市城市核心CBD聚集区——和平区与南开区黄金交汇处（南开三马路与长江道交口），东至红磡花园，南至紫云里，西至玉泉路，北至长江道。地理位置优越，全方位立体交通、繁华配套，财富脉络张弛随心。作为集居住、商业、办公为一体的45万平方米城市核心综合体，囊括甲级写字楼、顶级旗舰商业、多层墅质洋房群以及高层住宅。甲级写字楼为A、B、C三座写字楼组成的办公楼集群，其中A座写字楼将成为天津海光寺商务区的地标性建筑；顶级旗舰商业集合中高端品牌主力精品店，拉动区域内商业产品全面升级；高端气质住宅低密墅质洋房群以及精品高层住宅为天津城市中心带来最具高端气质的人居佳品。

本项目规划在北侧商业金融业用地布置两座商业裙房，商业裙房上部设置三栋写字楼塔楼，最东侧布置一独栋商业建筑，总建筑面积为209000平方米；南侧居住用地布置住宅，总建筑面积为86000平方米。

项目	数量	单位
用地面积	7.96	万平方米
建筑基底面积	3	万平方米
地上总建筑面积	29.5	万平方米
办公建筑	16.3	万平方米
商业建筑	4.44	万平方米
住宅	8.32	万平方米
地下总建筑面积	85298	平方米
容积率	3.7	
建筑密度	37.7	%
绿地率	30	%
停车位	总计	地上：23
		地下：3025

居住用地　户型面积配比指标表

分项	户数	住宅户型建筑总面积（m²）	建筑面积配比
90m²以下户型	674	58356.54	70.14%
90m²以上户型	186	24843.46	29.86%
合计	860	83200.00	100%
住宅地上总建筑面积		83200.00m²	

总平面图

专家点评

1. 该项目是旧城改造项目，选址为原天津内燃机厂的旧址。对于这样的旧城改造项目，不但要做好自身项目的规划设计，同时还要处理好和原有旧城建筑的关系，梳理好老旧街区内部的交通，改善城市功能和提升城市形象，这一点是至关重要的。该项目在这些方面是很值得学习的。

2. 该项目建设用地为7.9公顷，形状十分不规则，且临街面不大，容积率要求高达3.7，同时要处理好商业金融和居住的关系，确实难度很大。规划首先合理划分功能分区，将具有公共性质的金融、办公和商业放在北面临城市道路的一侧，并留出足够的城市广场，作为人流疏散和公共活动场所，大大增加了城市活力和美化了城市形象。把需要阳光的居住建筑放在南侧，并把住区的出入口设在西边的城市次干道上，使公共人流和居住人流分开，不造成干扰。机动车采用地面和地下相结合的手法，设置了足够数量的停车位，并做到居民停车和公共车辆的分离。为了梳理街区内部的交通和满足消防的要求，在街区内部设置了城市支路，满足了街区内部居民出行方便的需求。这些手法都是规划设计的亮点和值得学习的地方。

3. 居住组团由高层和多层住宅组成，高低错落、疏密有致，形成丰富的内向型居住空间，营造了高品质的生活环境。住宅种类多样，为市场提供了多样的商品种类。

4. 生活配套完备，除了商业、服务业，还增设了幼儿园和养老设施。

5. 规划设计的精彩之处体现了设计师综合处理问题的能力，在设计条件很苛刻的前提下，把各种功能都处理得较好。

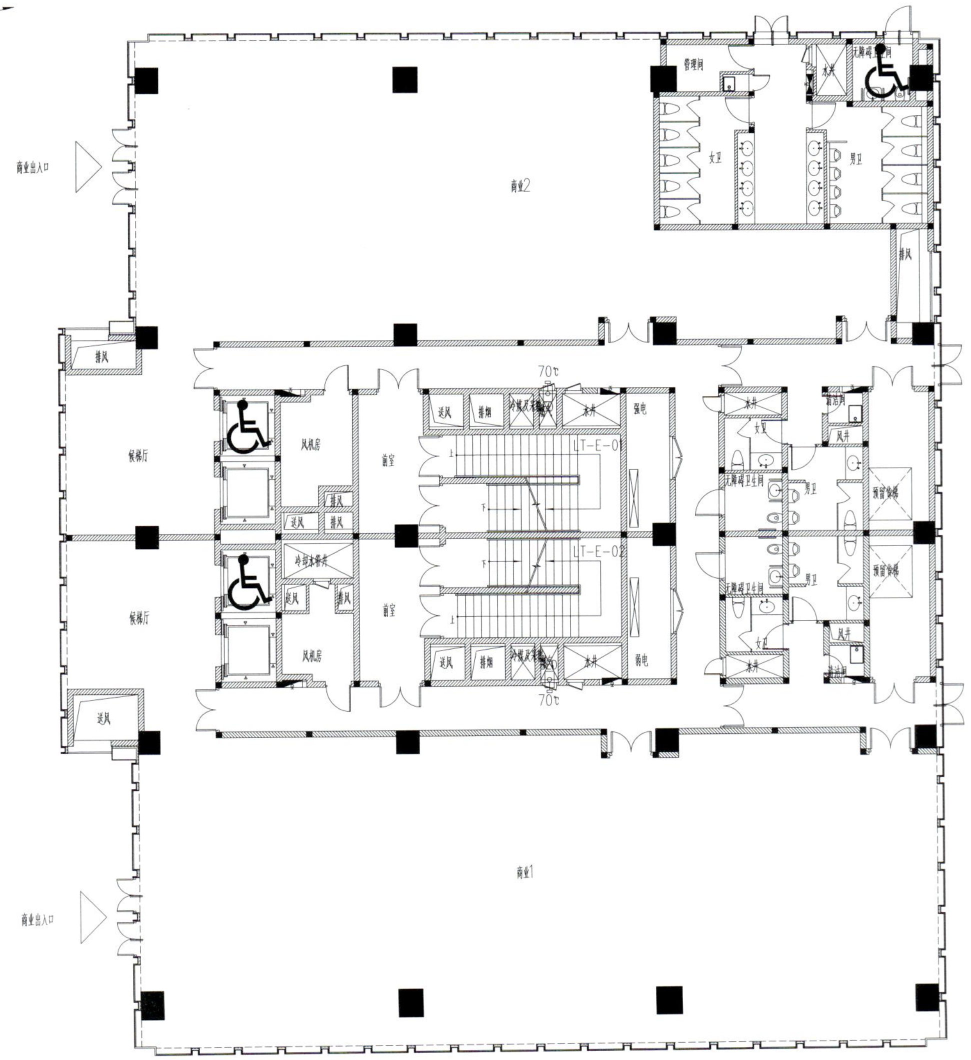

首层平面图

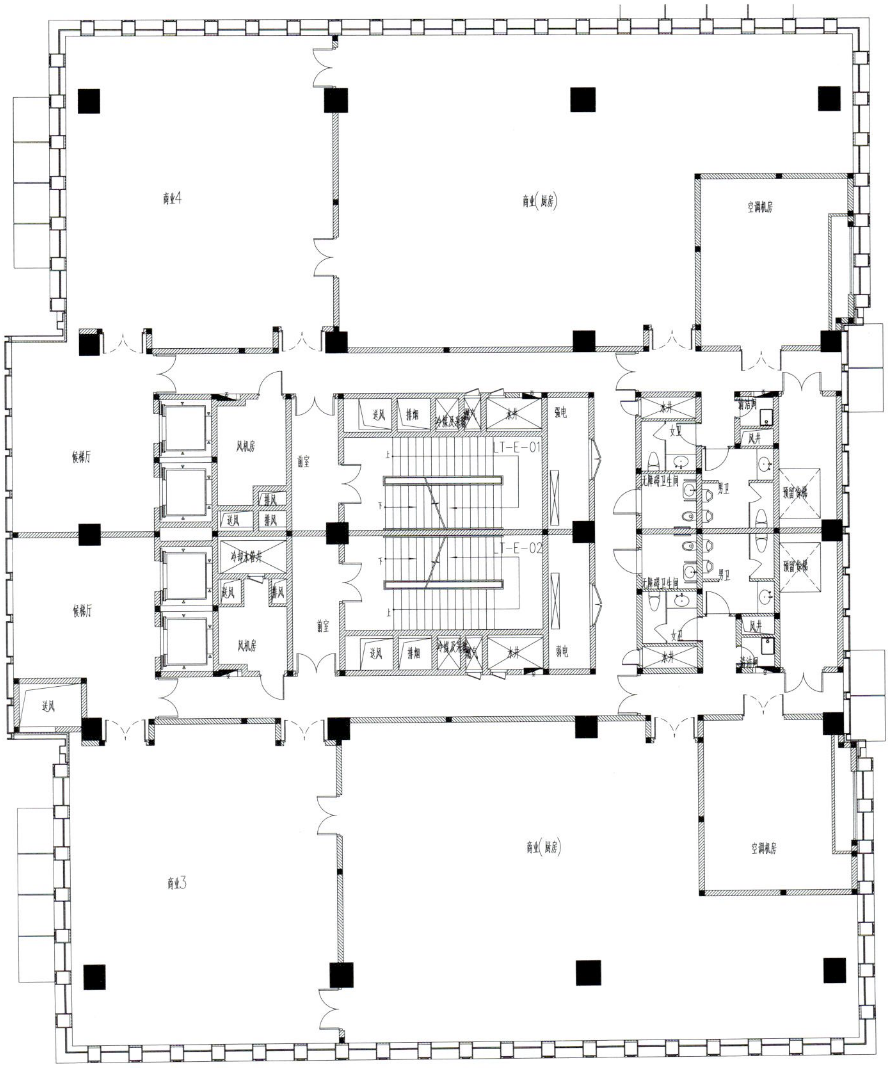

二层平面图

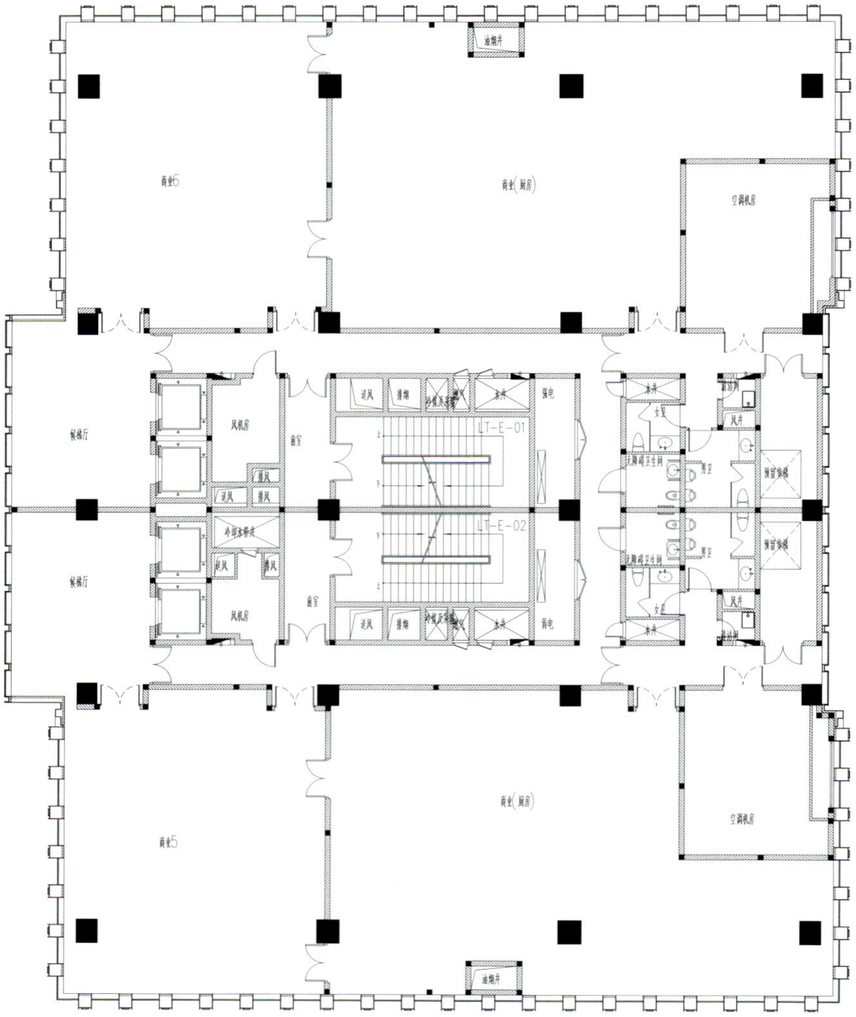

三层平面图

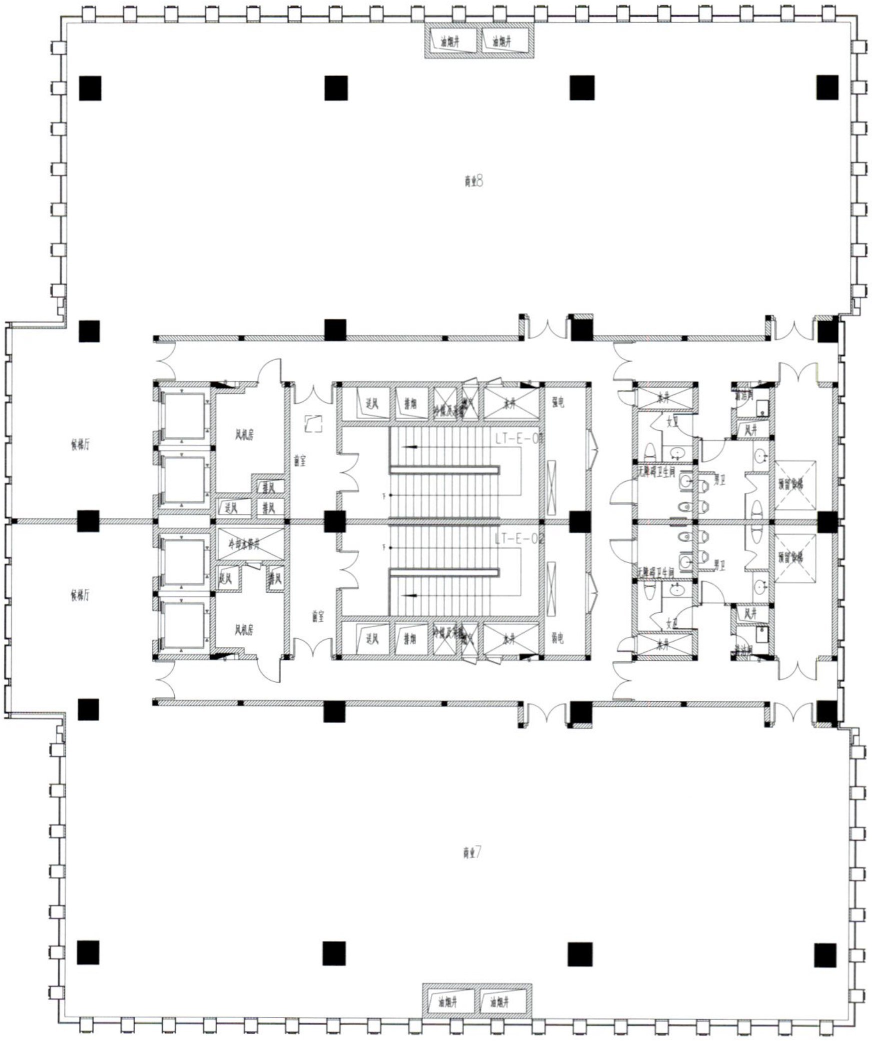

四层平面图

主要经济技术指标

总用地面积：9.33万平方米
居住用地面积：4.61万平方米
商业性公共设施用地面积：3.35万平方米
其他用地面积：1.38万平方米
商业地上总建筑面积：209000平方米
　　写字楼建筑面积：163130平方米
　　综合商业建筑面积：44400平方米
　　花厅建筑面积：1470平方米
商业地下总建筑面积：85298平方米
容积率：6.2
建筑密度：55%
绿地率：20%
住宅总户数：480户

机动车停车位：1896个
　　地上停车位：21个
　　地下停车位：1875个
非机动车停车位：3026个
居住用地地上总建筑面积：86000平方米
　　住宅建筑面积：83200平方米
　　公共设施服务建筑面积：2800平方米
居住用地地下总建筑面积：60891平方米
容积率：1.9
建筑密度：25%
绿地率：30%
住宅总户数：480户
机动车停车位：1150个
非机动车停车位：1000个

中国房地产创新典范

南京·万科·金域蓝湾三期

开发单位：南京金域蓝湾置业有限公司
规划设计：南京长江都市建筑设计股份有限公司
建筑设计：南京长江都市建筑设计股份有限公司
景观设计：南京云翾建筑工程设计咨询有限公司

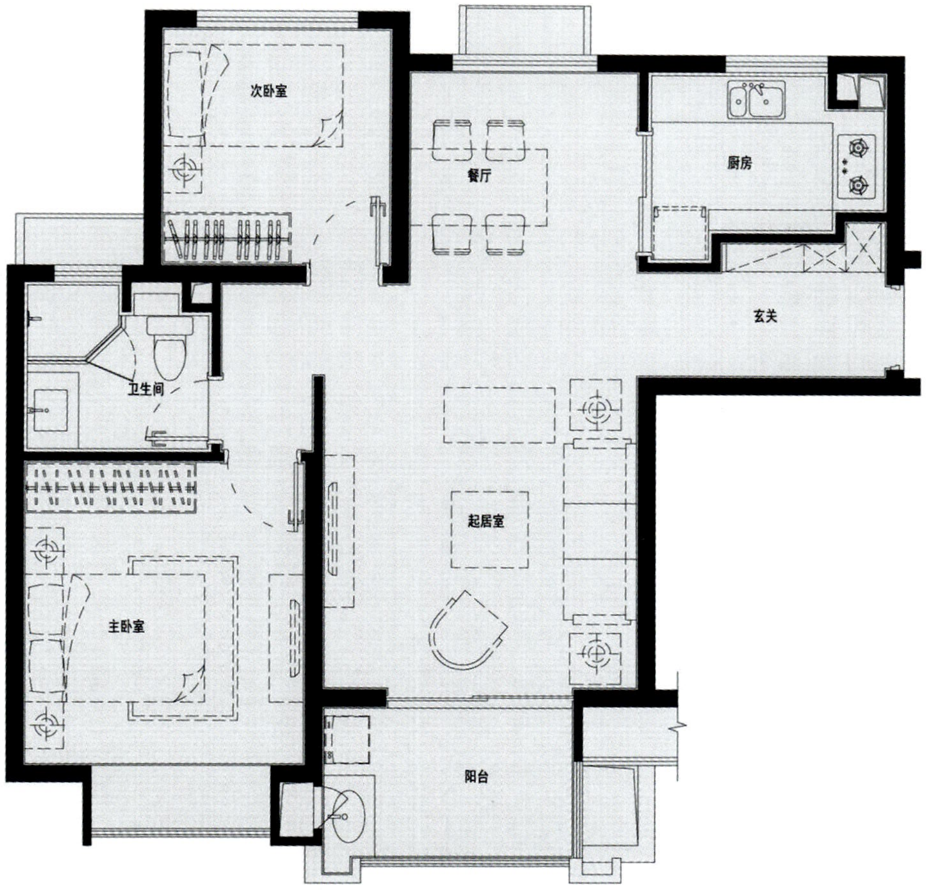

A1户型

项目概况

“南京·万科·金域蓝湾三期”项目位于南京市江宁区的东山新城范围。南侧是成熟小区——殷巷小区，西侧是小学用地和商业用地，东侧与秦淮河之间是城市绿带，北侧与牛首山河之间是城市绿带。共分四期建设，三期位于整个小区东北角，三期的东侧和北侧为市政规划道路。西侧为四期未开发用地，南侧为TOWNHOUSE所在，与三期以围墙分隔。

本项目采用“居住小区—组团”的二级规划模式，通过小区一级道路和东西景观步行带把居住小区自然地划分为四个相对独立的组团，既有利于项目的分期开发，同时亦满足物业管理灵活性的需求。

本项目属于新区大型楼盘，定位为高端住宅，户型定位为受市场欢迎的经济小户型（90平方米左右），舒适多功能的130平方米左右和160平方米左右户型，豪华的180平方米和220平方米左右户型。建筑形式采用新古典主义风格，赋予建筑经典外形，完美演绎都会中心质感生活。

总平面图

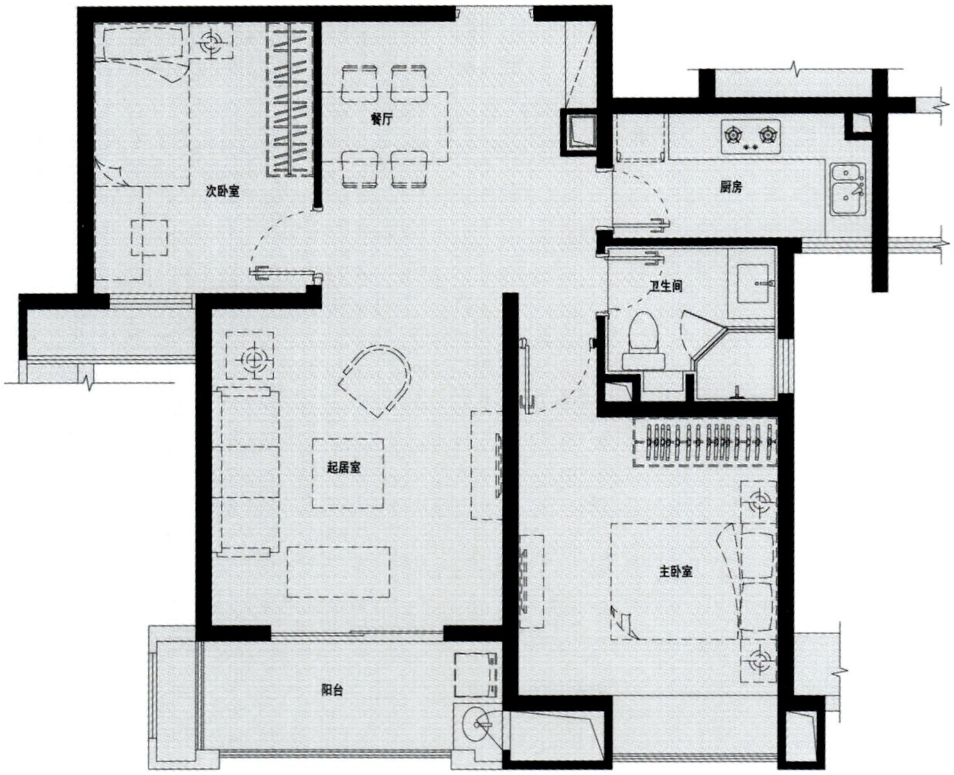

A2户型

专家点评

1. 该项目是全国性的品牌房地产开发企业按成熟的开发模式开发的“新城”项目。由于吸收和借鉴了深圳万科等地类似定位项目的经验，因此该项目在资源（含景观、地形等）利用、对人的关怀、地区气候的应对及交通流线组织、景观规划等方面做得比较完善和深入。不失为一个优秀房企的优秀开发项目。

2. 该项目的突出亮点在于其在绿色生态建设方面的努力和尝试。采用了“四节一环保”的建筑生态技术，提供了高品质、舒适性的室内环境和太阳能热水系统，雨水收集并用于洗车、绿化和道路清洁，建筑节能达到80%的设计目标。由于采用了适宜的绿色生态技术，该项目已通过国家绿建标准“绿色建筑三星级”设计标识评审。

节点分析图

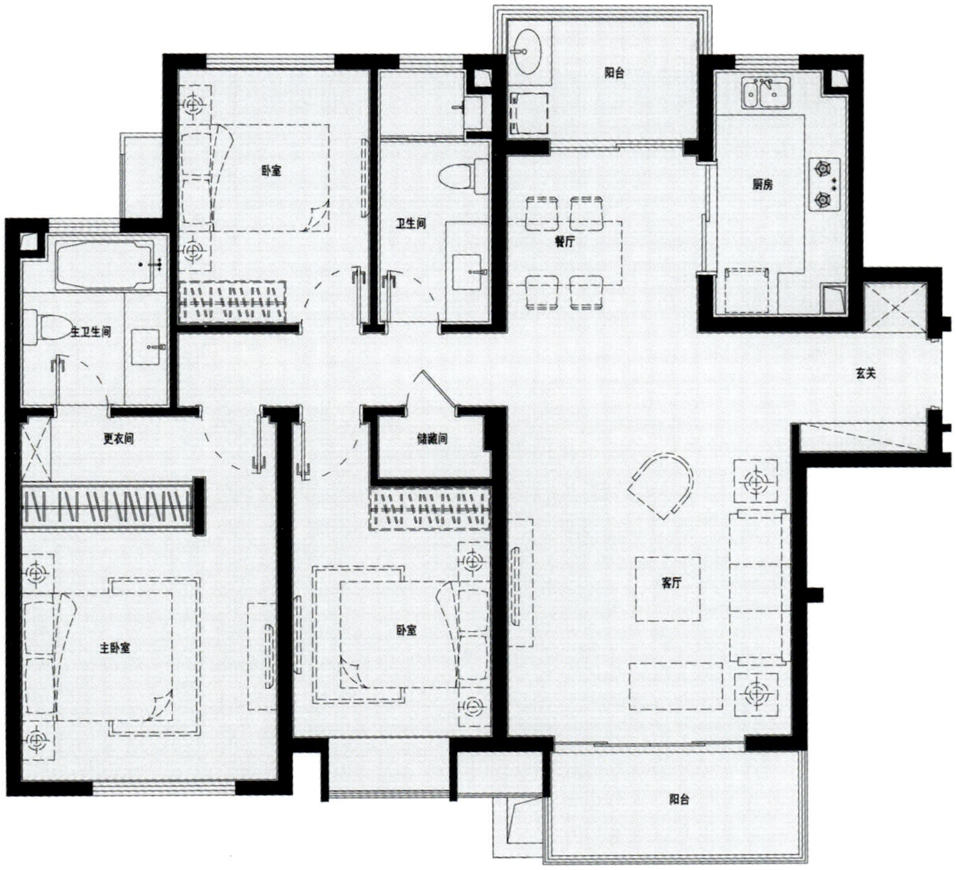

B1户型

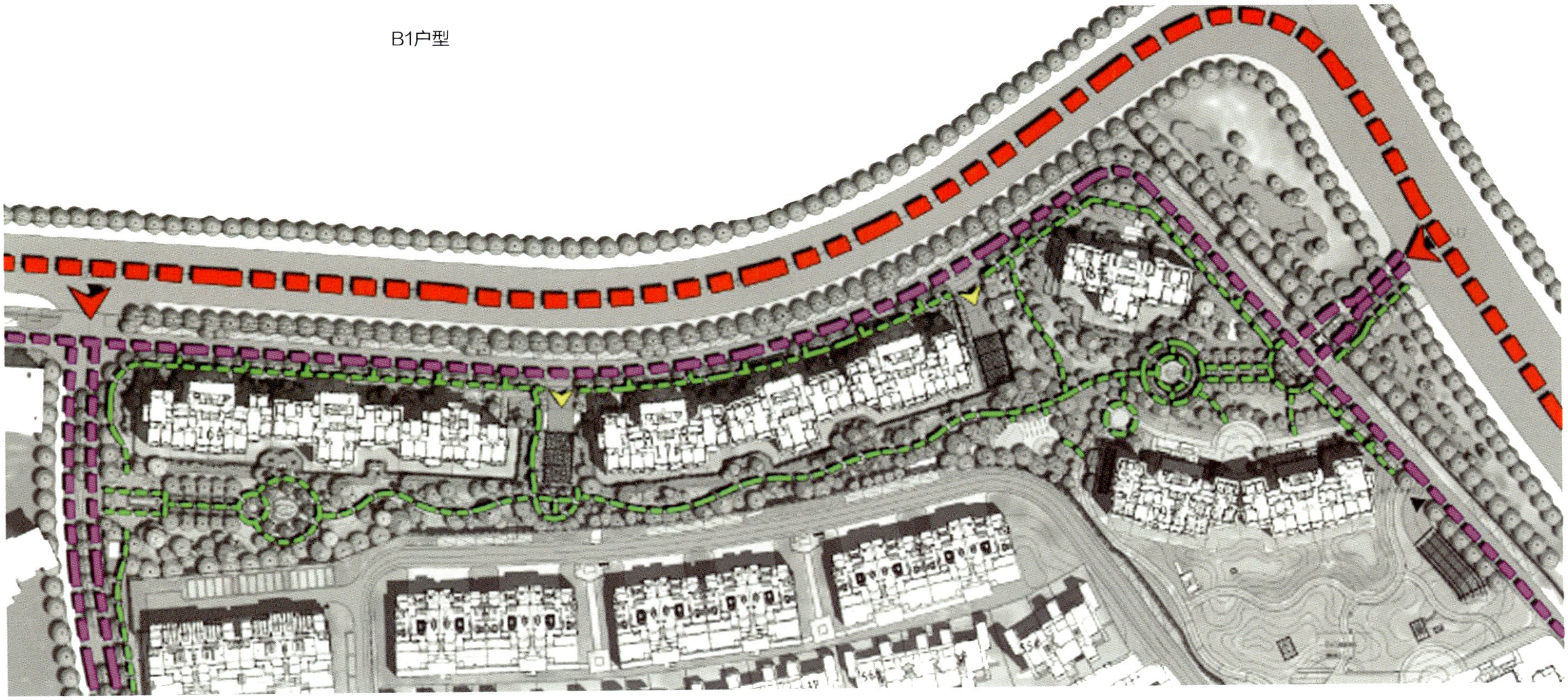

路线分析图

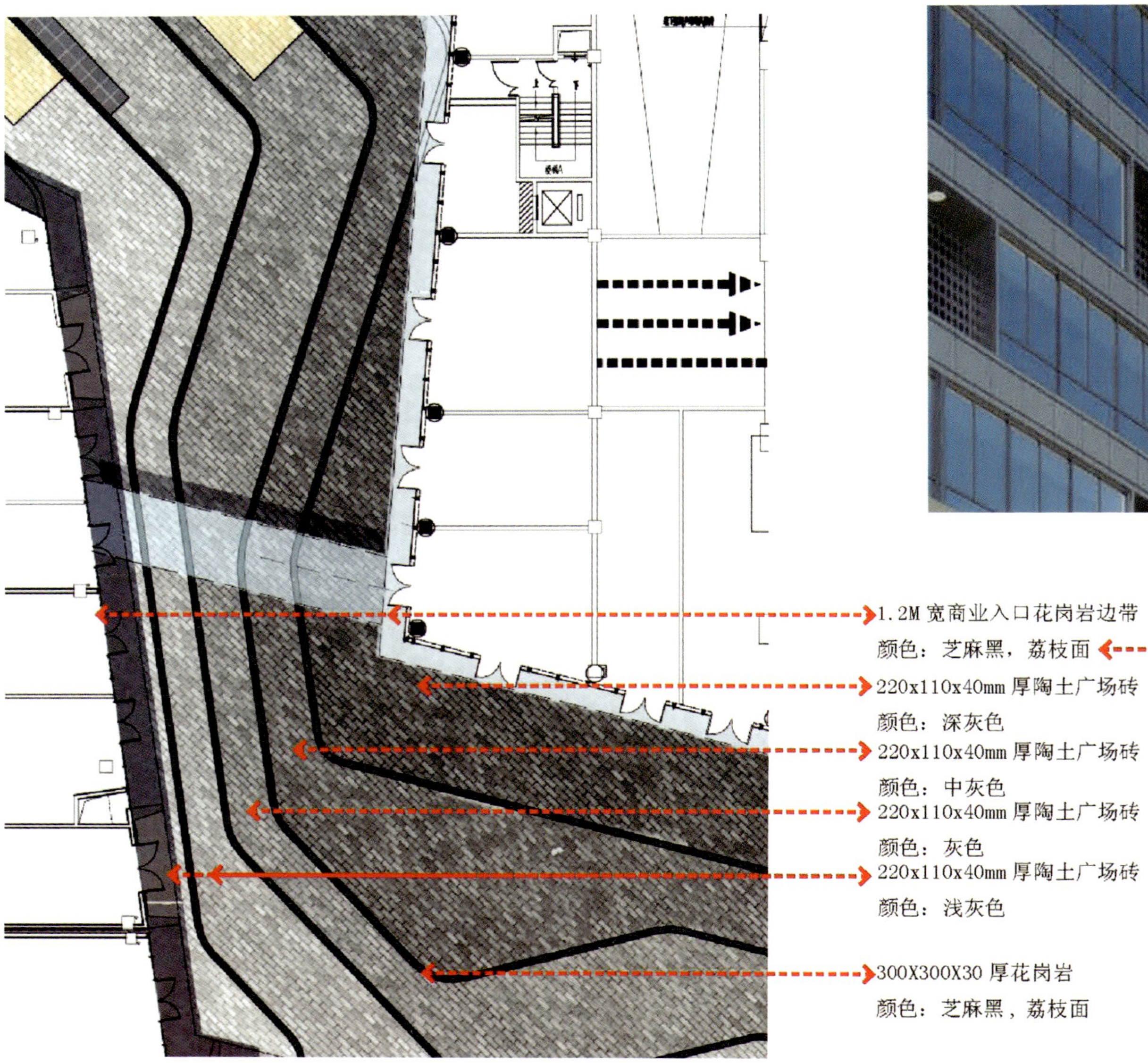
1.2M 宽商业入口花岗岩边带
颜色：芝麻黑，荔枝面
220x110x40mm 厚陶土广场砖
颜色：深灰色
220x110x40mm 厚陶土广场砖
颜色：中灰色
220x110x40mm 厚陶土广场砖
颜色：灰色
220x110x40mm 厚陶土广场砖
颜色：浅灰色
300X300X30 厚花岗岩
颜色：芝麻黑，荔枝面

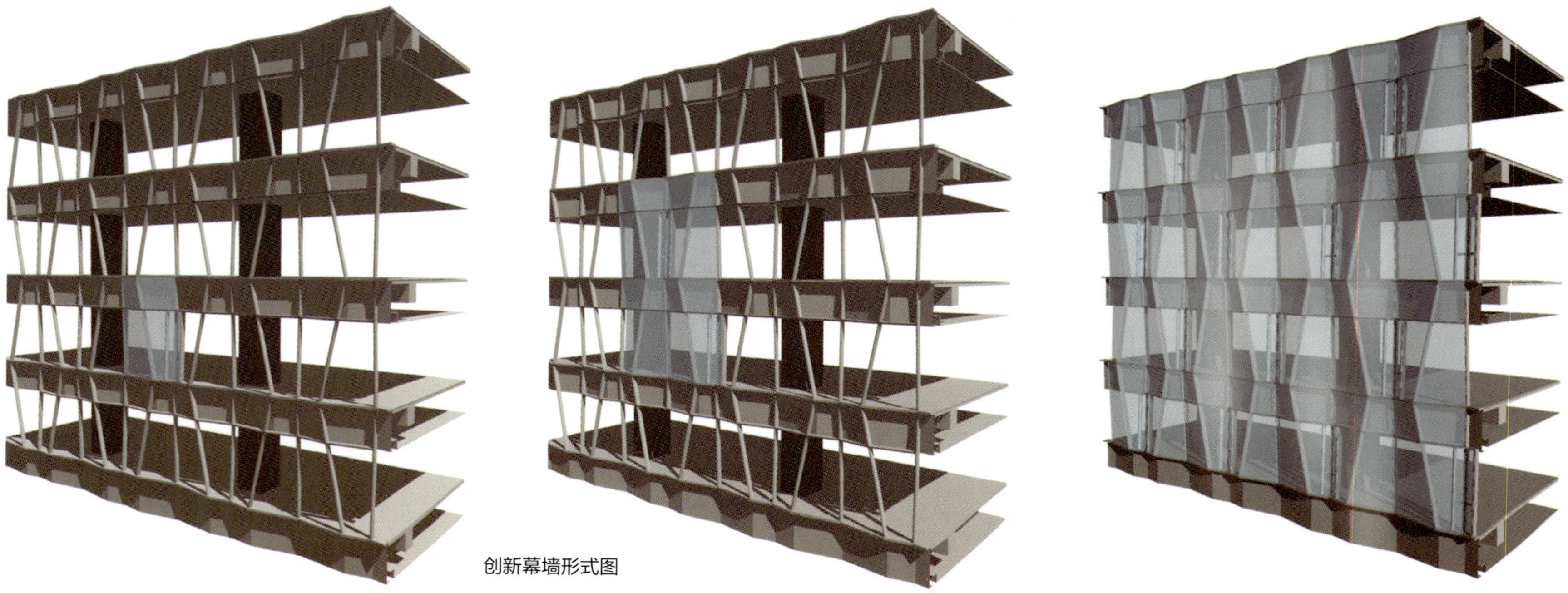

创新幕墙形式图

主要经济技术指标

总用地面积：20726平方米

总建筑面积：144137平方米

计容总建筑面积：112257平方米

　　办公建筑面积：96158平方米

　　商业建筑面积：15626平方米

　　物管用房建筑面积：473平方米

地下总建筑面积：31880平方米

容积率：5.42

建筑基底面积：7062平方米

绿地面积：4555平方米

机动车停车位：675个

　　地上停车位：30个

　　地下停车位：645个

非机动车停车位：1990个

办公室外立面

中国房地产创新典范

厦门·禹洲·云顶国际

开发单位：禹洲地产股份有限公司
规划设计：中铁第四勘察设计院集团有限公司
建筑设计：中铁建设集团有限公司
景观设计：上海天夏景观

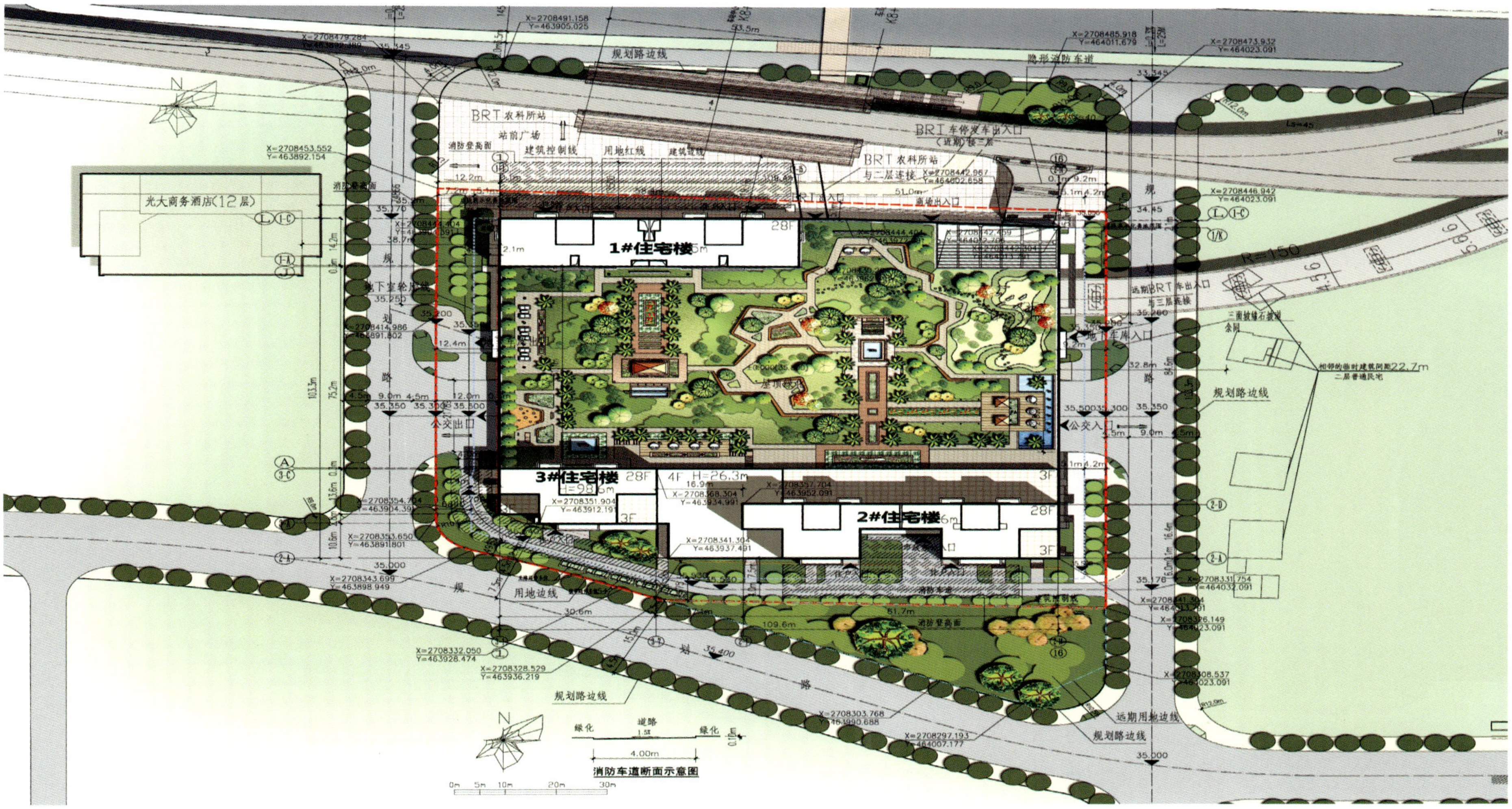

总平面图

项目概况

“厦门•禹洲•云顶国际”项目位于厦门市莲前西路南侧，云顶中路西侧，北面沿街为城市主干道——莲前西路，东、西、南面为规划道路。本项目是厦门快速公交（BRT）一号线的禹洲•F1广场（BRT农科所枢纽站综合楼），地上28层，地下1层，是集社会停车库、公交站场、BRT配套管理用房、BRT控制中心、远期配套服务用房及商住于一体的综合建筑。

本项目占地15652平方米，规划3幢28层高层住宅，包括82～93平方米精致两室房和102～126平方米奢尚三室房，打造精英的专属奢华空间。规划近万平方米城心珍稀新亚洲风格空中花园，精心营造出独具风情的“五感”体验空间，将生活与休闲完美融合；时尚精品商业街，家门口的购物中心，吃喝玩乐购一站俱全，步行可达的生活配套助精英生活更为惬意从容。世界500强中铁建设集团倾力加盟，为建筑的品质提供了有力的保证。

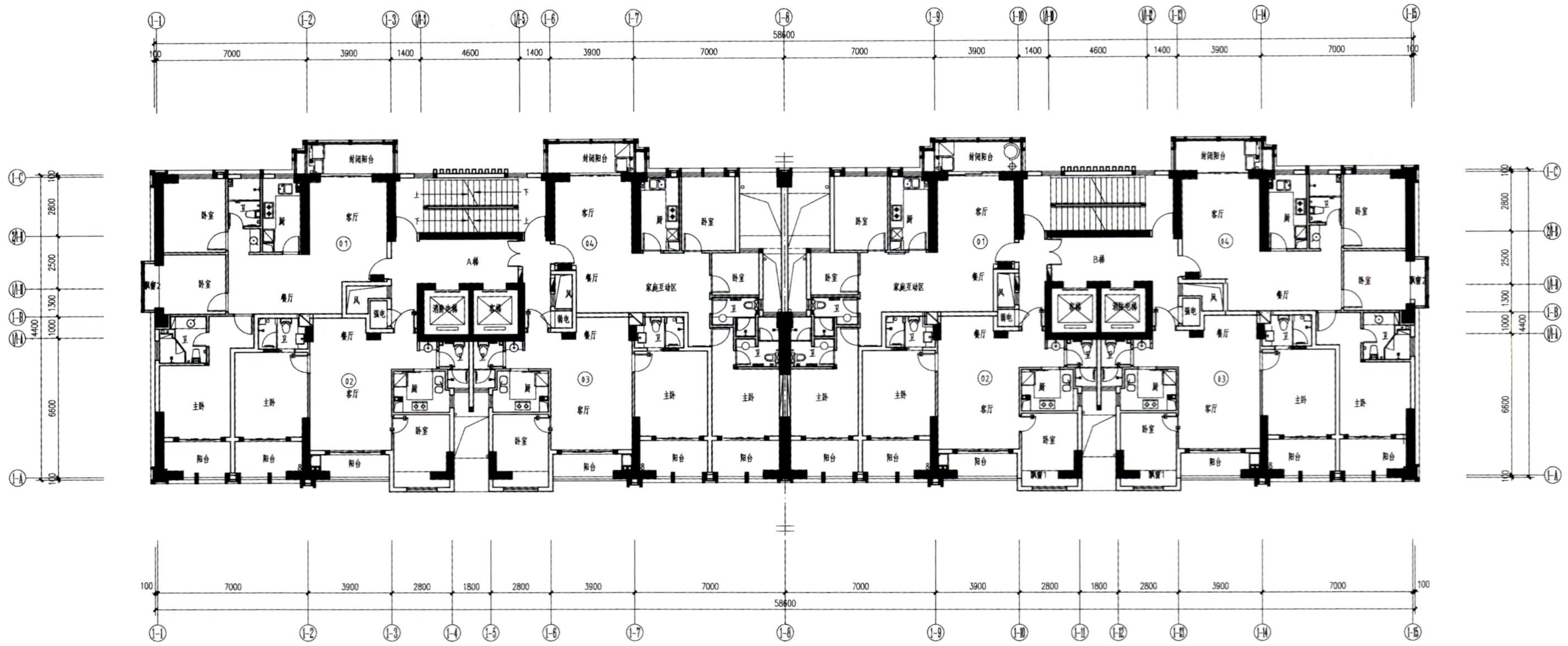

1楼标准层平面图

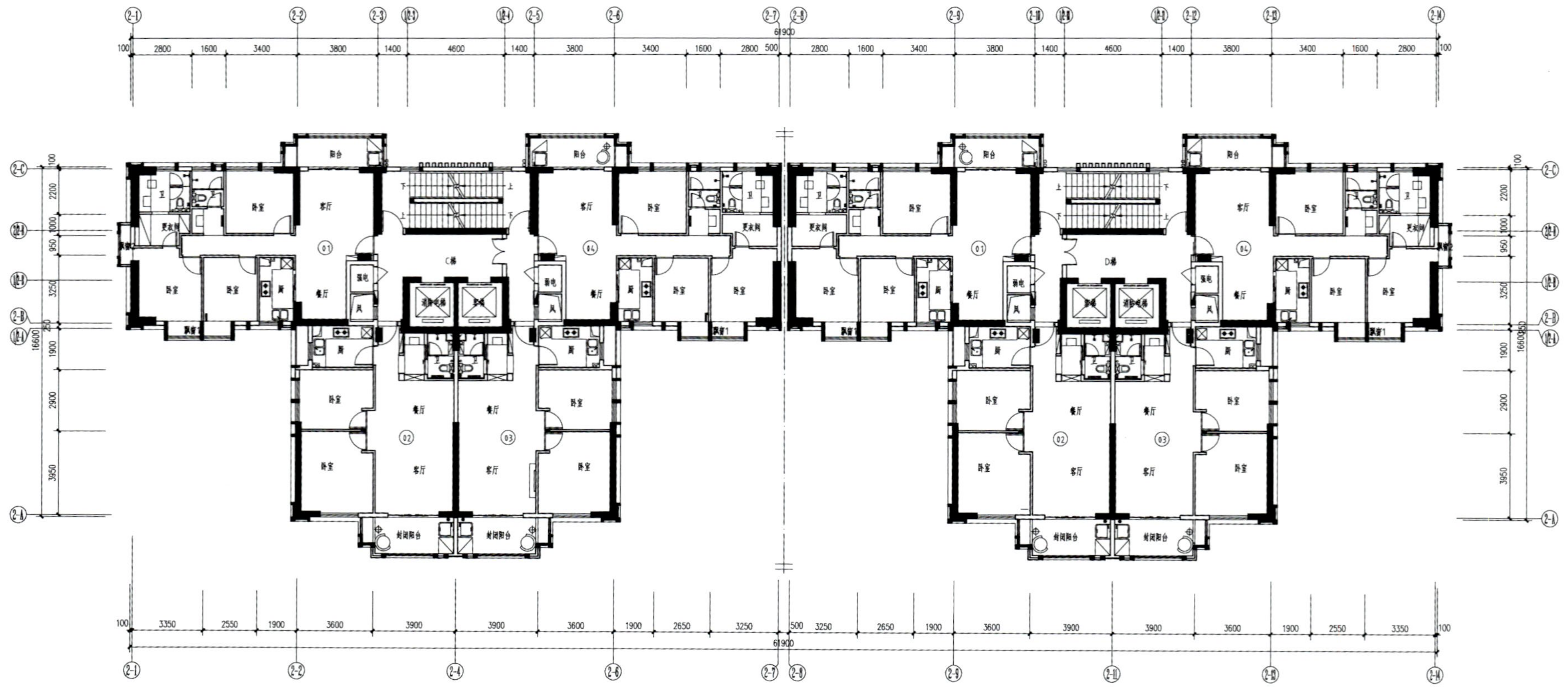

2楼标准层平面图

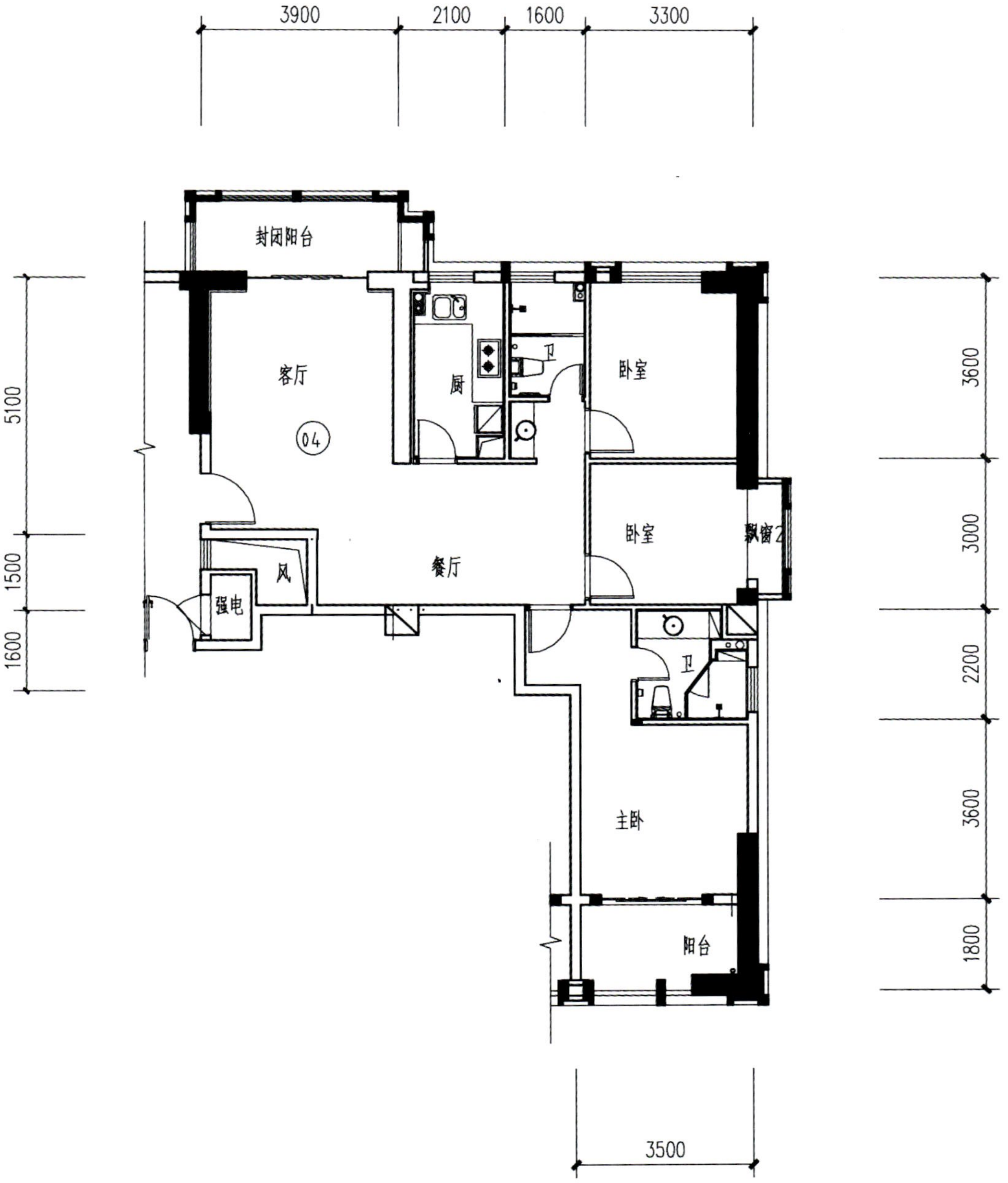

户型图

专家点评

1. 该项目是结合厦门城市快速公交（BRT）一号线站点建设的复合开发项目，将交通、停车、商业、娱乐、居住、办公等多种功能整合为一体，力求打造城市新型复合开发的空间环境。

2. 该项目交通组织良好，以人车分流的原则进行设计，快速公交BRT从北面高架至三层，进行换乘。二层为BRT乘客服务通道，通过天桥与高架站连接及过街。首层为BRT东站门厅，普通公交站场，由通道与BRT门厅连接，立体换乘较为便捷。

3. 该项目功能分区与空间组织清晰，首层主要为住宅入口、商业及交通换乘门厅，设置夹层为自行车库，二层主要为商业、BRT通道及高架过街，三层为BRT用房，四层设架空层，并设屋顶花园。

4. 建筑外观设计精细，考虑了地域文化风格，与城市相协调。

5. 住宅单元体型较为紧凑，室内采用大空间，室内功能空间组织良好。

6. 四层架空层设置和屋顶花园的布局，既满足了住户户外活动要求，也提高了居住品质。

手绘图

主要经济技术指标

总用地面积：15652.383平方米
总建筑面积：98293.827平方米
　　地上总建筑面积：85281.864平方米
　　地下总建筑面积：13011.963平方米
计容建筑面积：82807.513平方米
　　居住建筑面积：48114.205平方米
　　商业建筑面积：10088.388平方米
　　市政公共建筑面积：24330.818平方米
　　开闭所建筑面积：173.999平方米
　　公厕建筑面积：100.103平方米

容积率：5.293
建筑密度：66.79%
绿地率：10.5%
住宅总户数：480户
停车位：290个
　　地上停车位：5个
　　地下停车位：285个

中国房地产创新典范

哈尔滨·会展城上城

开发单位：黑龙江新松鸿泰房地产开发有限公司
规划设计：北京新松建筑设计研究院有限公司
建筑设计：北京新松建筑设计研究院有限公司
　　　　　美国RTKL设计公司
景观设计：北京新松建筑设计研究院有限公司

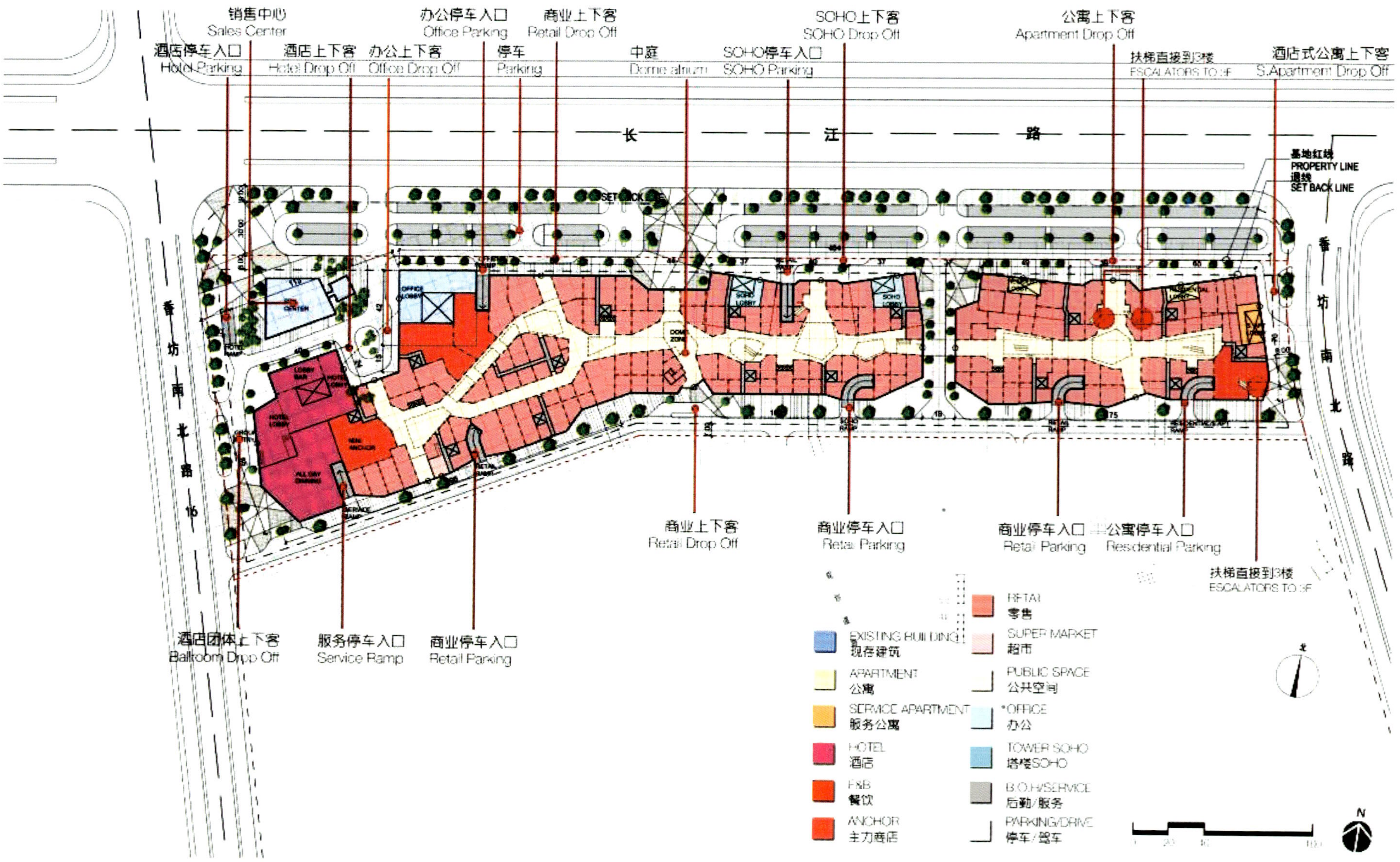
销售中心
Sales Center
酒店停车入口
Hotel Parking
酒店上下客
Hotel Drop Off
办公上下客
Office Drop Off
办公停车入口
Office Parking
停车
Parking
商业上下客
Retail Drop Off
中庭
Dome atrium
SOHO停车入口
SOHO Parking
SOHO上下客
SOHO Drop Off
公寓上下客
Apartment Drop Off
扶梯直接到3楼
ESCALATORS TO 3F
酒店式公寓上下客
S.Apartment Drop Off
长 江 路
基地红线
PROPERTY LINE
退线
SET BACK LINE
香 坊 南 北 路
香 坊 南 北 路 16
商业上下客
Retail Drop Off
商业停车入口
Retail Parking
商业停车入口
Retail Parking
公寓停车入口
Residential Parking
扶梯直接到3楼
ESCALATORS TO 3F
酒店团体上下客
Ballroom Drop Off
服务停车入口
Service Ramp
商业停车入口
Retail Parking
EXISTING BUILDING
现存建筑
APARTMENT
公寓
SERVICE APARTMENT
服务公寓
HOTEL
酒店
F&B
餐饮
ANCHOR
主力商店
RETAIL
零售
SUPER MARKET
超市
PUBLIC SPACE
公共空间
OFFICE
办公
TOWER SOHO
塔楼SOHO
B.O.H/SERVICE
后勤/服务
PARKING/DRIVE
停车/驾车
北
N

功能分析图

O·N·LY
SOS

主要经济技术指标

规划用地面积：246186.6平方米
总建筑面积：1227894.39平方米
　地上总建筑面积：1039258.49平方米
　　住宅总建筑面积：721988.81平方米
　　住宅商业建筑面积：53528平方米
　　公共服务设施建筑面积：9800平方米
　　大型商业建筑面积：105937平方米
　　酒店建筑面积：42018平方米
　　酒店式公寓建筑面积：19150平方米
　　办公楼建筑面积：48465平方米
　　SOHO公寓建筑面积：38371平方米
　地下总建筑面积：188635.9平方米
容积率：4.2
建筑密度：30.17%
绿地率：35%
总户数：6900户
机动车停车位：4062个

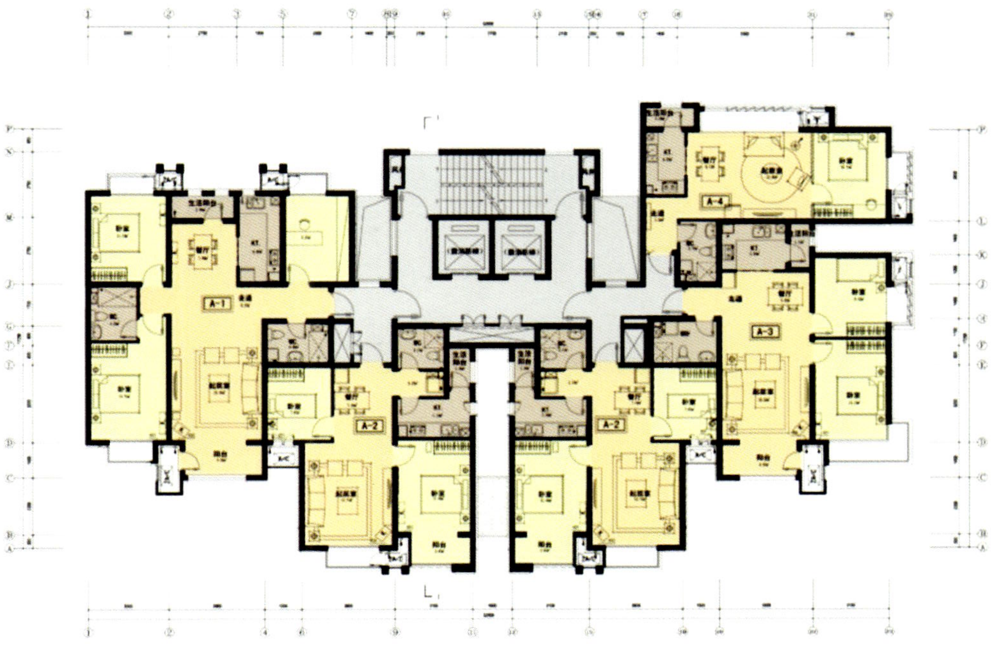

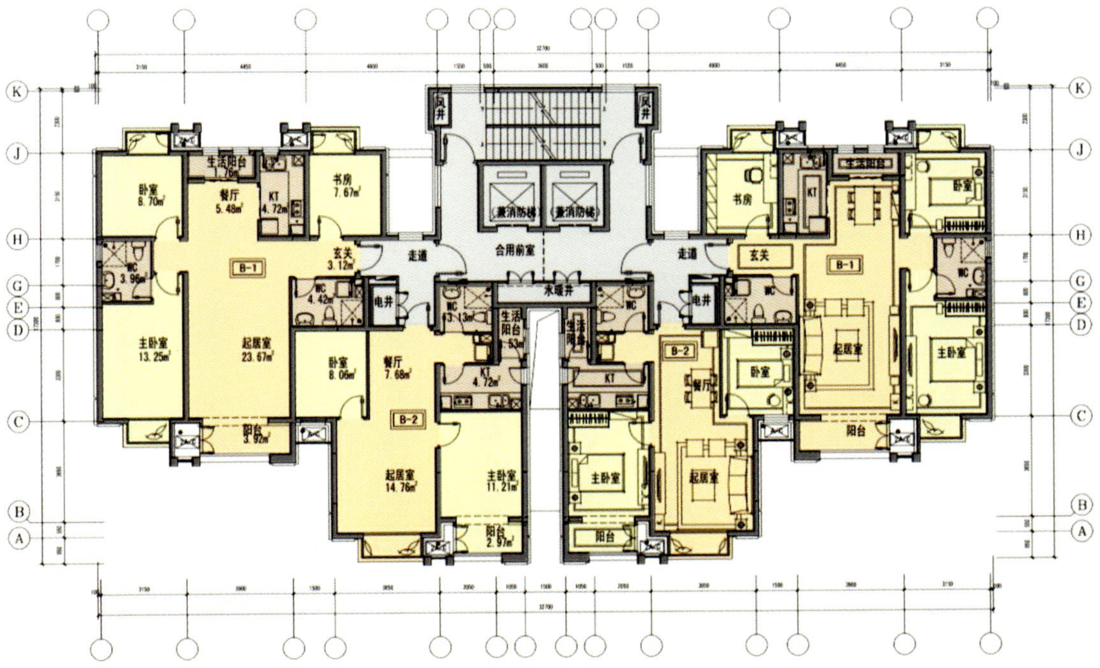

中国房地产创新典范

唐山·水岸东方

开发单位：唐山华贸房地产开发有限公司
规划设计：北京戴维德建筑设计有限公司
建筑设计：北京戴维德建筑设计有限公司
景观设计：北京戴维德建筑设计有限公司

总平面图

项目概况

“唐山·水岸东方”项目位于唐山市路南区，市中心东南隅，北临新华道，南依唐河，东距唐古路，西顾大城山公园，长57公里的环城水系和华新公园，与项目紧紧相依。总占地面积550亩，总建筑面积约100万平方米。

本项目是以唐山新地标建筑钢铁大厦为核心的兼具商业、办公、教育、居住、旅游为一体的城市综合体。规划商务、商业、居住、文化旅游、商贸物流五大功能区。项目建成后将崛起一座全新的城市景观，打造唐山市全新的城市名片。

主要经济技术指标

总用地面积：366500平方米
总建筑面积：931498.56平方米
　地上建筑面积：724754.04平方米
　地下总建筑面积：206744.52平方米
居住建筑面积（地上）：447960.7平方米

容积率：2.25
建筑密度：24.74%
绿地率：30.24%
住宅总户数：5102户
机动车停车位：5054个
　住宅地上停车位：902个
　公建地上停车位：842个
　住宅地下停车位：1816个
　公建地下停车位：1494个
非机动车停车位：7877个
　住宅停车位：5102个
　公建停车位：2775个

中国房地产创新典范

中锐·姑苏尚城

开发单位：苏州中锐地产集团有限公司
规划设计：上海联创建筑设计有限公司
建筑设计：苏州工业园区建筑设计院

C11

中国房地产创新典范

武汉·广发银行大厦

开发单位：湖北新海盛顿置业有限公司
规划设计：武汉市建筑设计院
建筑设计：武汉市建筑设计院
景观设计：棕榈园林股份有限公司

项目概况

“武汉•广发银行大厦”项目位于武汉市江汉区中心位置，傲居武汉市建设大道金融CBD核心区位737号。建设大道与云林街交叉口的西北角，南临武汉金融一条街，东至被北路，西至新华路，北望黄孝河北路。

本项目地处武汉市注明的建设大道“金融街”核心区域。建筑的整体布局与周边环境和谐相融，不仅拥有完善发达的交通配置，还拥有得天独厚的环境优势，周边西北湖绿化广场、喷泉公园、中山公园、青少年宫等环抱于此，闹中取静，其良好的生态，不但创造出通透的城市空间，还为办公空间提供了生态健康元素。

本项目定位为建设大道CBD金融街5A甲级写字楼，建筑高度221米，共51层，在区域内昭示性极强。其中一～五层为裙楼商业，层高5～7米，标准层层高4米；六～五十一层为标准办公空间；六、二十四、四十层设置为避难层。大厦外墙采用钢化中空Low-e玻璃幕墙和干挂石材结合形式，铸就了项目的高档次和品质感。本项目采用的框架剪力墙结构，可以自由的组合和分割，超高空间设计尽显大气磅礴。

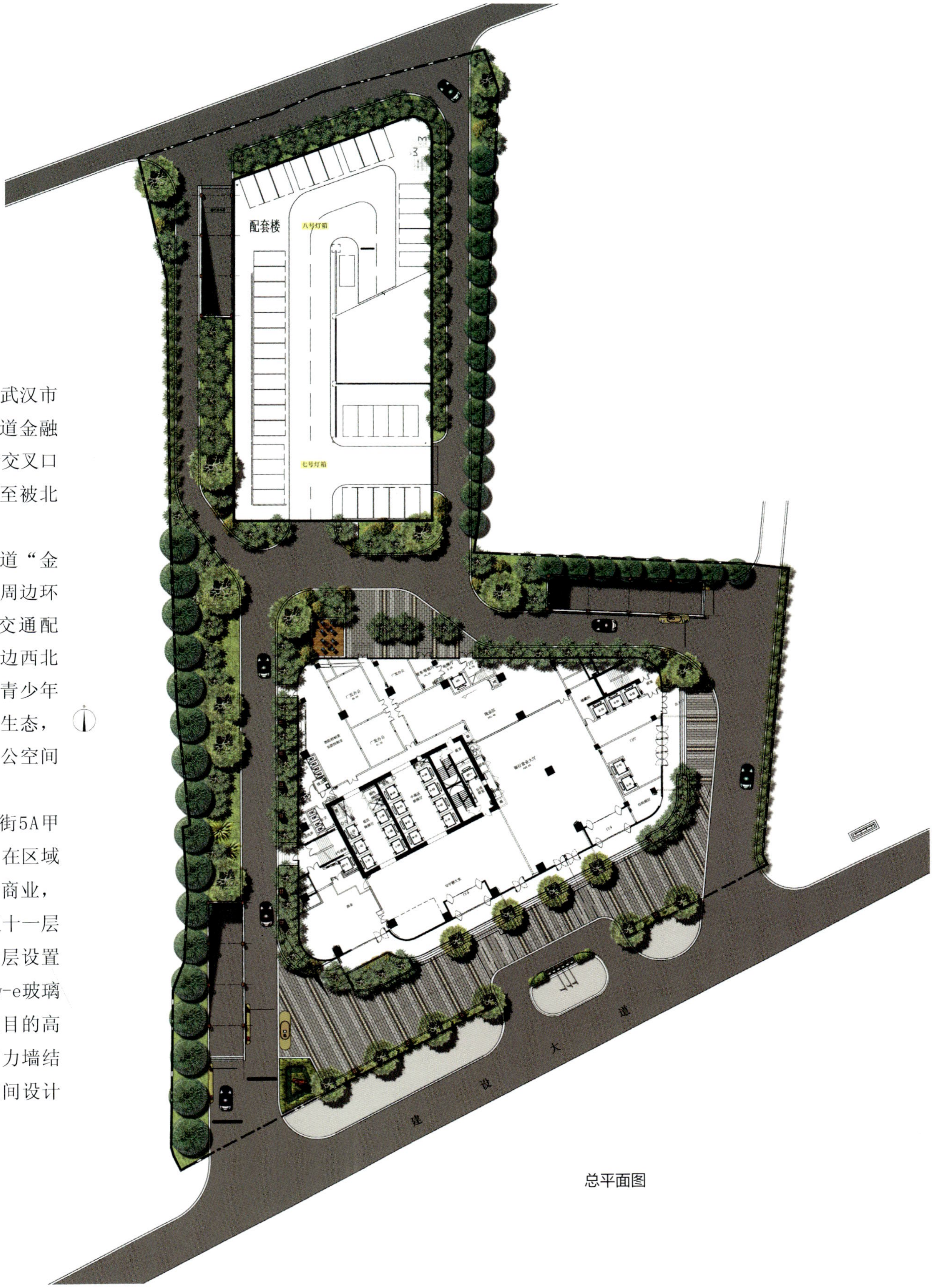

总平面图

专家点评

1. 该项目为已建成项目，位于武汉市建设大道与云林街交叉口的西北角，属于武汉CBD核心和武汉首席商业中心地带，地理位置优越；该项目同时拥有国贸商圈和武广商圈商业配套，拥有西北湖和喷泉公园等优美景观环境资源。项目与该集团开发的浦发银行大厦、武汉国际金融广场相呼应，在建设大道金融街形成三角之势，成为武汉CBD核心商圈的一大亮点，对城市的贡献很大。

2. 该项目共51层，项目采用框架剪力墙结构，设计布局采用大开间灵活隔断的手法，使200～1499平方米空间均可自由分割，满足了不同规模企业的办公需求；项目追求高品质、多元化设计，同时为金融家们实现了高端品质定制方案，12米高的精装大堂超高空间设计与外墙使用高质量的玻璃幕墙和干挂石材，力求体现国际化水准与形象。

3. 该项目具有较高的科技含量，室内采用了先进的新风换气系统、中央空调系统，节能环保、有效杀菌、净化空气，保证室内空气品质；配置的21台高载容、高智能、高速度的国际品牌电梯，充分实现商务效率最大化；项目楼宇智能化是按照标准5A配置，双空调系统自主控制；网络地板、集成天花、WIFI网络等个性化定制具备。 具有未来金融中心和商务中心的地标价值。

电梯厅

整个空间基本色调由黑、白、灰组成，有规律的墙面石材拼花，简单的地面造型，使空间中彰显出一种韵律感、节奏感；墙面横向的不锈钢条贯通整个墙面，增加了空间的整体感；顶面的灯槽处理，使光感更加柔和，空间层次感更强。

卫生间

入口墙面采用的是背漆玻璃，别具匠心的工艺处理使整个图案具有前后的层次关系；镜子的磨花图案与冲孔铝板的图案相互呼应，抽象的表达了当代城市的剪影，极具视觉冲击力；

金属质感的防火板表面上的不规则肌理感，加之白色的玻璃隔断门，整个空间诠释出了“商业与城市”。

主要经济技术指标

总用地面积：约10980平方米

总建筑面积：约99204平方米

　　地上总建筑面积：约8.5万平方米

　　地下总建筑面积：约1.4万平方米

容积率：10

建筑密度：40%

绿地率：25%

机动车停车位：260个

非机动车停车位：7411个

　　地上停车位：652个

　　地下停车位：6759个

D 获奖项目展示

中国绿色生态建设创新典范

北京·鸿坤·林语墅
宁波·银亿·东岸
鸡西·赛洛城
天津·中新生态城
北京 众美城
北京·望京·金茂府

中国绿色生态建设创新典范

北京 · 鸿坤 · 林语墅

开发单位：北京鸿坤伟业房地产开发有限公司
规划设计：北京维拓时代建筑设计有限公司
建筑设计：北京维拓时代建筑设计有限公司
景观设计：北京源树景观规划设计事务所

该项目同时荣获“国际房地产创新典范”详见A06

中国绿色生态建设创新典范

天津·中新生态城

设计单位：天津市城市规划设计研究院

主要经济技术指标

绿色建筑比率：100%（即将开始）
再生能源使用率：≥20%（2020年）
非传统水资源利用率：≥50%（2020年）
绿色出行所占率：≥90%（2020年）
单位GDP碳排放强度：150吨-C/百万美元（即日开启）
自然湿地损失：0（即日开启）
人均公共绿地（㎡/人）：≤120（2013年）
日人均垃圾产生量：≤0.8千克/人（2013年）
垃圾回收利用率：≥60%（2013年）
保障性住房占本区住宅总量的比例：≥20%（2013年）

规划形成以绿色交通为主导的交通模式。

构建慢行系统网络，实现机非友好分离。

城市主干道和公共交通串接各个组团，构建出行便捷的交通网络。

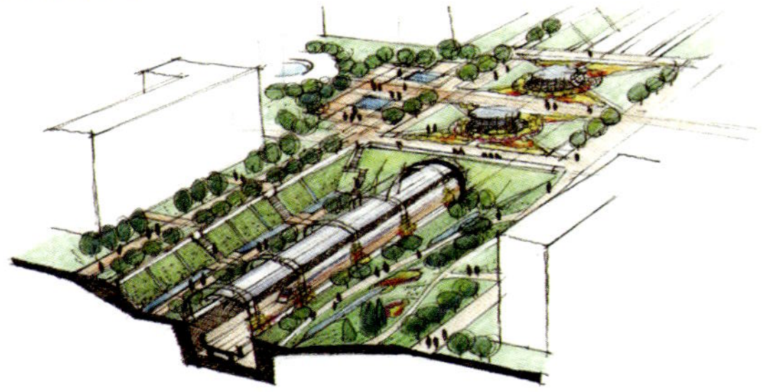

综合交通规划图

中国绿色生态建设创新典范

宁波·银亿·东岸

开发单位：宁波银亿房地产开发有限公司
规划设计：DC国际建筑设计事务所
建筑设计：宁波中鼎建筑设计研究院
景观设计：奥雅景观

总平面图

项目概况

“宁波·银亿·东岸”项目位于宁波市江东区，南临民安路（规划民安桥），西到江东北路，东到曙光北路，北接规划河道，北侧临通途路（庆丰桥）及规划轨道6号（高架）线。距离三江口约1.7公里。基地方整，被东西及南北两条规划道路分为3个地块，分别为：5-3号、5-4号、5-8号地块。5-3号地块内以商业步行街形式规划3层商业业态，于地块西侧设置两栋19层办公建筑；5-4号地块建筑以北侧高层住宅区（25-26层）和南侧低层住宅区（3层）为主；5-8号地块主要以高层住宅（26层）为主，沿规划一路和规划三路设置两层配套商业。

本项目住宅建筑风格更多是将传统的、海派的、具有人文情怀的优雅建筑元素在现代高速发展背景下的建筑中得到体现。以古典的比例，现代的建筑手法为项目注入高贵、典雅、内敛的人文气质和建筑品质。

高层住宅A户型90m²

高层住宅A户型105m²

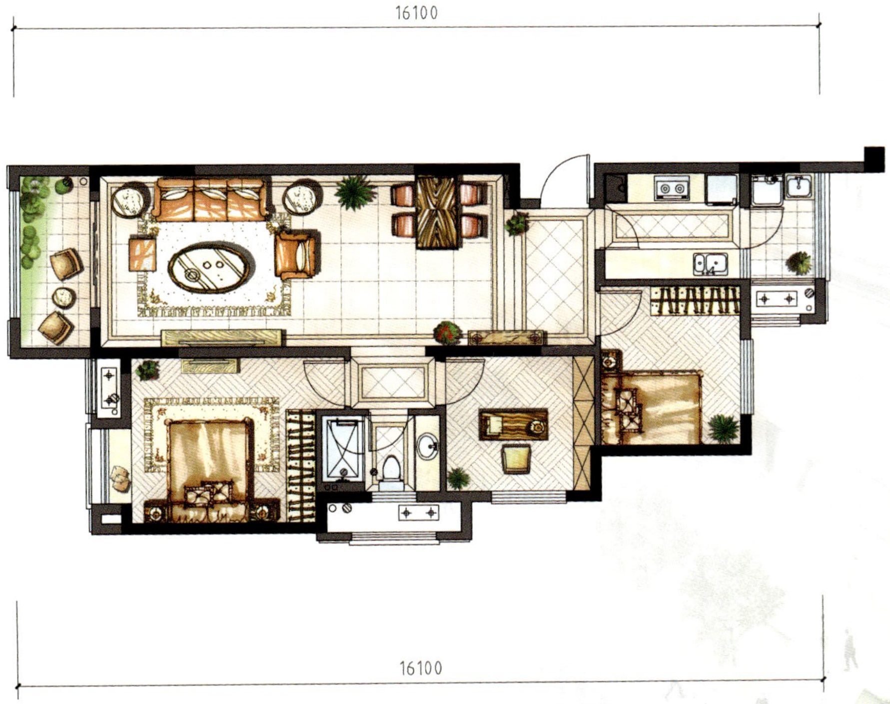

高层住宅A户型110m²

高层住宅A户型125m²

高层住宅A户型160m²

高层住宅A户型190m²

专家点评

1. 该项目用地条件优越，位于宁波市距主河流甬江东岸的400米地域，四面城市交通便捷。

2. 用地方整，除部分商业外，以高层住宅为主，辅以（南侧）低层住宅，整个用地高低错落，空间疏密有致。特别是以南北向布置的住宅与城市环境及商业用地关系转折自然、结合有机。以高层及多层为主围合成的两个内向庭院，在城市中心区又为居民创造了良好的居住生活环境。

3. 高层及低层住宅部分地下车库跨越城市街道下，贯穿两个地块，除解决本区住户使用，还为社会解决停车位，这是在一般住区规划中很少见的。

4. 区内配套齐全，服务半径合理，设计考虑周密，方便居民使用。

5. 建筑设计稳妥、中规中矩。考虑了电梯对居室的干扰和可容担架问题，各部功能空间尺度比较适宜。

主要经济技术指标

总用地面积：5—3号：19266平方米
　　5—4号：59445平方米
　　5—8号：21203平方米
总建筑面积：5—3号：94748平方米
　　5—4号：172116.44平方米
　　5—8号：92180平方米
地上计容面积：5—3号：59251平方米
　　5—4号：118800平方米
　　5—8号：64198平方米
地下面积：5—3号：35497平方米
　　5—4号：52797.84平方米
　　5—8号：27375平方米
计容建筑面积：5—3号：61754平方米
架空面积：5—4号：518.6平方米
　　5—8号：607平方米
容积率：5—3号：3.2
　　5—4号：2
　　5—8号：3.03
建筑密度：5—3号：49.8%
　　5—4号：24%
　　5—8号：35%
绿地率：5—3号：20.04%
　　5—4号：30%
　　5—8号：30.01%
机动车停车位：5—3号：691个
　　5—4号：1145个
　　5—8号：649个

中国绿色生态建设创新典范

北京　众美城

开发单位：北京众美房地产开发有限公司
建筑设计：北京炎黄联合国际工程设计有限公司
景观设计：北京源树景观规划设计事务所

总平面图

项目概况

“北京 众美城”项目位于北京市大兴区庞各庄镇核心区，邻近京开高速，距离天安门30公里，东至纵十一路，南至团结路，西至纵十路，北至幸福路。

本项目是众美集团进军北京的第二部精品力作，总建筑面积16万平方米，斥资2000万元打造了大兴区域首个项目自有外部景观花园——众美公园，5万平方米大体量，精心营造出众多美景，为生活增添无尽诗意。同时打造3.3万平方米商业广场和1.2万平方米社区商业配套，为业主提供集休闲、娱乐、餐饮等于一体的一站式消费形态。周边亦共享龙湖时代天街万平商业综合体、凯德广场等丰盛资源，共同构建一种成熟宜居的生活氛围。

本项目的建筑为九～十层阳光低密纯板，建筑外立面颇具法兰西韵味，将品质与美学相融，通过丰富的细节处理，营造建筑的优雅感。特设观景电梯，即使从楼前到居所的几秒钟，亦可饱览清丽美景，完美实现公园式生活“融于景”的特色。户型设计也颇具亮点，75～122平方米经济型两居和三居产品，将近85%超高使用率的空间，明厨明卫、南北通透，室室设观景窗，既延伸家的空间，也令自然更近一步。

本项目最具定制特色的在于其具有“金钥匙”标准的众美全综合服务体系，坚持服务导向、为业主提供综合社区服务。特别关注“一老一小”，建立完善的教育及养老体系，并不断整合优质生活资源，实现“众美全生活服务链”。

本项目融合热点地段、公园生态、商业配套、地铁交通等各种优质资源于一体，以全新居住模式定制都市人所梦想的城市公园式生活。

甲单元

乙单元

专家点评

1. 该项目用地比较完整，四周为城市道路范围，交通条件良好。

2. 按照规划条件要求，用地南设有商业设施，北部为小高层（10层及以下）住宅，其间以绿地相隔。

3. 交通系统布局简明，地下车库沿用地南北布置，停车率达60%以上。利用沿街商业布置形成相对封闭的三个相连通的院落，为居民创造了较好的休闲、活动空间。

4. 最具特色的是该项目以打造绿色三星建筑为目标，在各项技术，包括规划、建筑设计以及拟采用的各项技术配置都已达到较高水平，如能全部落实则在旧镇改造项目中立起一个可以示范、可以效仿的项目范例。

5. 单体设计总体合理。选择的一梯二户（用于大套型）及一梯四户内廊单元均为各套提供了良好的日照、通风居住环境条件。

6. 商业建筑平面布局合理，外廊形态端庄，别具特色。

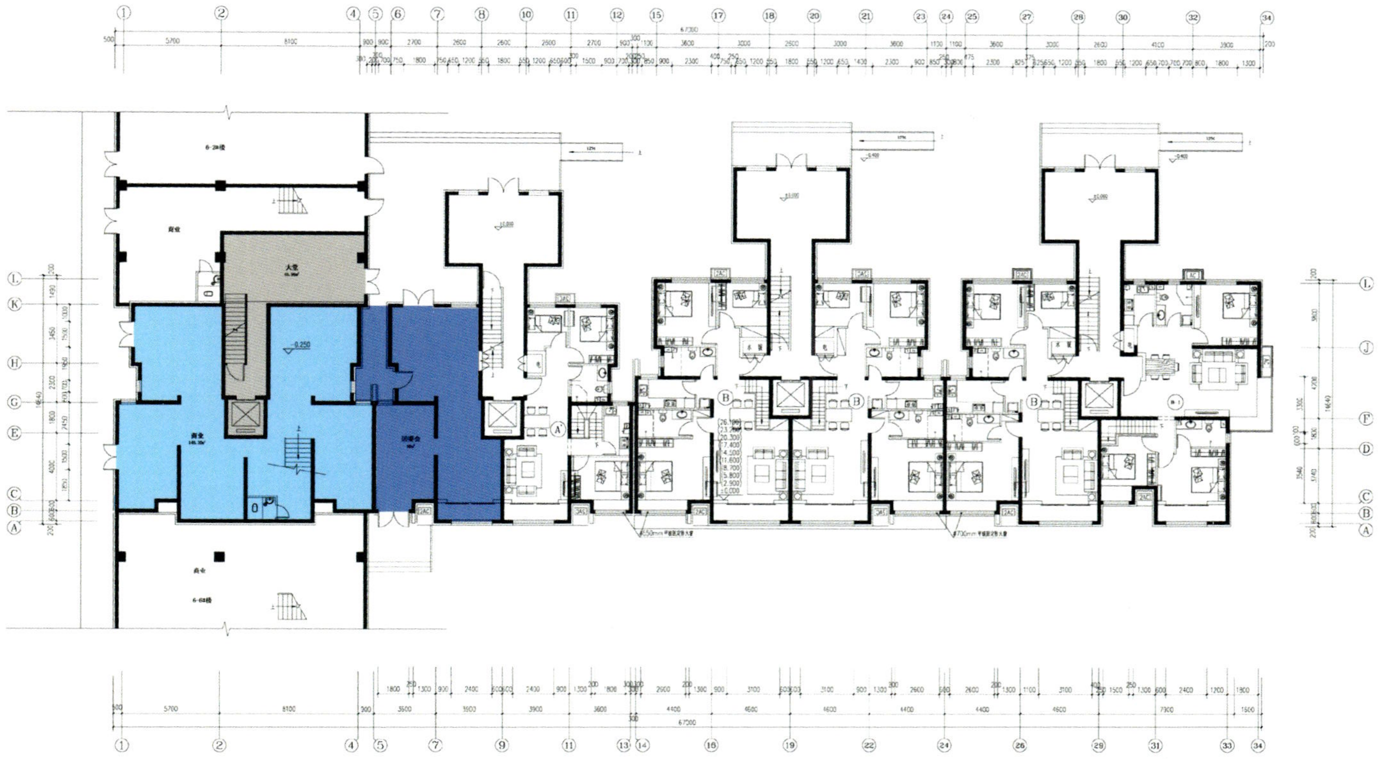

6-3号商业一层

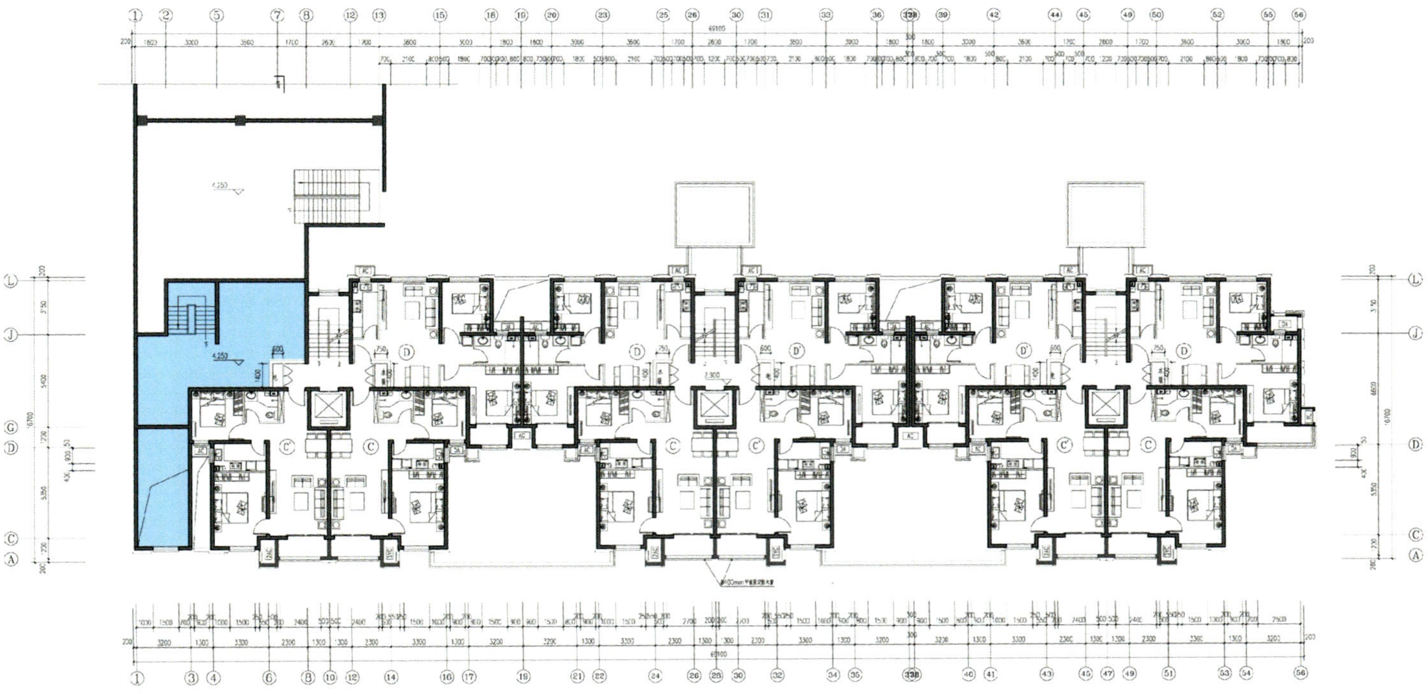

6-5号商业二层

主要经济技术指标

用地面积：36968.18平方米
总建筑面积：97677平方米
地上总建筑面积：73936平方米
住宅建筑面积：61595平方米
商业建筑面积：11761平方米
配套服务设施：580平方米
地下总建筑面积：23741平方米

居住总户数：640户
容积率：2
建筑密度：30%
绿地率：30%
机动车停车位：374个
地上停车位：5个
地下停车位：369个
非机动车停车位：1797个

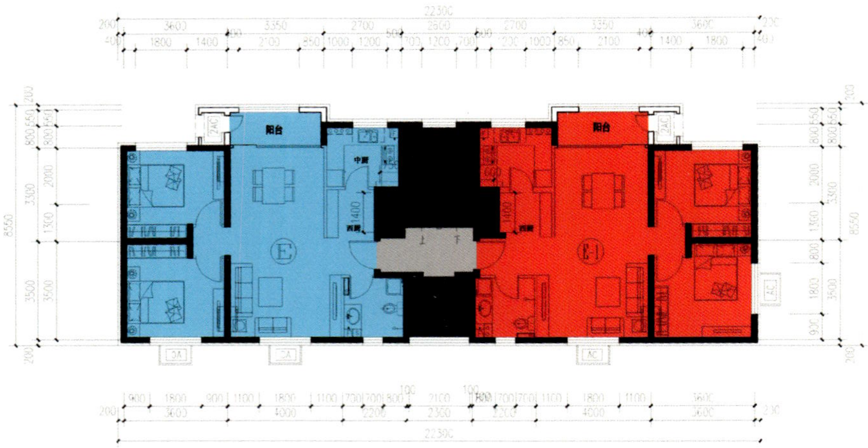

丁单元

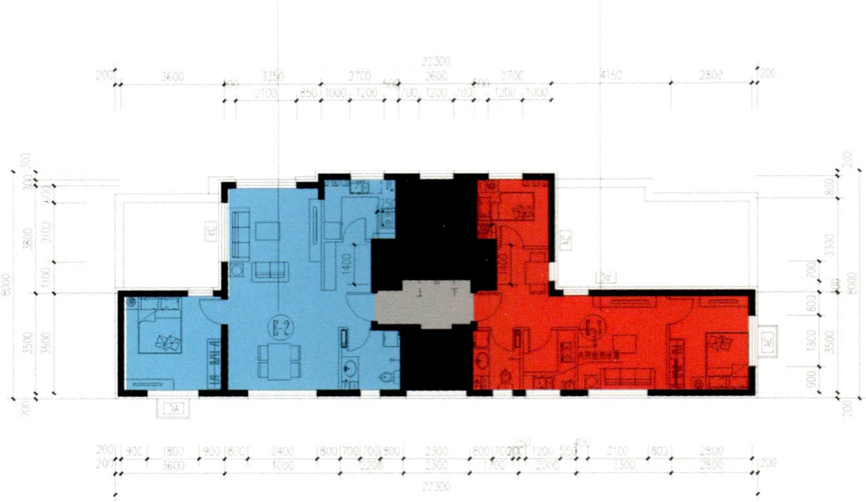

公租房

中国绿色生态建设创新典范

鸡西·赛洛城

开发单位：恒祥房地产开发有限公司
规划设计：沈阳原美建筑规划设计有限公司
建筑设计：鸡西市规划设计院
景观设计：美国YBA景观设计公司

项目概况

“鸡西•赛洛城”项目位于鸡西市鸡冠区西北部，东侧及北侧紧邻鸡西市文化广场、水上公园，正北方向为穆凌河。按照鸡西市政府统一的穆凌河滨水规划，本项目是鸡西市唯一纳入滨水规划的项目，穆凌河广场包含有琴海广场、湿地公园、水上公园、京港商城等，是鸡西市城市未来发展的首善之地。总建筑面积为188万平方米，共分二期开发。

本项目是继北京•赛洛城、武汉•赛洛城、沈阳•赛洛城后的中国第四座赛洛城。以生态、高效、和谐、开放作为设计的出发点，力图打造一个具有全功能、全方位、强烈地域文化与时代气息、能够充分激活区域活力的现代化标准的大型集合式高档社区。

总平面图

3300
2600
3750
2400
1350
4500
2100
4200
1200
5100
1500
4200
1200
3900
2000
4500
3000

A户型

3300
2400
1800
1350
1000
3600
2400
4200
750
1000
3600
675
1725
4200
750
3300
4200
1350

B_1户型

B_2户型

专家点评

1. 该项目是黑龙江省鸡西市的棚户区改造工程建设项目，结合地域作为中国北方地级城市的特色，结合地块所处的城市区域地段和周边环境特质，定位明确、结构清晰，采用综合性的规划设计和开发手段来实现既定目标。

2. 规划的特点在于利用街区式的布局和沿街商业的功能需求，创造了低层围合，高层开放的总体空间规划形态。低层围合能比较适宜地应对东北地区冬季气候特点，在近人尺度形成围合的小环境，改善园林院落的“微气候”，同时在环境心理的营造中也提供了安全、温暖和私密的环境氛围。高层则通过点式塔板住宅的设计，使整体空间的流动性和视线更加开放，提供了高品质的景观视线和景观空间。

3. 该项目的突出特点在于因地制宜，采用了适宜的绿色环保规划设计理念和方法。比如“自然空调”“植土降温”“遮阳降温”和“绿化与气候”的结合。看似“土气”，但如果研究到位，运用合理，“土”办法往往是更加生态环保的做法。其他如雨水收集回用，自然通风，节能门窗及屋面反射隔热技术等的运用，都是比较朴素而实用的做法。这种简单、实用和本土化的绿色生态设计理念，尤其适合于类似的城市、类似的地域特色和定位的项目学习推广。从这个意义上说，该项目不失为这种类型项目的“绿色生态建设创新”典范。

主要经济技术指标

用地面积：215611平方米

总建筑面积：679568平方米

　地上总建筑面积：637079平方米

　　住宅建筑面积：541378平方米

　　商服建筑面积：93701平方米

　　会所建筑面积：1600平方米

　　物业公厕建筑面积：200平方米

　　热、泵站建筑面积：120平方米

　　燃气站建筑面积：80平方米

　地下总建筑面积：42489平方米

容积率：3.0

绿化率：30%

停车位：1058个

　地上停车位：225个

　地下停车位：833个

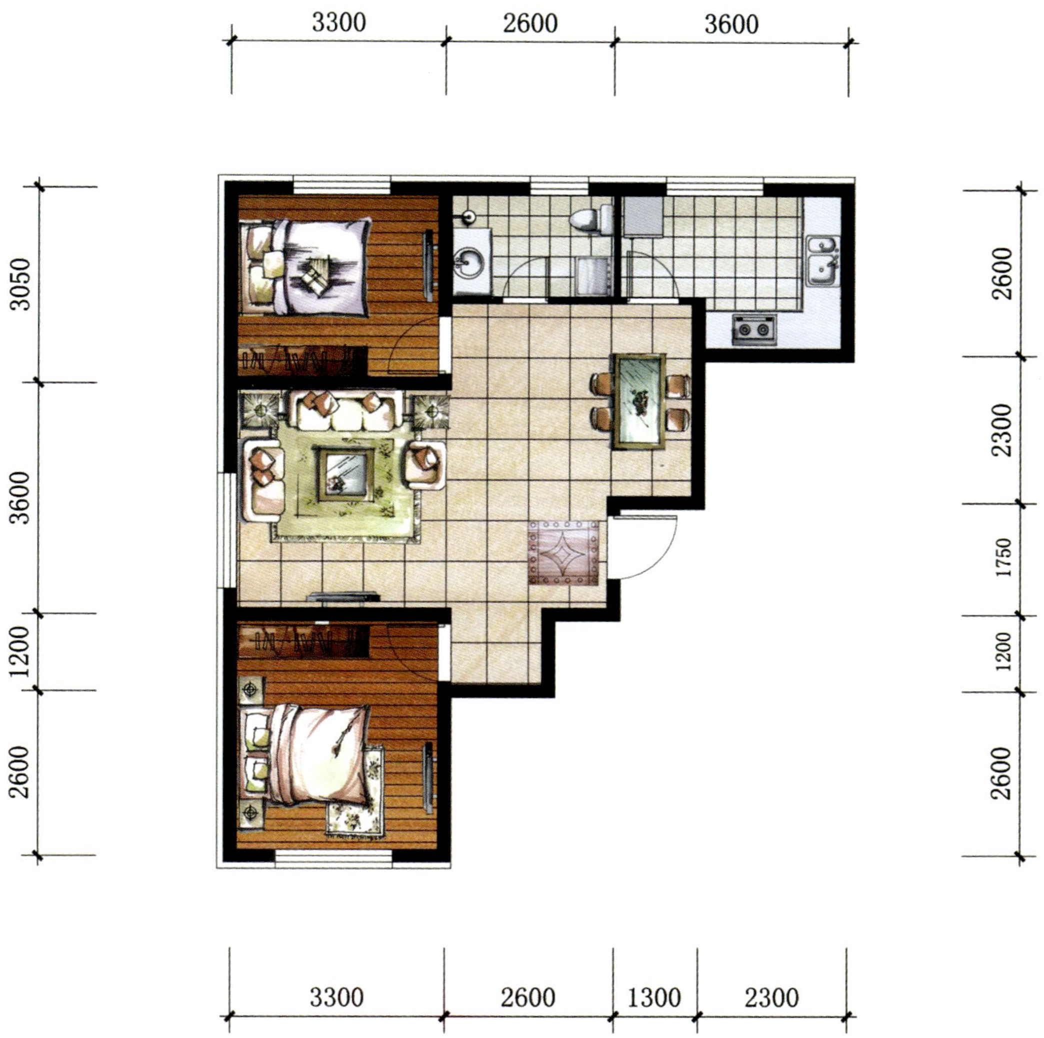

D_1户型

中国绿色生态建设创新典范

北京 · 望京 · 金茂府

开发单位：北京方兴融创房地产开发有限公司
规划设计：北京市建筑设计研究院
建筑设计：北京市建筑设计研究院
景观设计：贝尔高林国际（香港）私人有限公司

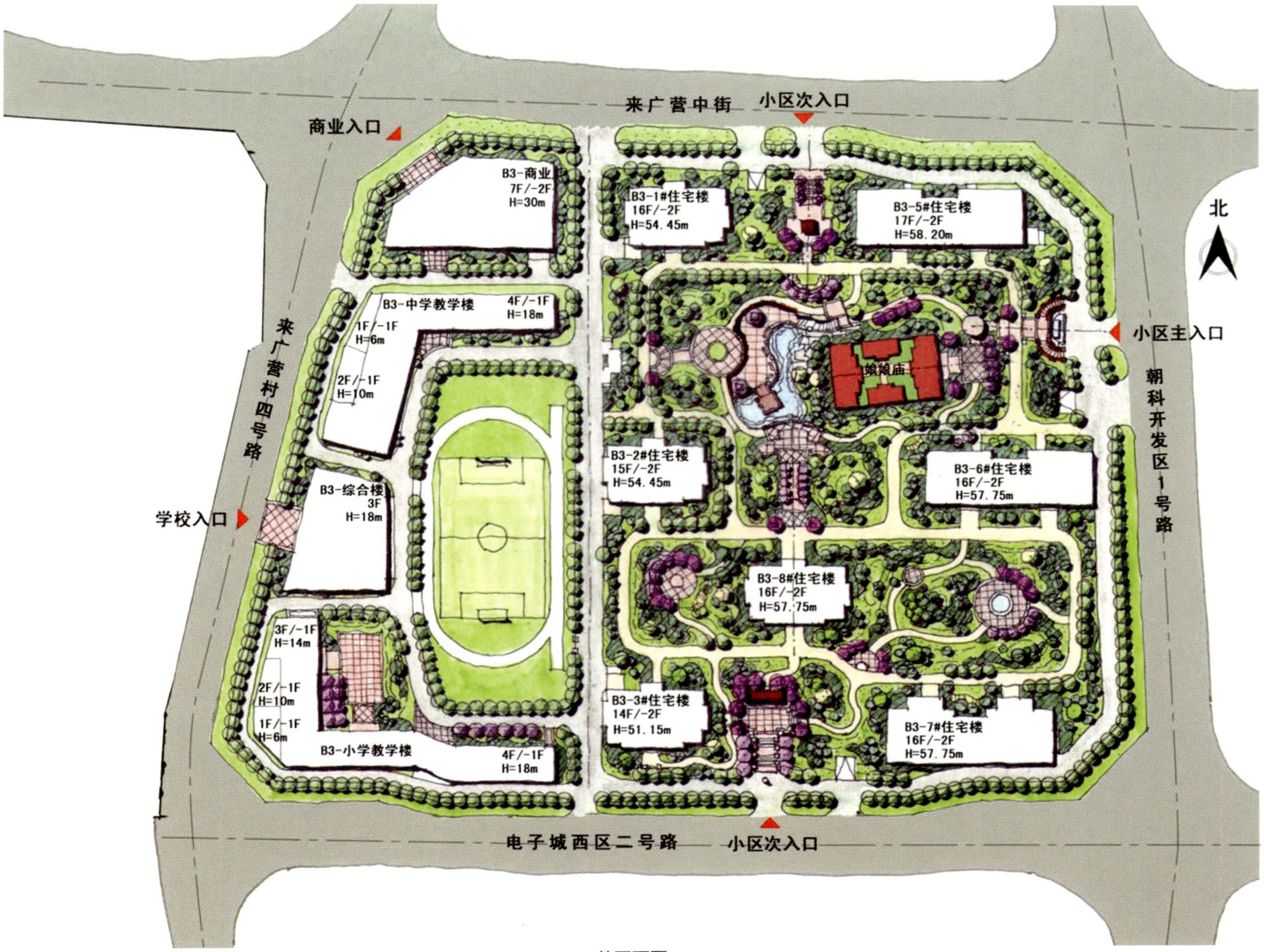

总平面图

项目概况

“北京•望京•金茂府”项目位于北京市北五环广顺桥西北500米，是全球500强中化集团旗下方兴地产与专注高端物业开发管理的融创中国强强联手之作。总建筑面积约15万平方米，高端住宅区建筑面积约8.6万平方米，整体由7栋十四～十六层的高层板楼、1栋商业、1所学校组成。

本项目社区内部景观由香港贝尔高林打造，呈现北京首个3米台地园林，利用高差地形堆坡实现丰富的空间层次变化。园林景观带贯穿五大景观主题，疏密设计实现一步一景，营造坡地园林经典。

在绿色科技方面，项目秉承“绿色科技，金茂品质”，采用外墙保温系统、外窗系统、全置换独立新风系统、天棚毛细管网辐射系统、地源热泵等十二大科技系统，为业主提供“恒温、恒湿、恒氧”的健康居住环境。户型设计与空间尺度也更为人性大气，3.3米层高，4.2米极限开窗尺度，超大面宽，中西厨分离等皆趋近于别墅级生活享受，户型为220平方米到350平方米纯粹三至五居，全部配备国际一线品牌精装，体现人性化细节关怀。

D户型3室2厅3卫

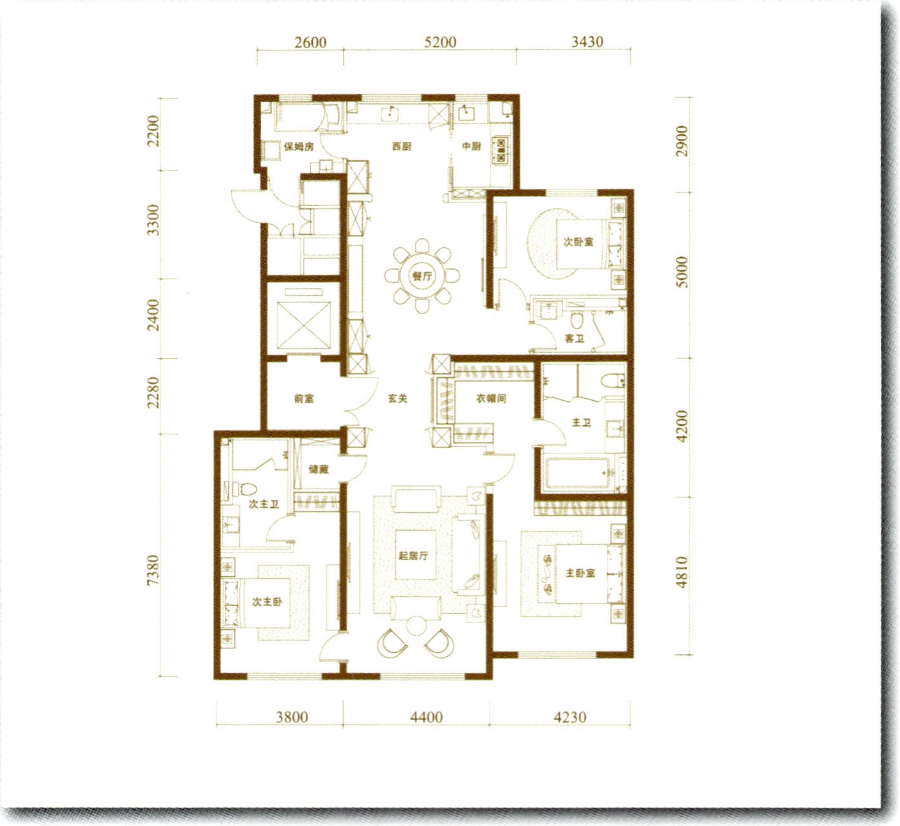

F户型3室2厅3卫

B户型4室2厅3卫

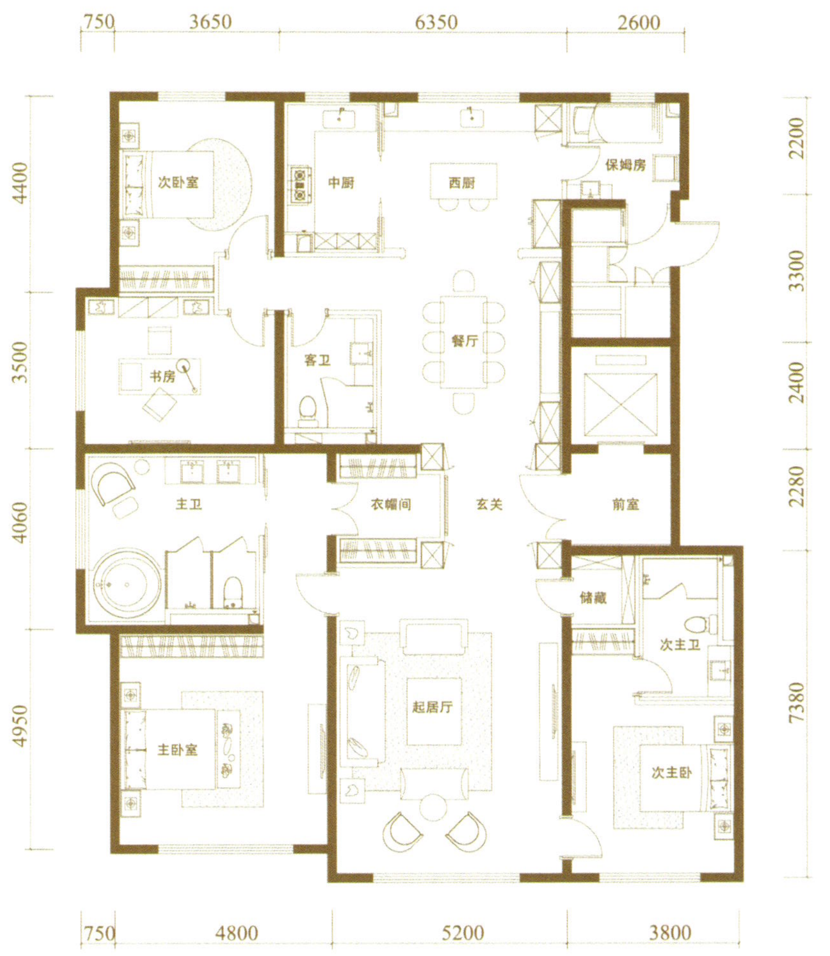

C户型4室2厅3卫

专家点评

1. 该项目规划适中，非常有利于形成良好的生活环境。建筑高度二十几层，高度适宜，全部采用板式住宅，通风和日照条件良好。住宅空间布置、长板和短板相互错落，排列有致，形成前后、左右相互渗透的院落空间。加上精细的环境设计，起到安全、舒适、宜人的环境效果。

2. 规划设计对景观节点有效控制，确保住区环境做出亮点，交通系统清晰简洁，人车分流，提高住区环境品质，保护建筑和环境融合。

3. 住宅设计面积较大，功能分区合理，面积匹配。

4. 该项目综合规划设计水平较高，能满足高端人群的居住需求。

E户型4室2厅3卫

主要经济技术指标

用地面积：54484.5平方米

总建筑面积：152411平方米

　　地上建筑面积：110961平方米

　　地下总建筑面积：41450平方米

容积率：2.5

绿化率：30%

住宅总户数：314户

住宅区地下停车位：628个

E 获奖项目展示

中国新型城镇化建设创新典范

天津·华明示范小城镇

武汉绿地城·汉南欧洲风情小镇

蚌埠·银河湾

中国新型城镇化建设创新典范

天津 · 华明示范小城镇

规划设计：天津市城市规划设计研究院

总平面图

项目概况

“天津•华明示范小城镇”项目位于天津市东丽区中部，中心城区和滨海新区之间，与滨海国际机场、空港物流加工区、东丽湖风景区相邻。南临天津通往滨海国际机场、滨海新区、北京、东北快速交通干线，规划连接中心城区与滨海新区的城市轨道线路从项目区南部穿过，并设有车站。本项目总占地面积561.8万平方米，总建筑面积418.9万平方米，是天津首个“以宅基地换房”示范城镇。

本项目以“城乡一体化发展利益还原农民”、“保育原生态系统”、“新都市主义”、“维系本色与维护公平”为规划理念，在“承包责任制不变，可耕种土地不减，尊重农民自愿，以宅基地换房”新机制的实践中，本项目没有侵害全体农民利益。

本项目以保育原生态肌理理念为基础，延续田埂绿林生态肌理规划示范镇道路系统，保留了10000株柳树和果树，与现状建设有机地衔接。将独创城乡一体化发展利益还原农民理念与新都市主义理念相结合，把涉及农民生存的多种功能混合在一起，让入住农民实现“安居乐业有保障”。

高层E单元 三室两厅户型 一室两厅户型 三室两厅户型

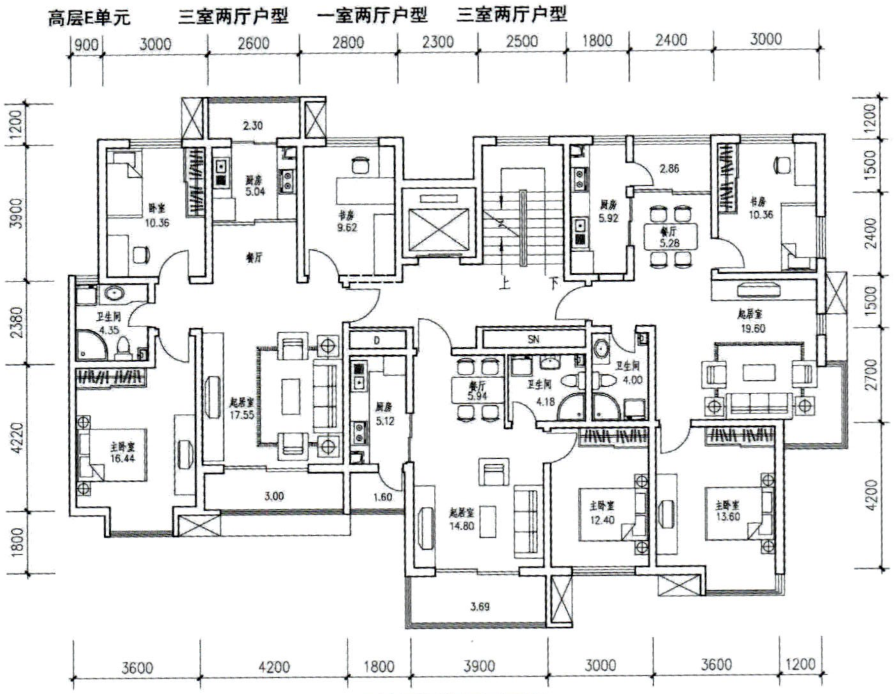

E单元标准层平面图

高层E单元 两室两厅户型

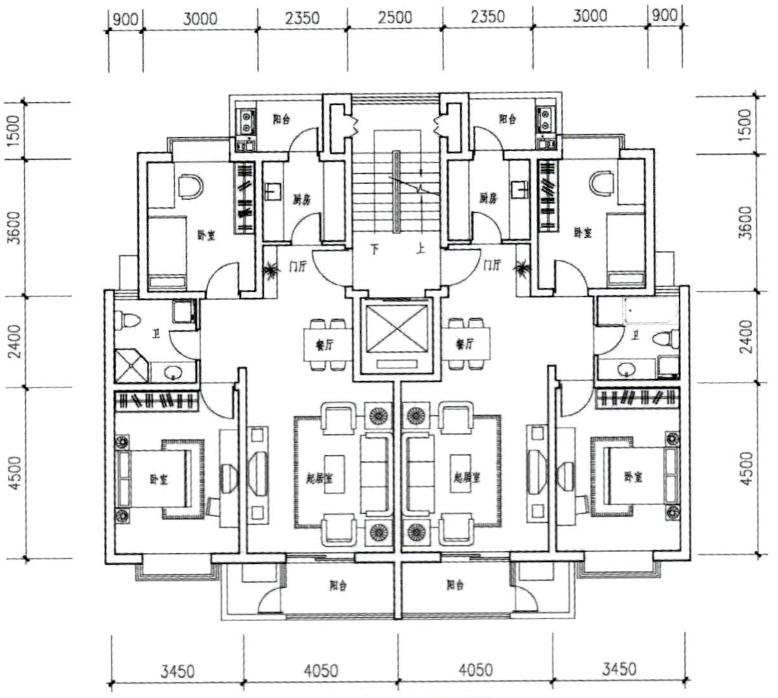

E单元标准层平面图

专家点评

1. 该项目的创新，首先在建设、开发体制的创新。作为城市近郊的农民住区，采用“以宅基地换房”模式，在推进农村城市化、统筹城乡发展，保护土地资源，保障农民利益各方面，成为开先河之作。该项目所提供的经验，在今天中国城市化的进程中仍具有实际价值。

2. 至今，该项目已获得了“2009年联合国不动产金奖”、“2010年中国土木工程詹天佑奖”等重要奖项，并产生了重大影响。

3. 由于该项目是在既有农田（村）的原野条件下进行规划的，除了要体现“集约、节约、平衡”的土地开发利用模式外，规划还在体现“环保、绿色”及景观文脉等方面做出了探索。

例如，在基地上保留了上万株柳树及果树，这在盐碱之地的天津地区也实为重要、宝贵。此外道路交通与空间格局与原来（及周边）田园空间相联系，相衔接，从而形成了独特的小集镇的居住空间形态。

3. 在建筑上采用一梯四户多层（为主）与10层高层住宅（为辅）的内廊单元形式，日照、通风良好，居住条件与住户原居住环境条件相近，建筑外部形态简约、朴实，形成恬静的居住环境，成为“农民住得起的简朴住宅”。

4. 在建安造价不高的前提下，尽量采用实用、高效的产业化技术，如环保型建筑材料、太阳能热水系统等。

5. 值得一提的是，该项目从建设开发思想理念到规划、设计手法始终贯彻以住户（农民）为核心，除了不断听取住户意见，参与设计外，人文历史关怀也从其开发建设的记录当地农民入住前后生活变迁的华明博物馆得到充分体现。

规划总布局

主要经济技术指标

总用地面积：561.8万平方米

总建筑面积：418.9万平方米

　　现状居住建筑面积：29.6万平方米

　　规划居住建筑面积：267.4万平方米

　　商业建筑面积：103.7万平方米

　　行政办公建筑面积：2.1万平方米

　　市政设施建筑面积：4.8万平方米

容积率：0.75

建筑密度：20%

绿地率：50.9%

住宅总户数：9109户

机动车停车位：7359个

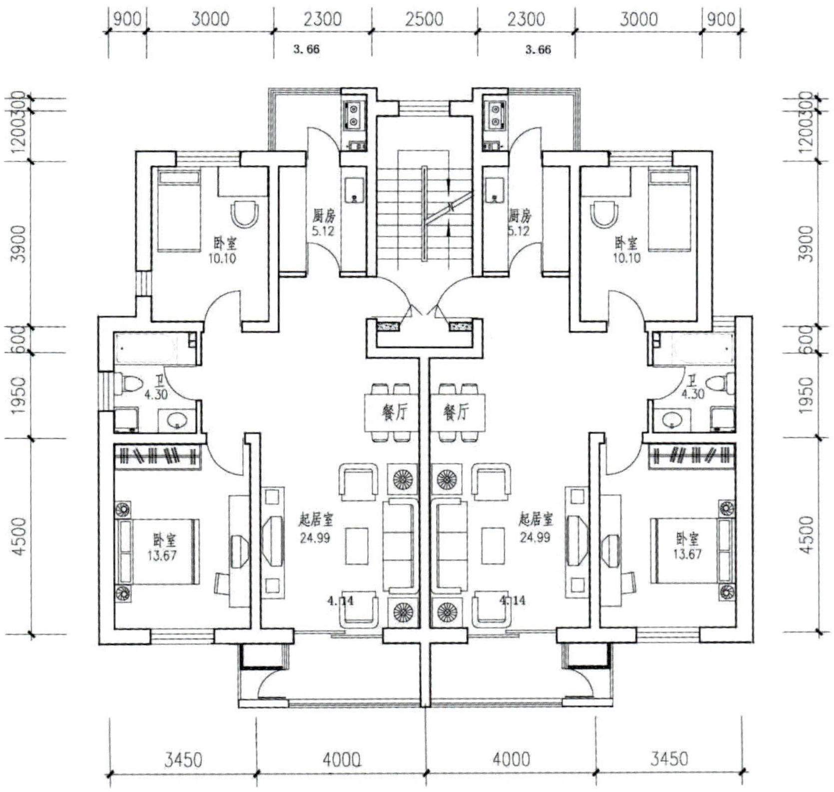

C单元标准层平面图

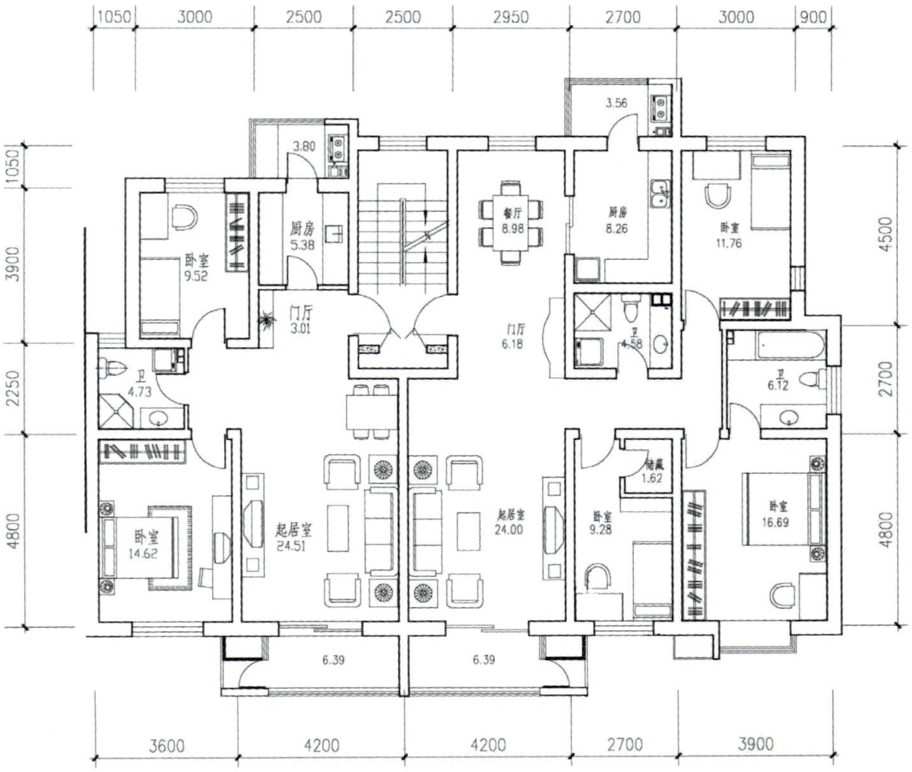

D单元标准层平面图

专家点评

1. 这是一个大规模城市开发项目（仅用地高达69.7公顷）。其规划由于跨界尺度大，又有河流穿插，难度大。

2. 设计从城市角度，以交通规划为纲，提纲挈领，使各地块得到有机串联，沿河的主景观通廊和生态步行绿带将分隔的用地形成整体。

3. 以欧洲城市文化为主题打造本项目无可厚非，且如从武汉这个商埠城市的文脉考察也有其渊源可据。

4. 其规划手法纯熟，尺度把控合宜，建筑风格做法老到。以商住混合的布局，保证了各地块的城市活力。

5. 以低层及高层住宅为主的住宅产品与所处地段空间及环境特质相适应，在布置中既关照了用地特点又尽量创造了南北朝向的良好居住条件。

6. 从提供的低层住宅建筑设计资料可以看到，建筑设计合理，空间利用充分，结构简明，外部体型丰富，处理精致。

7. 从总体来看，特别是规划设计，该项目是一个以小城镇尺度规划的“新城镇”，其水平堪称优秀。

总体规划图

主要经济技术指标

总用地面积：697640平方米
总建筑面积：1046460.03平方米
　　商业建筑面积：204739.83平方米
　　管委会办公楼建筑面积：2363平方米
　　城市规划展示馆建筑面积：1572平方米
　　绿地公馆建筑面积：13155平方米
　　酒店建筑面积：39530平方米
　　办公建筑面积：28243.85平方米
　　超市建筑面积：6145.5平方米
　　高层住宅建筑面积：462875.85平方米
　　低层住宅建筑面积：167224平方米
　　多层住宅建筑面积：90433平方米
　　停车楼建筑面积：23848平方米
　　幼儿园建筑面积：6330平方米
容积率：1.5
住宅总户数：3701户
机动车停车位：4933个
　　地上停车位：4624个
　　地下停车位：309个

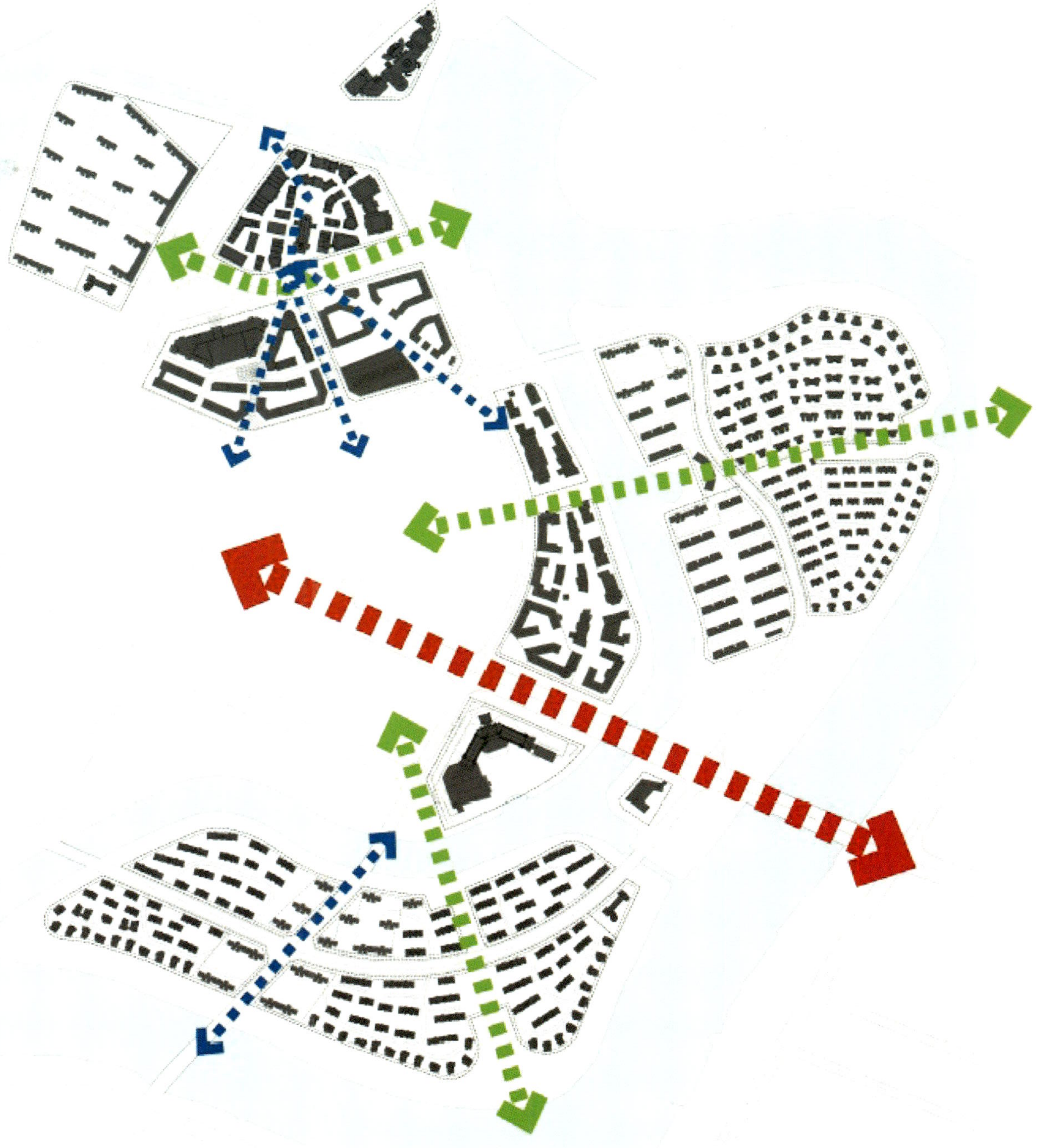

营造轴线与秩序图

总体规划图

专家点评

1. 该项目是以新型城镇化为目标的大规模社区，一期分成若干组团，有多种业态，南北向用水系将几个组团串联起来，供居民休憩交流，打造了高端生态型生活小区。

2. 沿街商业创造街区气氛，方便居民生活、购物。

3. 商业立面与住宅外观协调统一，设计较为细致。

4. 景观环境设计既考虑了公共开敞的活动广场，也注意了宅间绿地的设计，整体收放有序，形成序列景观。

主要经济技术指标

总用地面积：89320平方米
总建筑面积：247518平方米
计容建筑面积：223300平方米
　　住宅面积：144386平方米
　　商业面积：77416平方米
　　物管用房：438平方米
　　社区用房：1000平方米
　　公厕：60平方米
不计容建筑面积：24218平方米
　　机动车车库：19044平方米
　　非机动车车库：5174平方米
容积率：2.5
建筑密度：35%
绿地率：30%
住宅总户数：1340户
机动车停车位：1326个
　　地上停车位：757个
　　地下停车位：569个

F

获奖项目展示

中国房地产设计创新典范

临沂・花半里

中新置地・卓锦花园

中国房地产设计创新典范

临沂 · 花半里

规划设计：中国建筑设计研究院

建筑设计：中国建筑设计研究院

项目概况

“临沂·花半里”项目位于山东省临沂市北城新区，东南侧为行政中心区（临沂市政府所在地）、文化娱乐区级商务商业中心区。西南及东南侧有沂河水系通过，西北侧为城市景观走廊，有地下水系通过。东临城市主干道马陵山路，南临城市支路成都路，北侧、西侧为住宅用地。

本项目由高层住宅、小高层住宅、底层商业、配套设施及地下空间组成，在规划上采用临街高层混合区围合内部小高层居住院落的方式，形成结合项目区位特点的西院东街规划格局；在功能布局上，结合东西不同的城市空间特征，形成纯净与混合的结合，东侧为小户型住宅、公寓、各类服务配套、商业等混合开发为主，西侧强调住宅的纯粹性。

总平面图

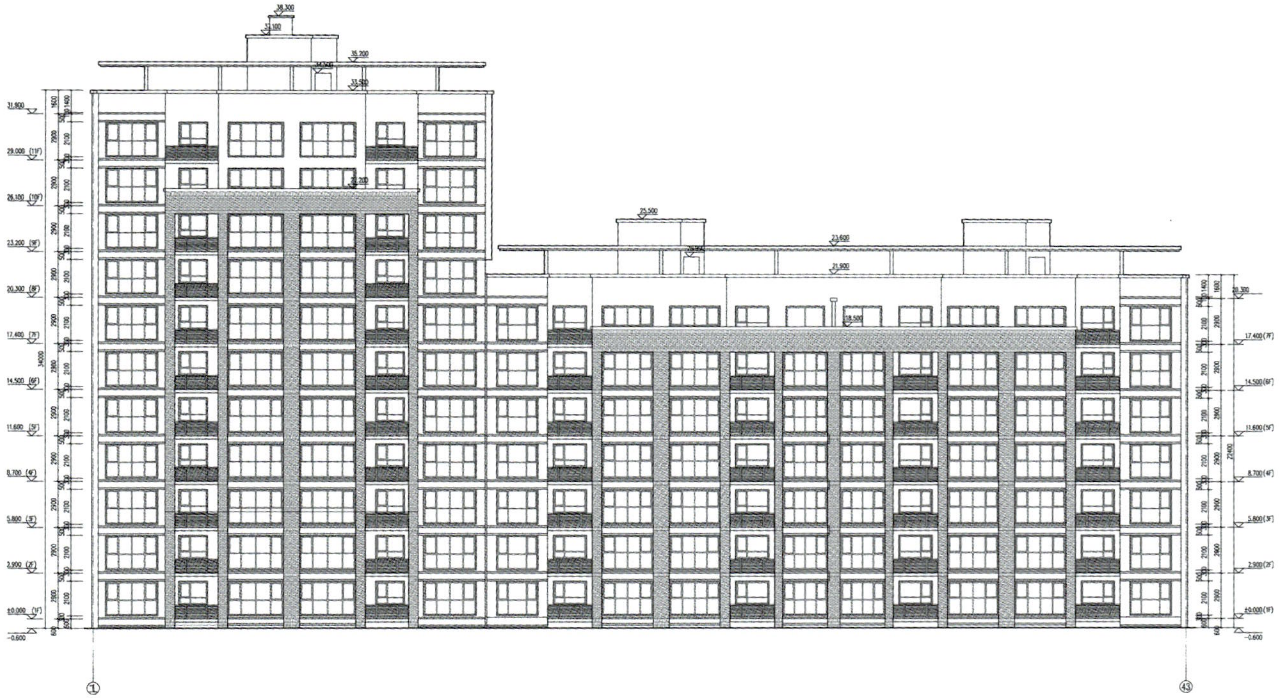

小高层住宅立面图

专家点评

1. 该项目规划设计结合城市周边环境，采用东侧临街为高层住宅、内部为院落式小高层的空间结构，形成“西院东街”的总体构架。

2. 该项目规划的交通组织采用“内外分流”的方式，外部车流从外侧直接进入地库。并且内部环境道路的地面停车分置在外侧，保证了住区内部的安全性。

3. 外观设计典雅稳重，天际线多样，具有良好的居住氛围。

4. 中心绿化景观带均好性好，方便居民户外活动，院落组织精细，便于居民交往。

5. 套型的功能空间设计精细。

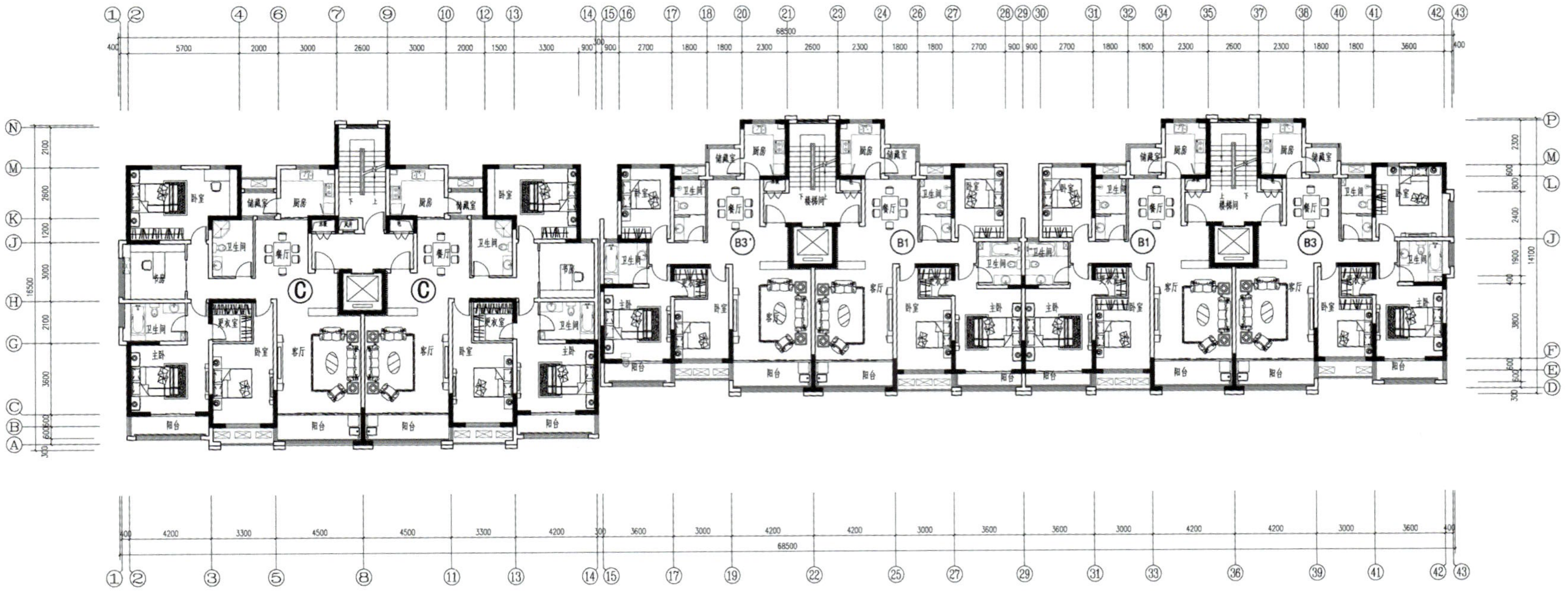

小高层住宅平面图

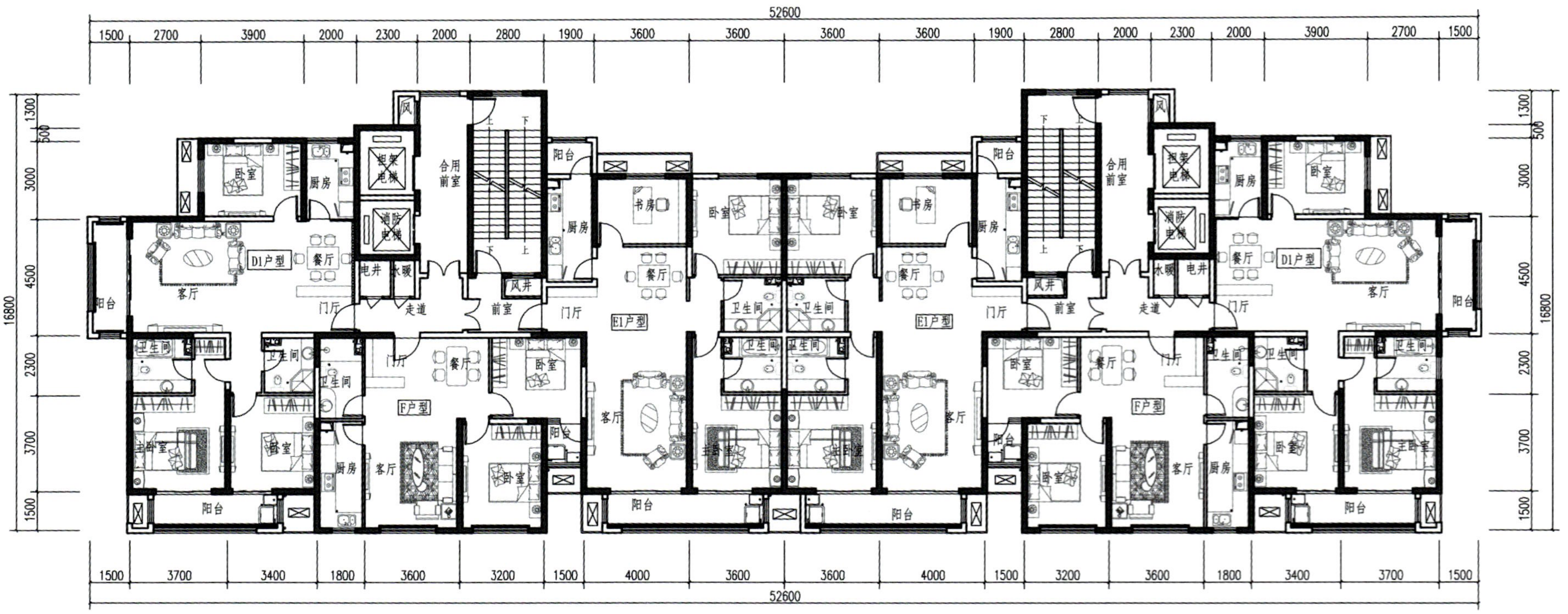

高层户型平面图

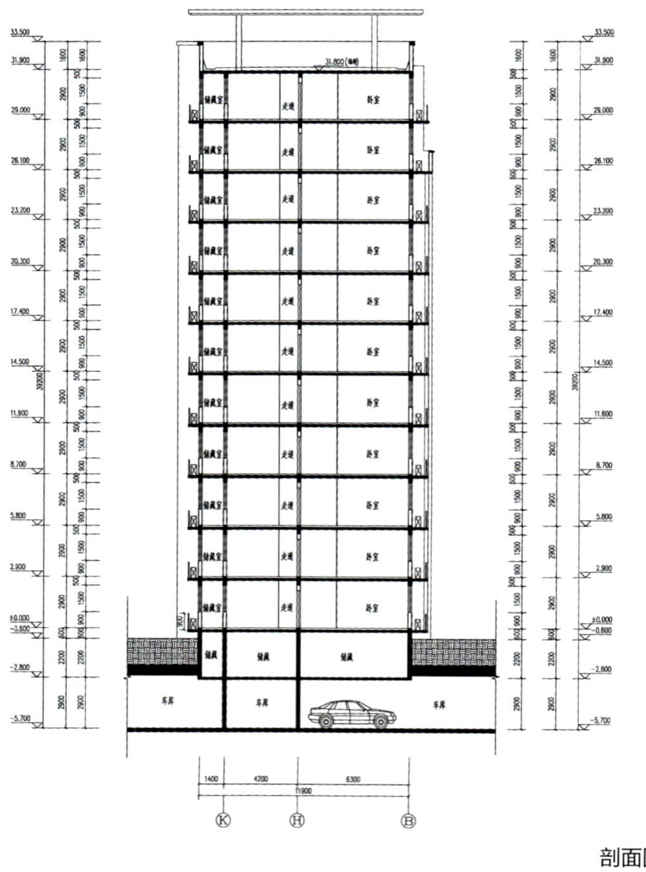

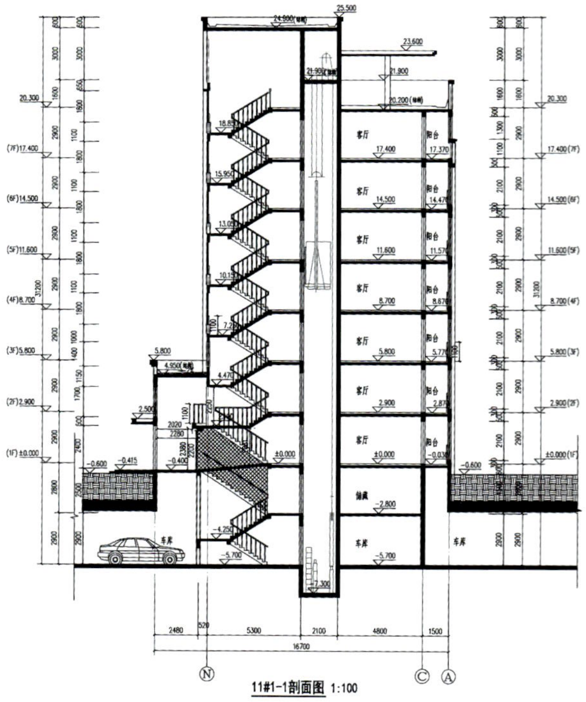

剖面图

主要经济技术指标

规划用地面积：70588.32平方米
总建筑面积：207030.00平方米
地上建筑面积：164030平方米
住宅建筑面积：127795平方米
公租房建筑面积：4560平方米
商业及配套建筑面积：31675平方米
地下总建筑面积：43000平方米
容积率：2.32
建筑密度：26.3%
绿地率：33.8%
住宅总户数：1086户
机动车停车位：1553个
地上停车位：653个
地下停车位：900个

中国新型城镇化建设创新典范

中新置地·卓锦花园

开发单位：吴江中新置地置业有限公司
规划设计：AAI国际建筑师事务所
建筑设计：AAI国际建筑师事务所
施工图设计：中铁工程设计院有限公司
景观设计：TENCH（英国）景观设计事务所

总平面图

项目概况

“中新置地•卓锦花园”项目位于苏州市吴江区城市的主干道的运东大道西侧，其南面是新建的住宅区，西侧则为京杭大运河及其驳岸绿地。在4.06公顷的地块内，包含了10栋高层住宅及相关配套设施，可容纳835户，将成为当地一个品质上乘的中产阶级住区。

本项目是由中新置地在吴江打造的首个高品质项目，京杭大运河畔的新加坡花园式科技住区。景观规划和设计体现东南亚风情景观艺境，抬高的场地和一条贯穿南北的景观带，营造出趣味性的内部公共空间，且与紧邻的京杭大运河及其驳岸绿地相呼应，传达了绿色生态的理念，营造出悠闲、舒适的生活空间，可谓千年运河旁的绿色新家园。

本项目的建筑立面简洁、现代、时尚，充分表现新加坡建筑美学，展现出干练素净的形象，契合现代都市的风貌，也顺应吴江这个新兴城市的发展趋势。

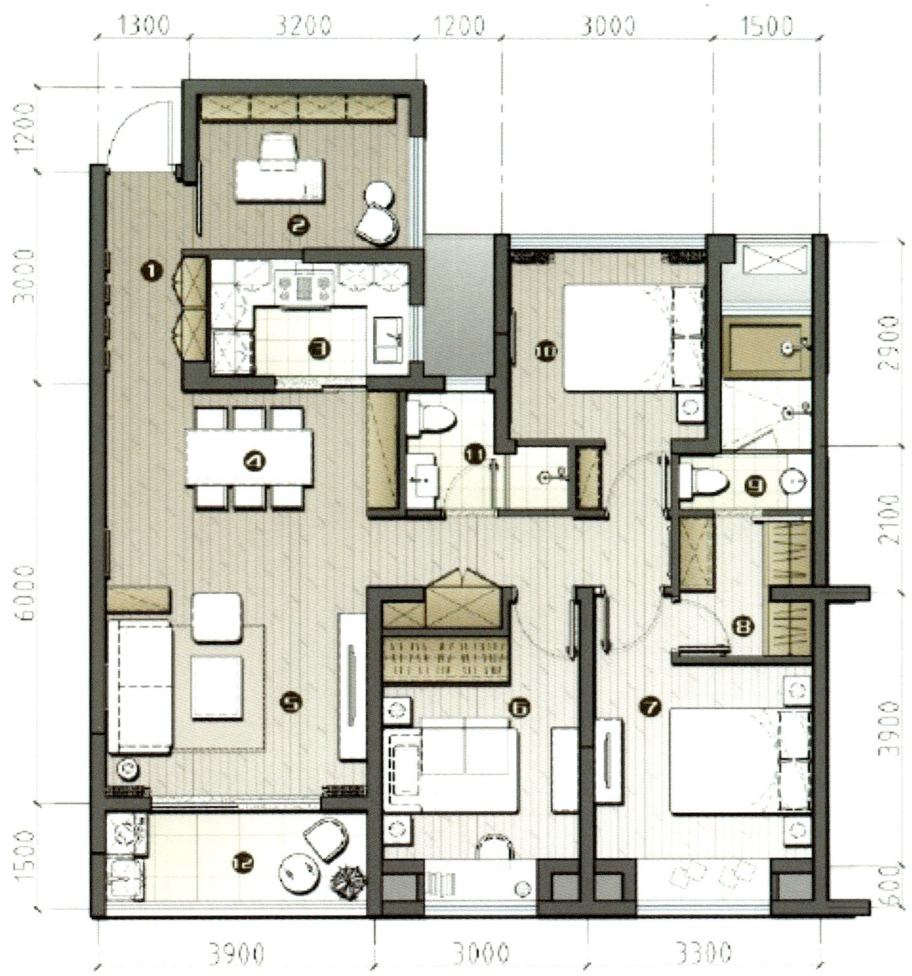

C户型平面图

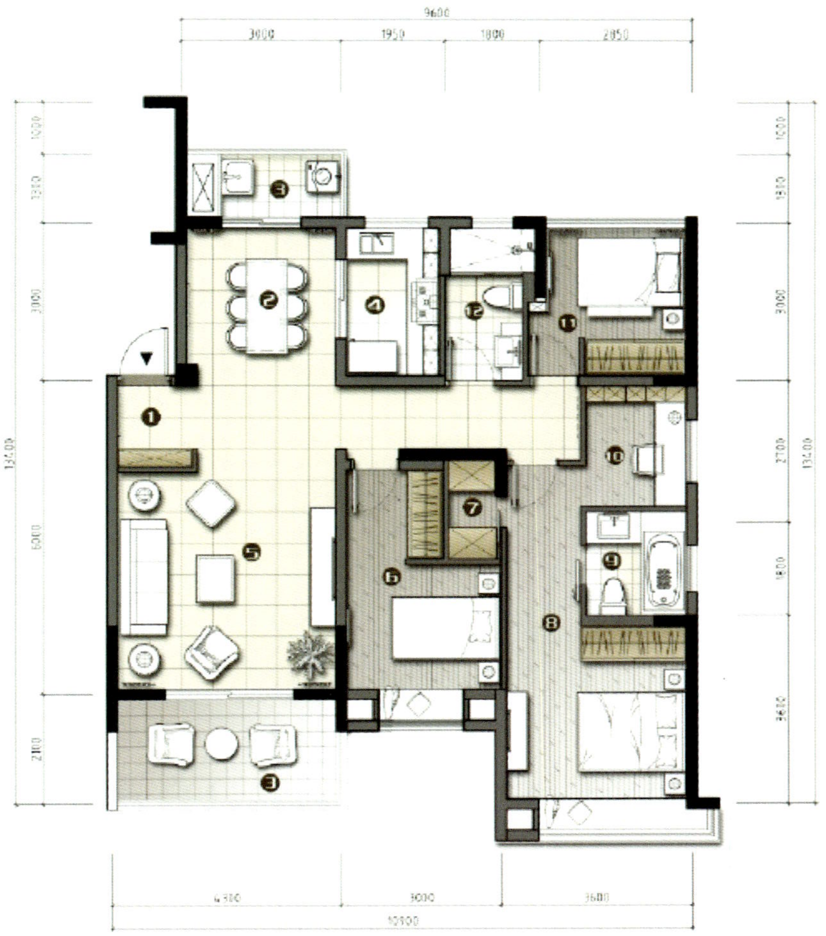

D户型平面图

专家点评

1. 该项目地块呈长方形，给规划布局的多变带来一定的困难。规划采用较整齐的行列式布局，使土地得到有效的利用。行列式布局通风、朝向良好，获得舒适的居住品质。规划设计通过对地形、景观细部的精心处理，营造了丰富多彩的室外环境效果。首先利用原有地形的高差，屏蔽了机动车对住区步行人群的干扰，实现了人车分流。其次利用地下采光井，使得地下车库的景观大大改观，优化了室外环境。环境设计十分细腻，能根据功能需求做出多种多样的、丰富人性化的居住环境。

2. 住宅设计户型多样，板式住宅较好地利用连廊解决了中分户的通风问题，彰显了南方住宅的特点。户型设计方面有许多创新，将空中花园进行多功能考虑，既能满足就餐功能，又能满足书房的功能。玄关和浴卫都有细致的设计，对于储藏空间等做了精心的安排。

3. 该项目虽然规模不大，但规划、单体设计和景观设计都独具匠心，细心研究、创新，使该小区规划在貌似平常中，闪烁出许多亮点，值得大家学习。

B户型平面图

C1户型平面图

总体规划图

主要经济技术指标

总用地面积：40656.6 平方米

总建筑面积： 110876.69平方米

计容建筑面积：89431.05平方米

主体建筑面积：87969.13 平方米

公共建筑面积：898 平方米

不计容建筑面积： 21445.64平方米

容积率： 2.2

建筑密度：13.6%

绿化率：35%

机动车停车位：878个

非机动车停车位：1800个

G 获奖项目展示

中国美丽社区创新典范

江南・凤凰城

昆明・天宇澜山

乌兰察布・山水文园

中国美丽社区创新典范

江南 · 凤凰城

开发单位：吉安市万家房地产开发公司
规划设计：吉安市建筑设计规划研究院
深圳市明润建筑设计有限公司
建筑设计：吉安市建筑设计规划研究院
深圳市明润建筑设计有限公司
景观设计：吉安市建筑设计规划研究院
深圳市明润建筑设计有限公司

项目概况

“江南•凤凰城”项目位于江西省吉安市，东临40米宽的规划路，南临20米宽的规划路，西临30米宽的规划路，北临40米宽的商业街中心西路。

本项目在总体布局上，设计创造出一个构图完整、中心感强烈的建筑群体形态，以东西高，南北低，中心最高。此布局可令规划用地内的景观最大限度地供住户享受。由不同档次、不同单元面积的建筑构成多元化的居住空间，每个建筑组团有相对独立的区域，但又共同享受小区的整体优秀环境与管理。

本项目定位为区域首席尊居领地、高端居住坐标的城市现代活力社区。因此，特别注重因地制宜，统筹兼顾，刻意创新，大胆突破，力求使该区达到高质量、高层次、高品位的要求，又别具一格地创造出现代生活的气息。

总平面图

道路系统分析图

专家点评

1. 该项目方案资料准备比较全面、充分，规划设计理念和技术的采用比较符合我国南方地区的特色，总体布局特点鲜明，空间环境规划收放适度，疏密有致，围合感强的同时也兼有一定的开放性。单体建筑的通风、采光和观景方面的设计与总体设计的配合度比较高。较好地满足了局部与整体，个体与全部的协调性和关联性要求。

2. 该项目从道路系统、景观系统、安全系统和生态系统等做了一定的设计和应对。与宜居、地域性、和谐等规划定位和目标相匹配，做到“人车分流、庭院有景、环形消防、地域特色”。很好地将规划目标结合设计做了进一步的落实与深化。

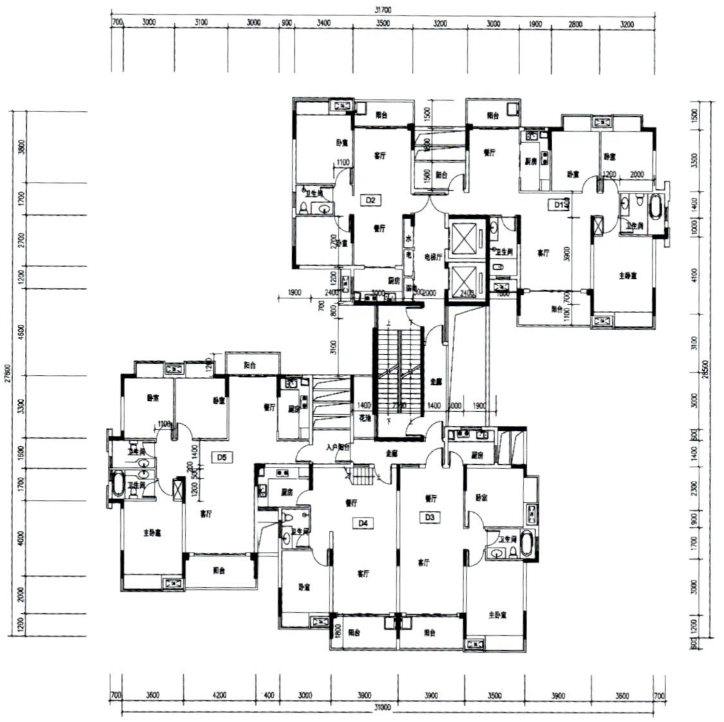

4号三~十七（奇数）平面图

主要经济技术指标

总规划用地面积：42206平方米

总建筑面积：174840平方米

计容建筑面积：126615平方米

住宅建筑面积：117000平方米

商业建筑面积：7752平方米

幼儿园：1613平方米

物业管理：532平方米

社区管理：233平方米

地下车库面积：48240平方米

容积率：3

建筑密度：19.7%

绿地率：35%

规划居住户数：1138户

机动车停车位：1260个

地上停车位：190个

地下停车位：1070个

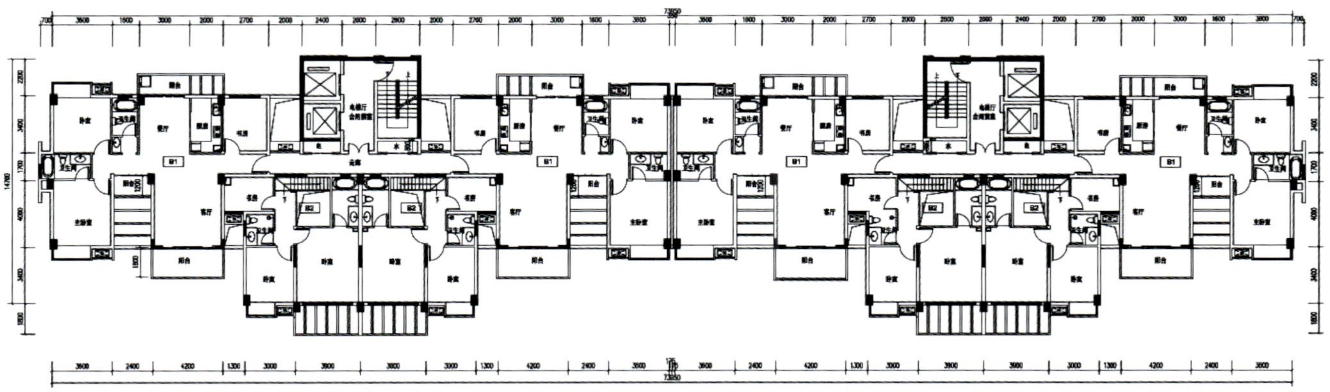

2号五~十五（奇数）平面图

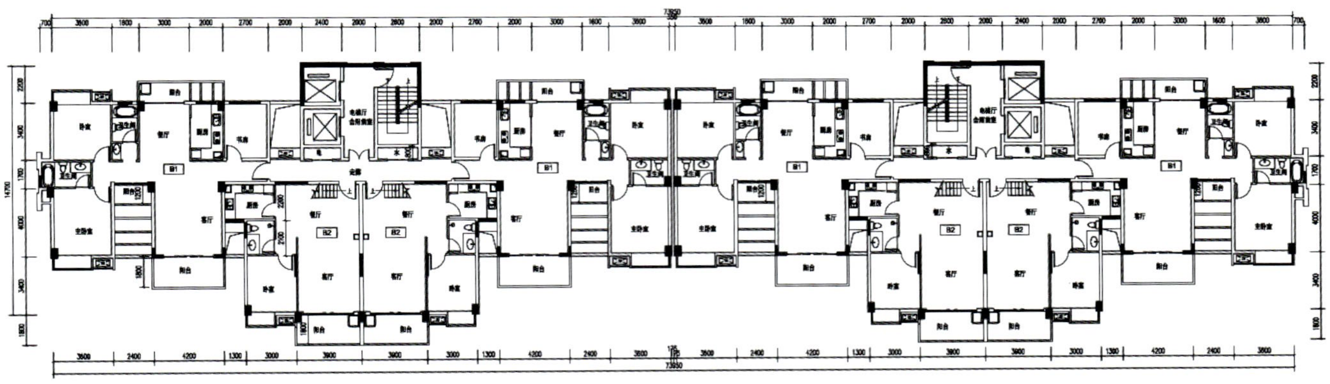

2号六~十六（偶数）平面图

中国美丽社区创新典范

乌兰察布 · 山水文园

规划设计：中国建筑设计研究院
建筑设计：中国建筑设计研究院

总平面图

项目概况

“乌兰察布·山水文园”项目位于内蒙古自治区乌兰察布市察右前旗察哈尔工业园区，北邻白音大道，西邻达尔登大道，西接经一街，南临友谊路，西南侧临多蒙德豪生大酒店。

本项目形成“一心两轴三片”的规划结构体系，在社区中央结合景观水系形成视觉中心，结合南北东西的四个出入口，形成南北向的绿色景观轴和东西向的蓝色水景轴，根据产品类型，分为低层别墅区、多层洋房区和商业配套区。

本项目巧妙利用半地下车库形成的高差，打造社区微地形，形成“山水文园”高品质花园社区。建筑造型以内蒙古比较追求的“托斯卡纳风格”为设计母题，体现一种田园风情。

本项目在户型设计上采用四明设计方法，体现大面宽、短进深的户型特征，有利于室内采光和通风；户型空间处理上设置下沉庭院和屋顶花园，为住户创造丰富的空间体验。在节能设计方面采用建筑被动式节能技术，在建筑规划设计中考虑建筑朝向合理布置、结合立面利用屋檐挑檐遮阳、建筑围护结构的保温隔热技术、太阳能技术和有利于自然通风的室内布局方式。

本项目定位于乌兰察布市的低密度高端社区，设计充分利用周边百米城市公园和营造内部高品质的景观环境，打造区域住宅新标杆，引领乌兰察布市的住宅开发风向标，成为具有地域特色的高端住宅样板工程。

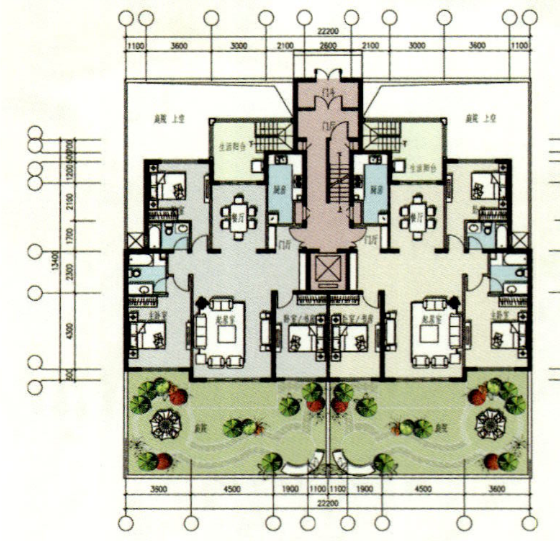

底层平面 本层面积142.37平方米

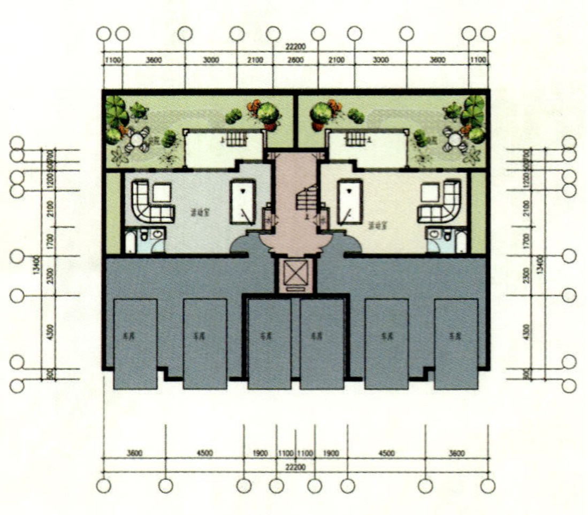

下跃层平面 本层面积48.48平方米

主要经济技术指标

规划总用地面积：283080.94平方米
总建筑面积：411877.7792平方米
地上建筑面积：306834.6892平方米
地下建筑面积：105043.09平方米
住宅建筑面积：371891.7792平方米
配套公建面积：39986平方米
容积率：1.084
建筑密度：25.03%
绿地率：32.3%
居住户数：1461户
洋房地下机动车停车位：1590个
联排机动车停车位：212个

专家点评

1. 该项目区内道路系统清晰，分级明确，线型优美，住宅组团规模适当，分布合理。南北、东西绿化景观廊带与入口有机结合，与道路结合的绿化，都形成了步移景异的景象。

2. 公建沿南北市级道路布置，使用方便。停车部位为地下及半地下，停车率为100%～200%。规划总体设计优秀。

3. 住宅为高端、高品质别墅，功能分区明确，上下层关系合理，住宅各种空间内容齐全，尺度适宜。

中国美丽社区创新典范

昆明·天宇澜山

开发单位：云南农科院神州天宇房地产开发有限公司
规划设计：RTKL国际有限公司
昆明市规划设计研究院
澳洲UA设计集团
建筑设计：云南怡诚建筑设计有限公司
深圳机械院建筑设计有限公司
景观设计：广州市太合景观设计有限公司

项目概况

“昆明·天宇澜山”项目位于云南省昆明市主城区北部的龙泉街道办事处范围，西起盘龙江，东临东大沟，中跨北京路延长线，处于昆明主城区重点发展的北部山水新城的腹地位置。北部山水新城的三大水系盘龙江、金汁河、东大沟贯穿项目，地处北部山水新城最中心的地标——牛栏江引水工程打造的九龙戏水瀑布公园的南端。距离老北市区仅有5分钟车程，它延续了老北市区的时尚、方便、快捷，但又一改北市区高密堵的现状，呈现给大家一个低密、低容的开放式空间，一个生态、和谐的新区域。距昆明长水国际机场约15公里。昆明地铁2号线、北绕城高速的接入、北京路穿越其间，使片区中道路与老城区路网全面衔接，拥有着便捷的交通优势。

本项目总占地1090亩，建筑用地580亩，总建筑面积136万平方米，分三期开发，一期净用地160亩，规划了高层住宅；二期净用地219亩，规划了低密的多层退台洋房、别墅及小高层；三期规划有公寓、商业及办公物业。

总平面图

专家点评

1. 该项目是一个集办公、科研、居住为一体的综合项目，占地70多公顷，位于城市边缘。项目周边景观资源丰富，有多条河流和瀑布，自然条件良好。城市控规将地块划分为7个，项目根据资源条件和使用功能安排了办公和居住用地，功能分区明确。每个地块根据地形特点和景观特色，较合理地确定了高层区和低层区，提升了土地利用率和开发效益。

2. 新区配套设施齐全，有各种业态的商业、小学和托幼设施，方便居民使用。

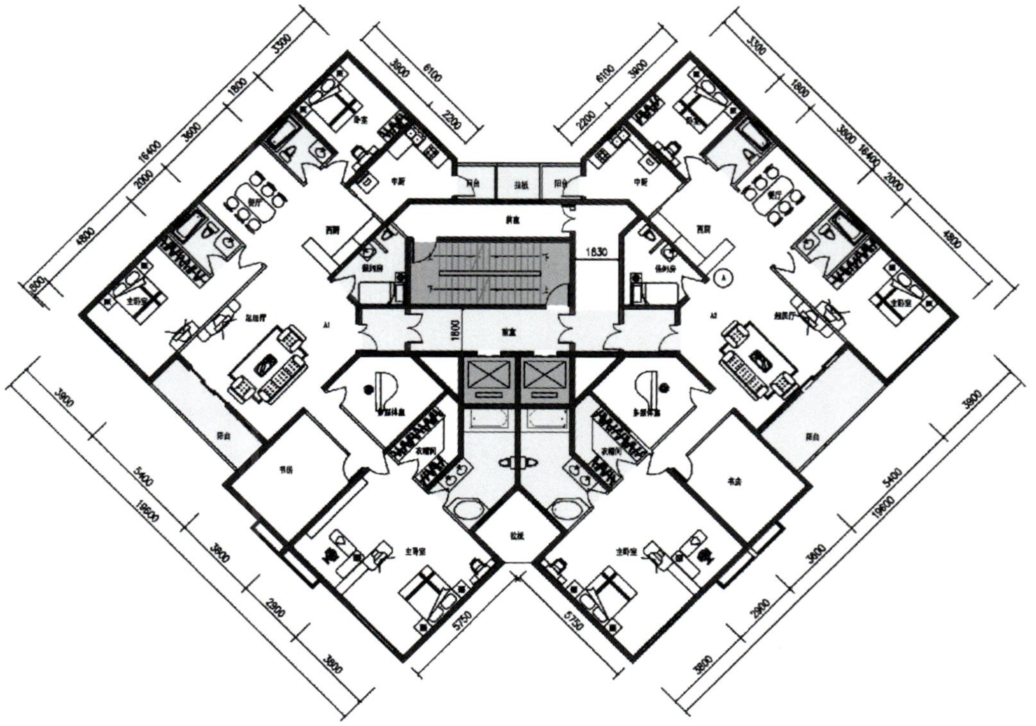

H6号-9号标准层平面图

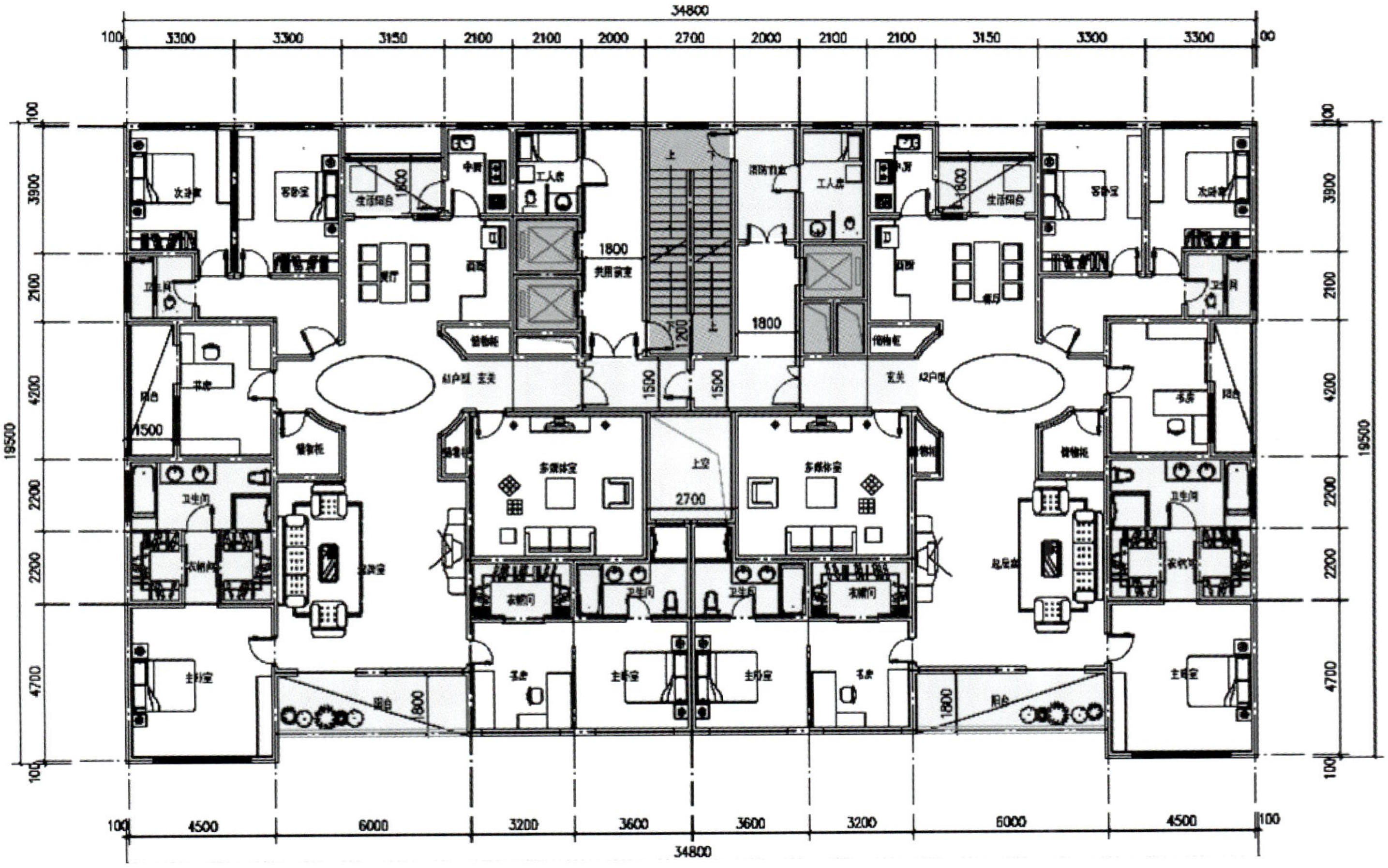

H119号标准层平面图

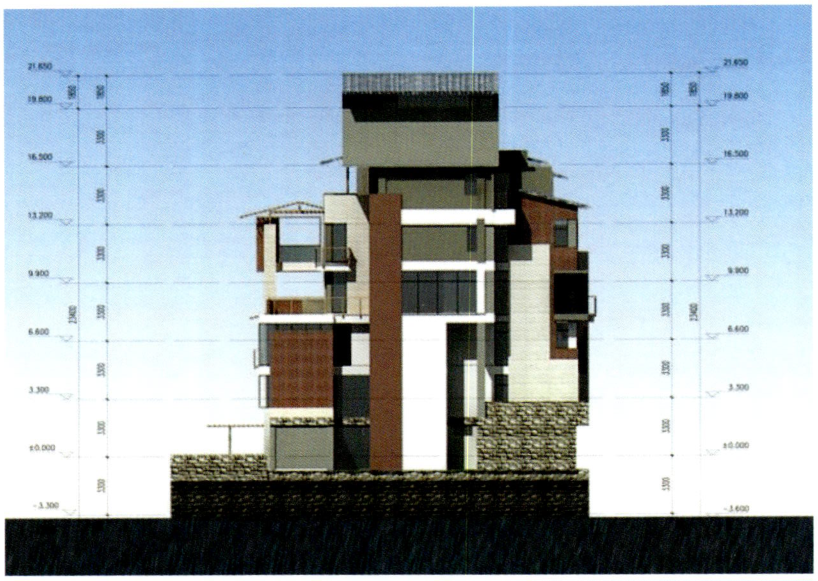

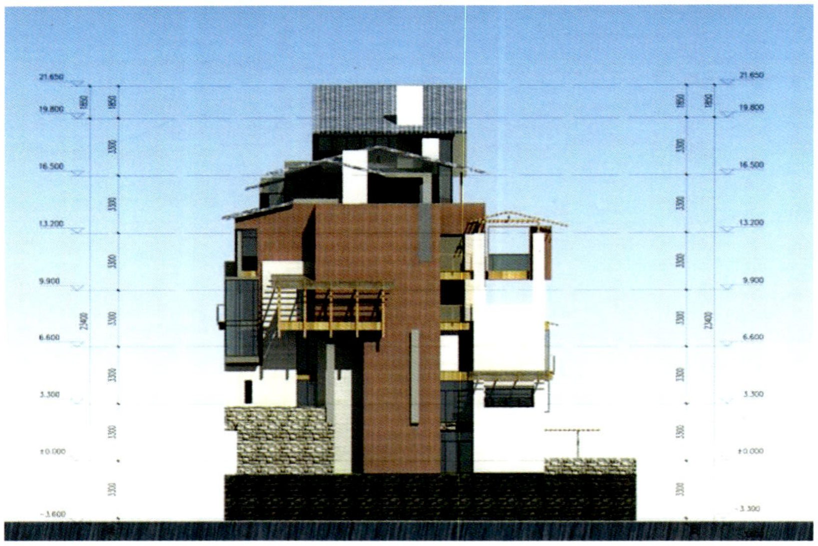

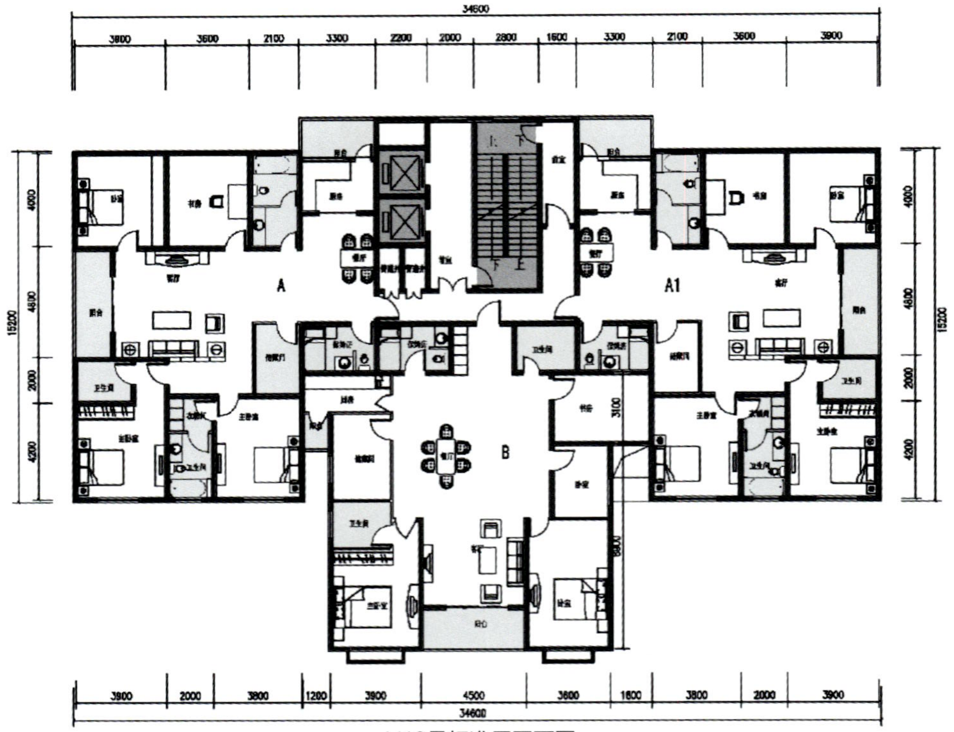

H10号标准层平面图

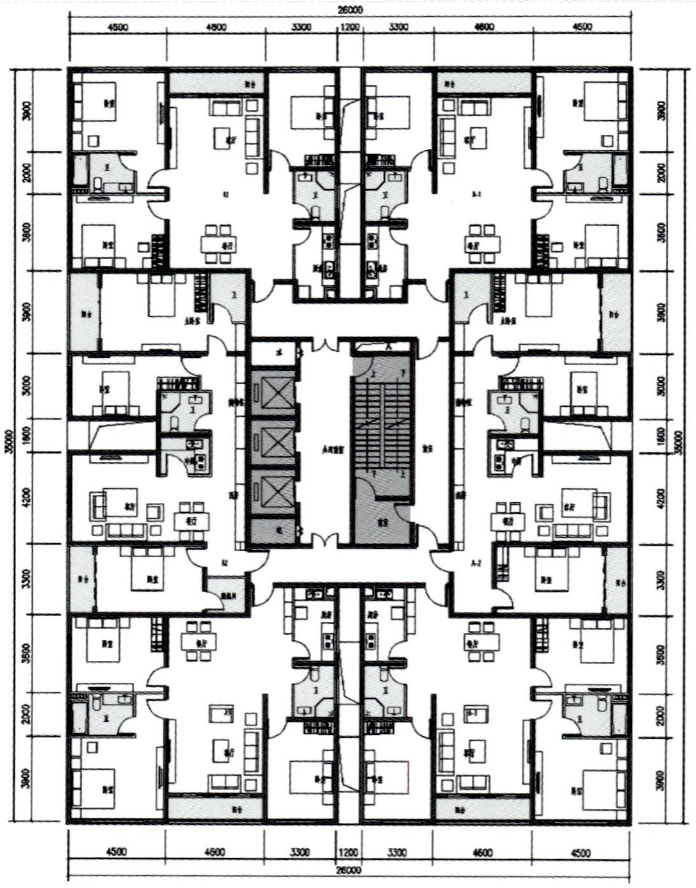

H3号-5号标准层平面图

主要经济技术指标

总用地面积：15652.383平方米
总建筑面积：98293.827平方米
　地上建筑面积：85281.864平方米
　地下总建筑面积：13011.963平方米
计容建筑面积：82807.513平方米
　居住建筑面积：48114.205平方米
　商业建筑面积：10088.388平方米
　市政公共建筑面积：24330.818平方米
　开闭所建筑面积：173.999平方米
　公厕建筑面积：100.103平方米
容积率：5.293
建筑密度：66.79%
绿地率：10.5%
住宅总户数：480户
停车位：290个
　地上停车位：5个
　地下停车位：285个

H

获奖项目展示

中国高端品质创新典范

西山艺境

宁波·交通·紫园

厦门·禹洲广场

太原·首开·国风上观

天津·贻成·贻海观澜居住区

张家口·张垣新城

中国高端品质创新典范

西山艺境

开发单位：北京金水房地产开发有限公司
规划设计：上海柏涛建筑设计咨询有限公司
建筑设计：上海柏涛建筑设计咨询有限公司
景观设计：普利斯设计咨询（上海）有限公司北京分公司

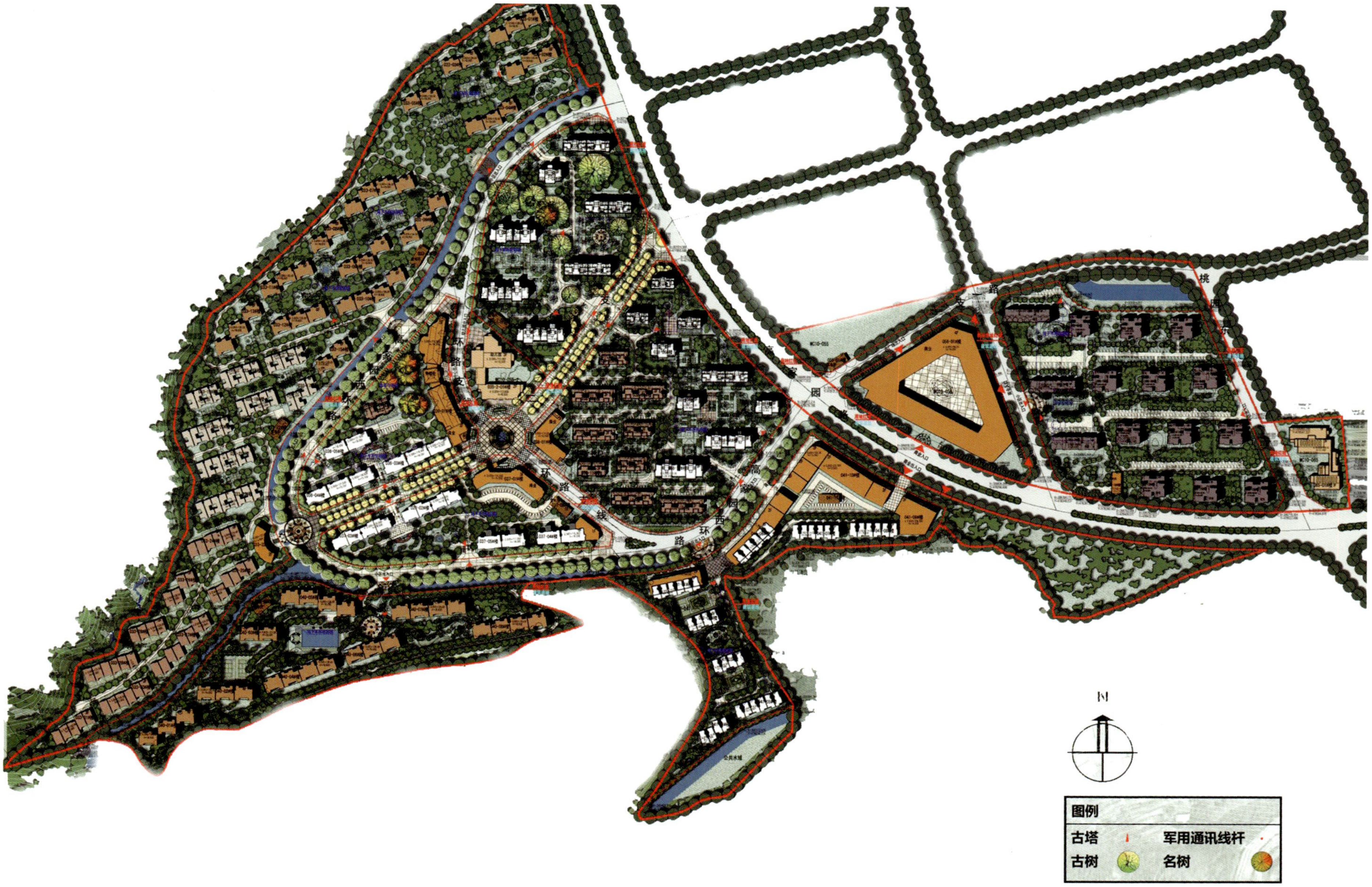

总平面图

项目概况

“西山艺境”项目位于北京市西郊门头沟区龙泉镇，东临北京六环线，至永新小区，北临门头沟区政府及滨河世纪公园，至采空棚户区改造中门寺地块定向安置房项目、峪园小区，西至九龙山林场，南至桃园小区、空军通讯连。紧邻阜石路延长线，交通便利，周边环境优美宜人。

本项目物业类型以多层洋房、叠拼及联排为主。整体规划分为“一面”、“三轴”、“一心”、“三区”。建筑风格定位于与北京同样具有红砖文化底蕴的纽约及波士顿褐石街区，体现一种精致、讲究、优雅的生活方式。立面以褐色的砖石砌就，适当运用局部坡屋面、本土建筑石材，简洁的线脚等，塑造一个暗含古典怀旧韵味而充满现代气息的人居空间；着力打造建筑细部，通过外墙线脚色彩的深浅、屋面、檐口、飘台等细节处理，最终形成经典优雅的风格。

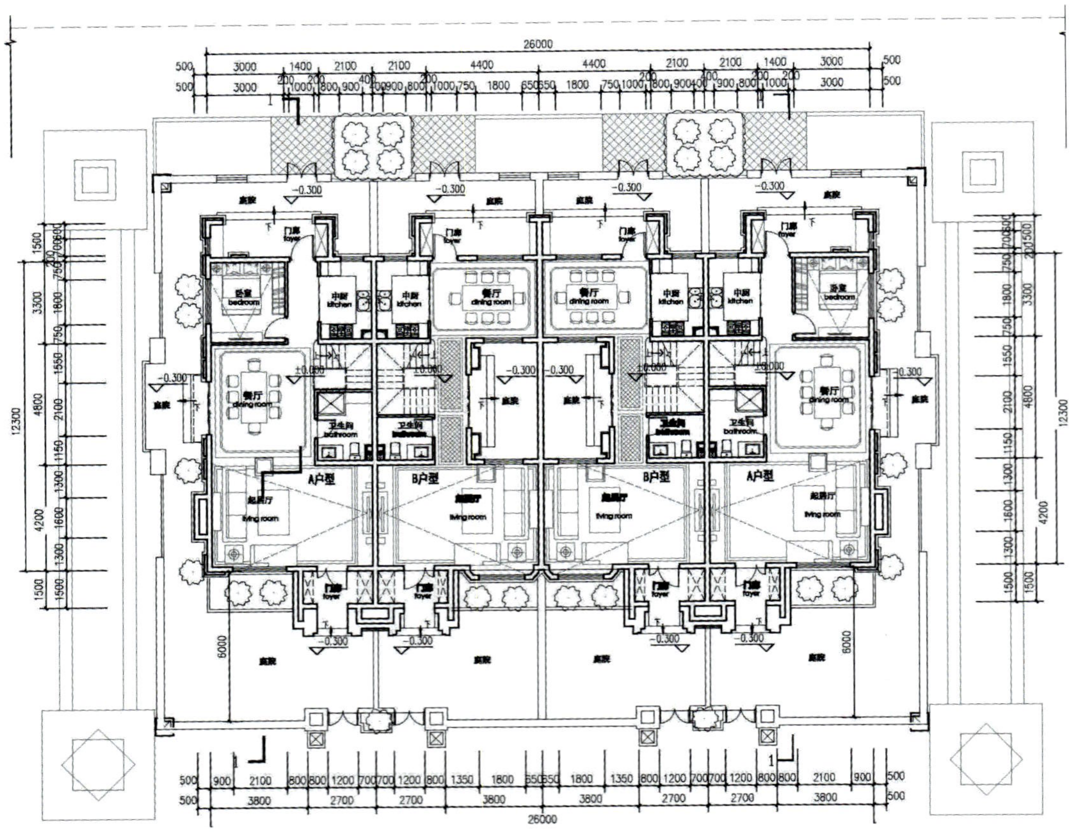

首层平面图

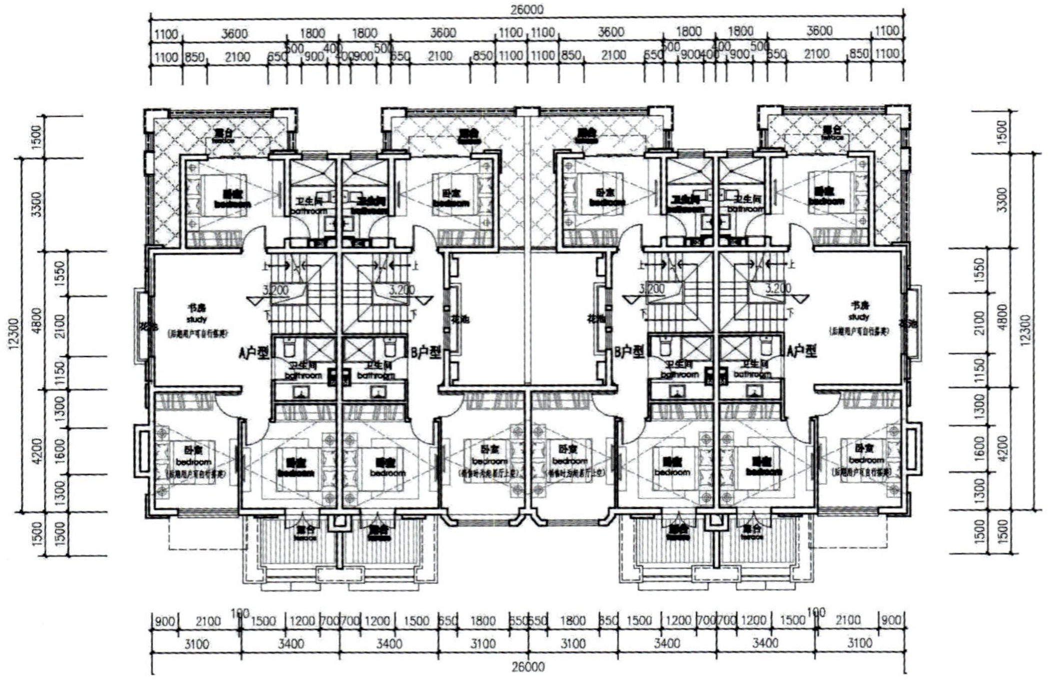

二层平面图

专家点评

1. 该项目为北京市门头沟新城项目，项目地块面积大，商业及住宅业态种类丰富，整体规划设计注意打造城市社区的生活品质，内部开放商业街区，形成了城市“会客厅”。设计突出了社区高端品质，具有创新性。

2. 街区道路的组织上，注意设计不同性质的节点，如表现有自然属性、广场属性和商业属性等。除强化街景，增强标志性外，还能聚集人气，促进交流。

3. 住区界面展示了高端、人文和生态住区的形象，商业界面则注意突出亲切、活跃的气氛，同时，街区中心设有广场，供居民聚集活动，形成核心区，引领高品质的生活方式。

4. 不同组团分区清晰，又有商业和绿化景观将其连接贯通。

5. 立面设计精细，采用红砖、暖色调，创造出高档、宁静的居住街区气氛。

6. 大部分住宅为板式楼栋，由多层和小高层组成，户型注意了朝向设计，各户有很好的南向面宽，采光自然充足。

7. 套内各空间面积大小合理，面宽进深尺度适宜，户户均设计了阳台花池，空调板与立面设计有机结合，屋顶、门楼及顶部退台等丰富了立面造型。

8. 图纸提供完整，透视图效果较好。

9. 该项目综合设计质量很高。

主要经济技术指标

总用地面积：293976平方米
总建筑面积：403848.74平方米
　　地上总建筑面积：339428.74平方米
　　地下总建筑面积：64420.00平方米
住宅总面积：276818.64平方米
配套公建（地上）面积：62205.20平方米
容积率：1.1~1.3
绿化率：30%
居住总户数：2131户
机动车停车位：1373个
　　地上停车位：450个
　　地下停车位：923个

南立面图

北立面图

中国美丽社区创新典范

太原·首开·国风上观

开发单位：太原首开龙泰置业有限责任公司
规划设计：阿尔第斯（北京）建筑规划顾问有限公司
建筑设计：北京天鸿圆方建筑设计有限责任公司
太原市建筑设计研究院
景观设计：阿尔第斯（北京）建筑规划顾问有限公司

总平面图

项目概况

“太原·首开·国风上观”项目位于山西省太原市小店区龙城新区，龙城大街南侧，太茅路东侧，北距市中心约10公里，东距武宿机场约8公里，北部紧邻规划中大型的城市体育公园，西侧为汾河景观带。依照太原市总体规划城市公共中心结构建构图，本项目西侧为城市商业游憩区，东侧为规划省行政中心。目前周边医疗配套山西大医院也已开始启用，北京蓝天幼儿园、太师二附小签约完成。

本项目由三个地块组成，地块一和地块二为住宅用地，地块三为小学用地。倡导“森林化居住理念”，独创性地将森林、湖泊、湿地、公园等景观概念引入居住区，倾力打造以景观为主的绿色生态居住区。

本项目依托龙城新区规划全面发展，倾首开之重力打造人文宜居住宅——山西首个国家健康住宅试点——高舒适、超低容积率、双公园、大配套、大教育、大交通的现代人居典范。

西区交通分析图

专家点评

1. 该项目为54.37万平方米的大型居住区，由城市道路将其分割成两部分，由于社区面积很大，规划利用其室外集中绿地的优势，引入“森林化居住理念”，将森林、湖泊、湿地、公园等景观概念纳入住区内部，打造了生态宜人、环境舒适、闹中取静的健康住区。

2. 该项目全部为高层住宅，为了争取良好的日照，住宅布局错落、围合，并留有较大的集中绿地，这些绿地景观采用大景观原则，通盘考虑，成组、成片、成团，各属性绿地相互渗透连接，形成完整、连续的大生态环境。大大提高了居住品质和城市景观。

3. 小区道路系统清晰，以地下停车为主，人车分流，小区生活配套齐全，方便居民使用。

4. 住宅设计引入了健康住宅设计原则，在节能设计、太阳能利用、新技术的采用、中水利用方面都有新的尝试。在住宅室内隔声降噪、安全防范等方面都采用了多种技术措施。

C1户型3室2厅2卫

C2户型3室2厅2卫

主要经济技术指标

居住区规划总用地面积：54.37万平方米
居住区用地内建筑总面积：1380800平方米
地上总建筑面积：1049280平方米
住宅建筑面积：994680平方米
公建面积：54600平方米
地下总建筑面积：331520平方米
容积率：2.05
总建筑密度：11.29%
绿地率：45.97%
总户数：7952户
机动车停车位：8299个
地上停车位：1603个
地下停车位：6696个
非机动车停车位：10898个

中国高端品质创新典范

宁波·交通·紫园

开发单位：宁波市交通房地产有限公司
规划设计：新百森（香港）设计顾问有限公司
建筑设计：新百森（香港）设计顾问有限公司
景观设计：棕榈园林股份有限公司

总平面图

项目概况

“宁波•交通•紫园”项目位于宁波市高新区，北望甬江，西依杨木契河，东邻清水桥路，与世纪大道、江南路等城市主干道遥相呼应，地理位置闹中取静、出入便捷。周边居住氛围浓厚、教育资源丰富，各大生活配套完善，为城市优势资源纵横之地，是城市中心东扩的前沿、繁华经济商圈辐射的第一线。

本项目总建筑面积约91000平方米，秉承交通地产一贯的品质路线和品牌基因，致力于为都市白领营造一个高品位生活舒适家。整体规划注重城市、建筑、环境三者之间的平衡关系，在大气围合布局中，创造极具人文气质的生态智能化居住社区，使居住和商业休闲设施在功能上取得协调，以丰沛的自然风景，结合高尚宜居的人文思想，营造繁华之中的经典雅居。建筑形态运用新古典主义设计理念，并合理地融合了现代建筑的构思，将质感、恒久、优雅的格调发挥到极致，赐予欧洲经典建筑高贵、大气、典雅的气质，并且充分利用滨水景观与超大中庭园林的设计，将两者完美地结合在一起，中庭景观、水岸景观、与中轴交汇融合，营造绿意掩映的生活环境，为客户筑起一座花园里的幸福国度。

本项目在城市东部为城市精英阶层量身定制74～136平方米的幸福住家，以“精致、品位、生活家”为核心理念，体现一种小户豪庭的高尚品质生活，成为宁波城市优质生活的新典范。

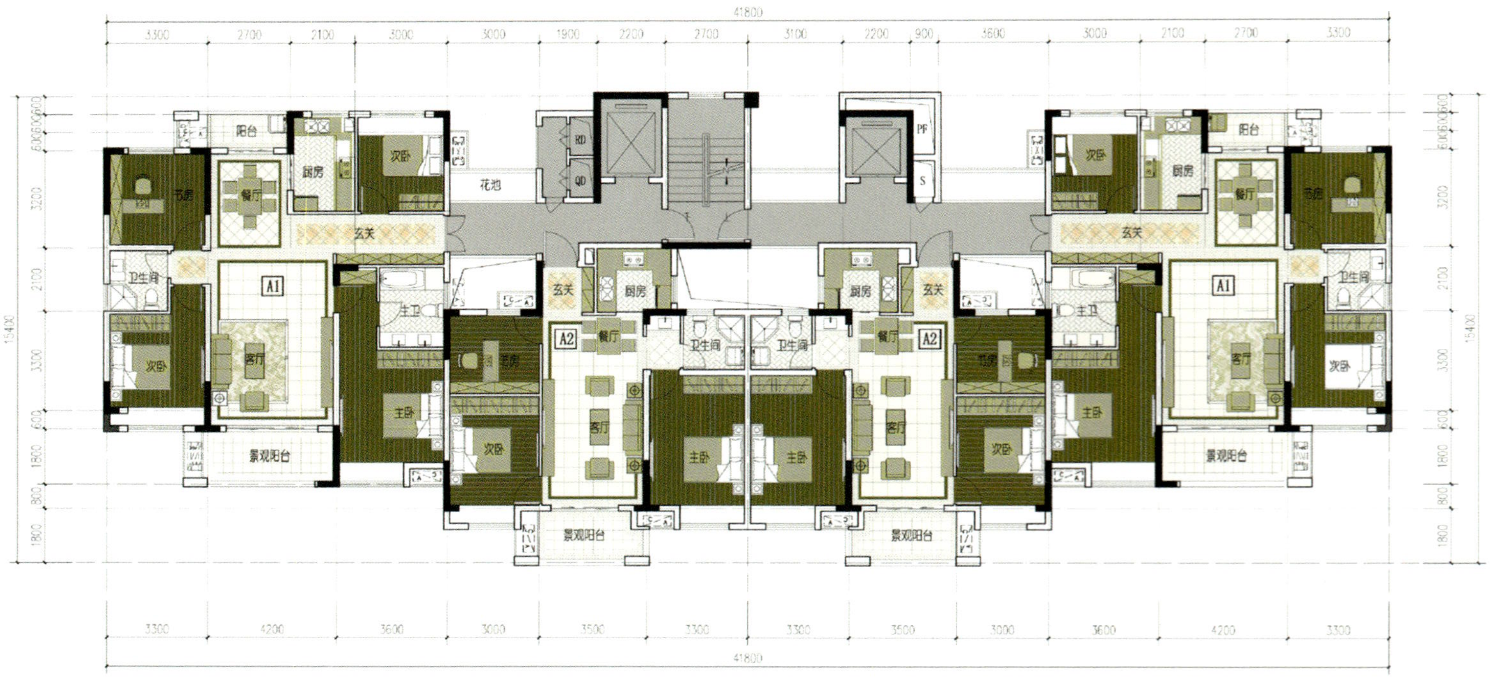

住宅建筑单体及户型设计图一

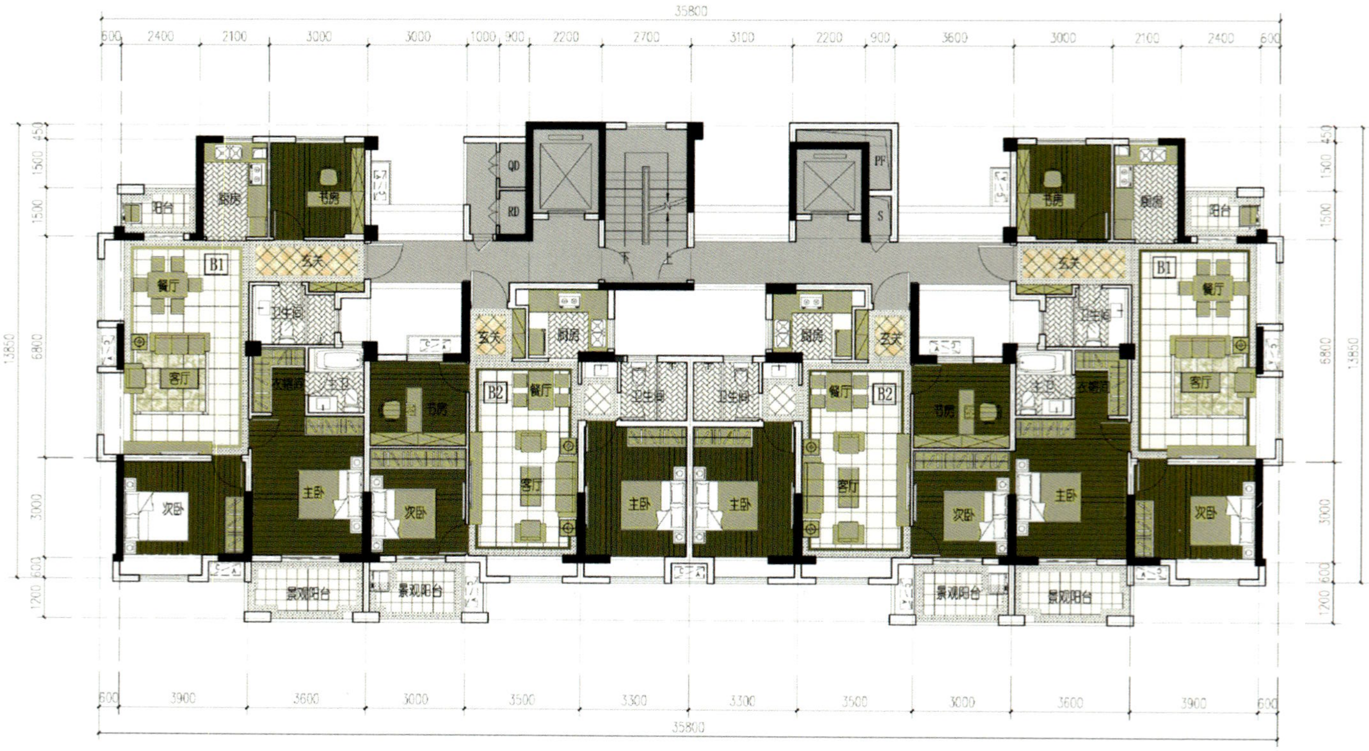

住宅建筑单体及户型设计图二

专家点评

1. 该项目西侧为杨木契河，可借景观水，东面、北面为城市道路，小区面向道路作出入口，交通便捷，与城市关系处理恰当。区内总体布局简明合理，住宅朝向及布局与中心绿地、沿河绿地有机结合。

2. 住宅设计：功能分区明确，各房间空间尺度恰当，通风良好，并设有担架电梯，设计适应南方炎热气候。

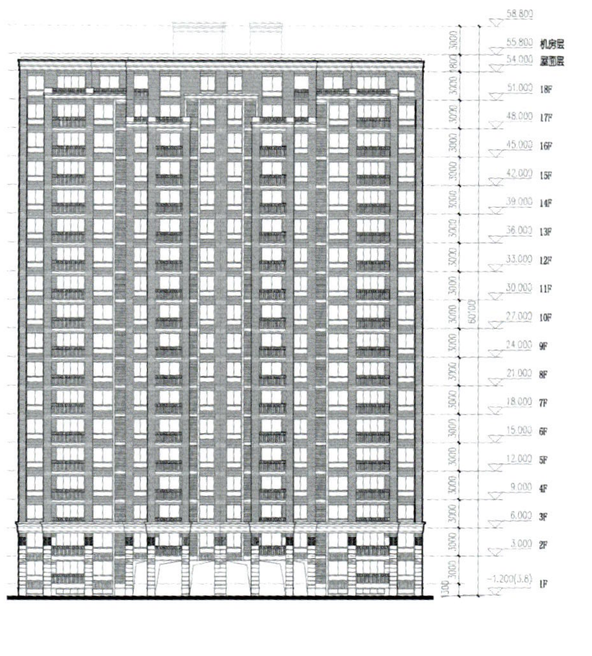

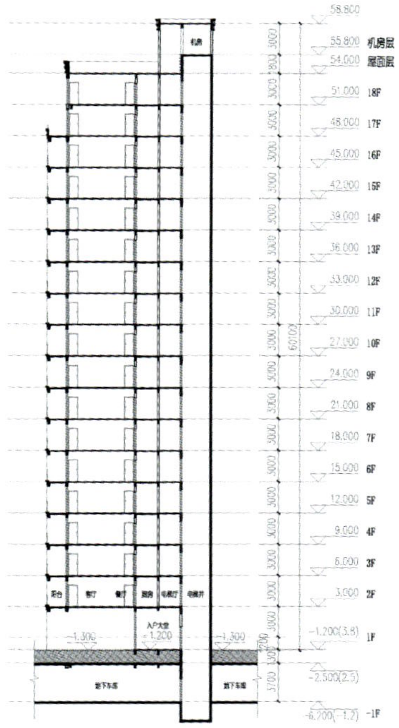

住宅建筑单体及户型设计图一

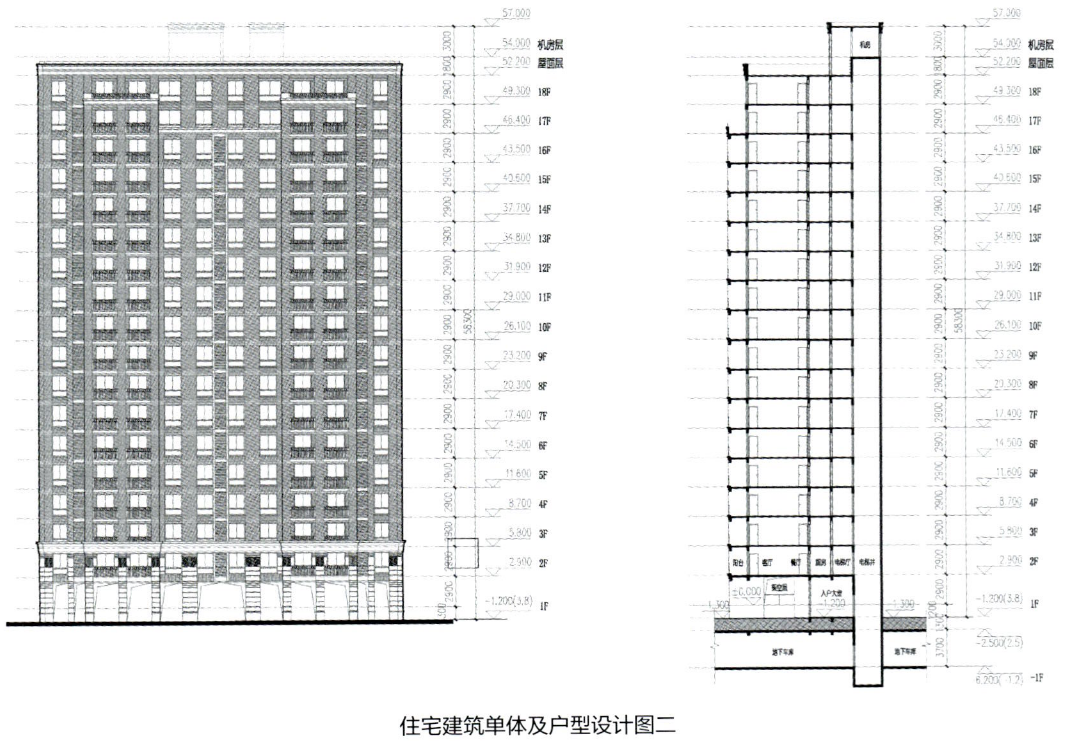

住宅建筑单体及户型设计图二

主要经济技术指标

总用地面积：31629平方米

总建筑面积：90893.75平方米

计容建筑面积：63241.68平方米

住宅建筑面积：60504.32平方米

商业建筑面积：1844.18平方米

物管用房建筑面积：219.94平方米

消防控制室及弱电机房面积：142.44平方米

物管经营用房面积：255.55平方米

配电房面积：275.25平方米

不计容积率建筑面积：27652.07平方米

容积率：2

建筑密度：30%

绿地率：40%

住宅总户数：641户

机动车停车位：673个

地上停车位：32个

地下停车位：641个

非机动车停车位：1167个

中国美丽社区创新典范

天津·贻成·贻海观澜居住区

开发单位：天津贻成实业集团有限公司
规划设计：筑博设计股份有限公司
建筑设计：筑博设计股份有限公司
景观设计：天津东林筑景景观规划设计有限公司

总平面图

项目概况

“天津•贻成•贻海观澜居住区”项目位于天津市东疆港填海造陆区域，滨海新区东疆港东北区，占地面积15.24万平方米。北侧临规划支路八，西侧为40米宽的城市干道观澜路，南侧为规划支路六，东侧为6.28万平方米人工沙滩，是天津市唯一临海一线居住区。本项目通过两条滨海绿廊连通海洋与城市，开放滨海空间。

本项目定位为高品质住宅，包括高层住宅和低层住宅，建筑风格以天津本土洋房和海洋作为设计主题，规划设计充分利用项目用地的特性，结合道路、海景、绿带，力图创造舒适、和谐、居住多样性的新型城市居住区。未来将是东疆港滨海休闲区的一个标志性生活住区。

住宅实景图

专家点评

1. 该项目为填海工程，因此海景是居住区最宝贵的景观资源，为了使更多的居民能看到海景，规划采用了沿海从低层向高层过渡的原则，高层退后集中布置，把宽阔的海滩退让给花园洋房，形成良好的滨海景观。沿滨海大道着力打造城市的公共空间，利用商业和城市广场来提高空间的公共性，提高土地利用价值，活跃城市气氛。小区内部利用原有的堤岸形成绿色通道，形成小区的步行系统。在花园洋房的布局上，注意邻里的关系，两两相对形成院落空间，增加了趣味性。道路交通组织基本清晰、通达，能和步行系统分离、交织，方便步行人群的出行。

2. 住宅产品提供了多种户型，有高层和多层的选择。住宅立面处理具有天津地方特色。高层的立面设计清盈、大方，有海滨建筑的特色。

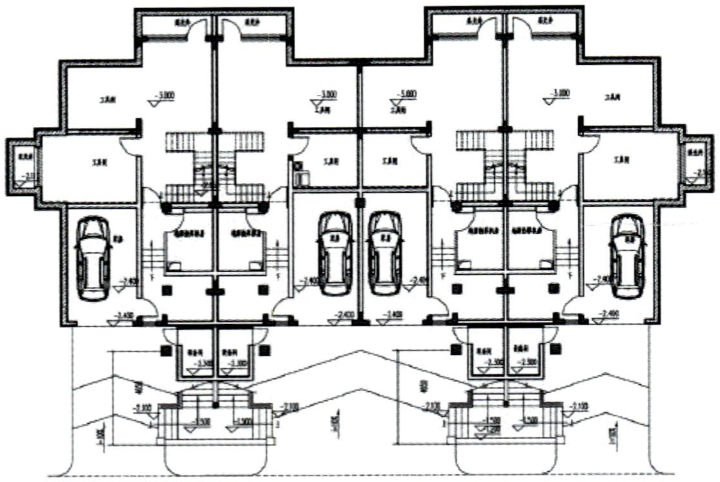

半地下室平面图

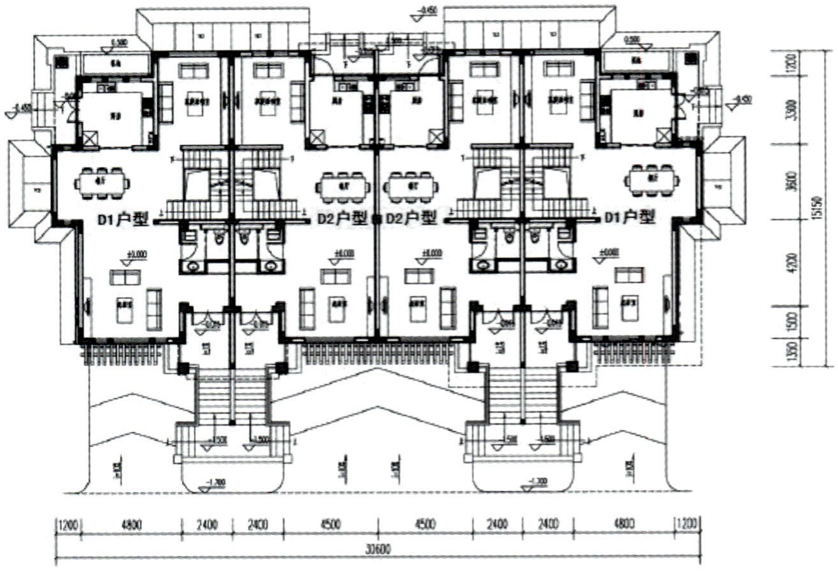

首层平面图

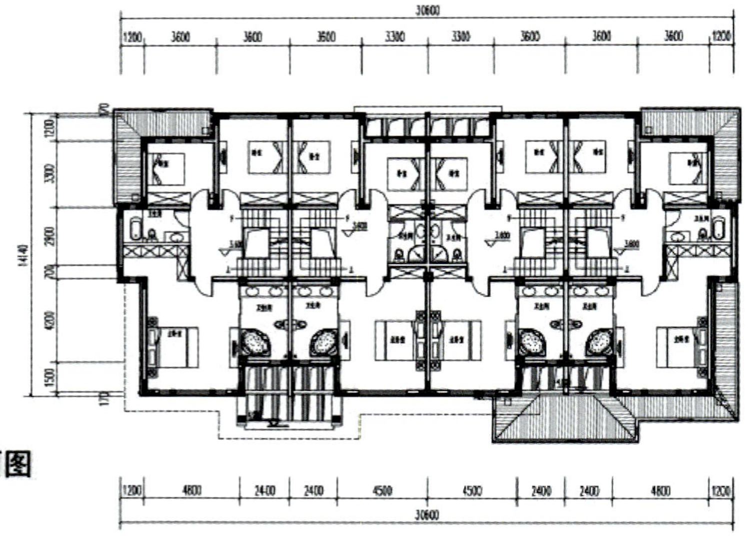

二层平面图

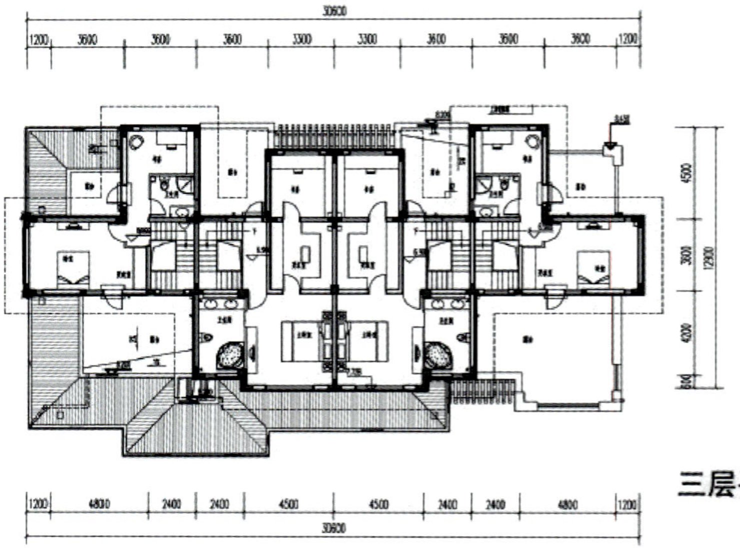

三层平面图

南立面图

北立面图

主要经济技术指标

总规划用地面积：152395.02平方米

总建筑面积：170160.70平方米

　　地上建筑面积：121916.02平方米

　　　　低层住宅建筑面积：54121.06平方米

　　　　高层住宅建筑面积：54014.09平方米

　　　　商业建筑面积：12666.54平方米

　　　　公共服务设施面积：1054.33平方米

　　地下建筑面积：48244.68平方米

容积率：0.8

绿地率：40%

建筑密度：25%

住宅总户数：730户

停车位：870个

　　地上停车位：177个

　　地下停车位：693个

中国高端品质创新典范

厦门·禹洲广场

开发单位：禹洲地产股份有限公司
建筑设计：厦门中合现代工程设计有限公司
景观设计：宁波江东泛亚艾景景观设计有限公司

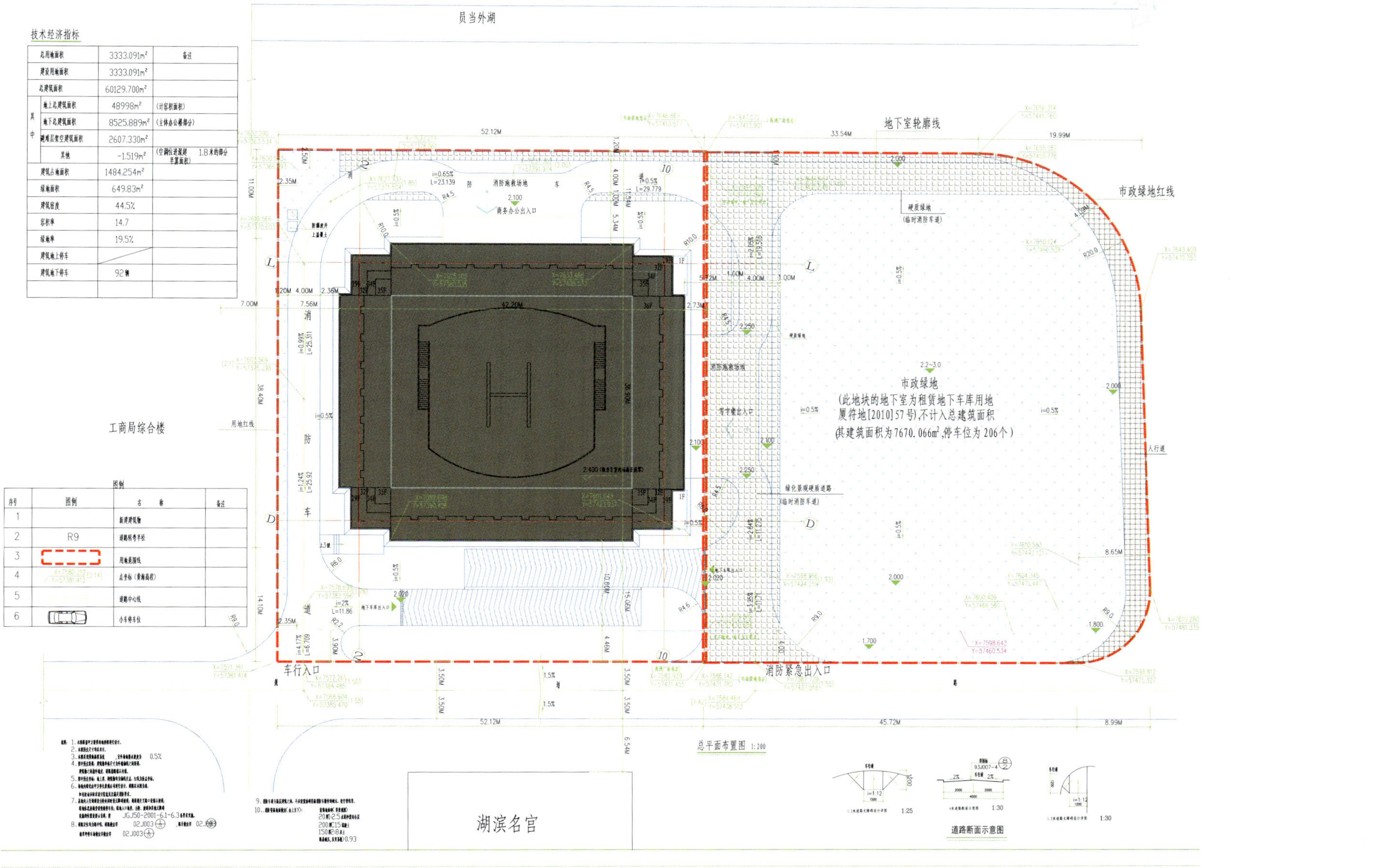

总平面图

项目概况

“厦门•禹洲广场”项目位于厦门市思明区滨北滨南CBD、员当湖休闲区、禾祥西路商业区“三区”交汇处，笕筜湖南岸首排，地处厦门城市CBD中心，周边市政府办公大楼、各大银行总部大楼、星级酒店及写字楼林立。项目定位于超5A甲级写字楼，提供国际级物业管理及星级商务配套服务，包括但不限于会议中心、企业展示中心、客服中心、员工餐厅、VIP电梯及高管梳洗间等星级商务配套服务，届时将汇聚众多世界五百强及知名品牌实力企业。

本项目总建筑面积6万多平方米，主体结构38层，建筑总高度达163米，属于超高层建筑。结构类型为钢结构核心筒体系结构。设计以“越”为主旨，展现越来越进步发展的城市形象。

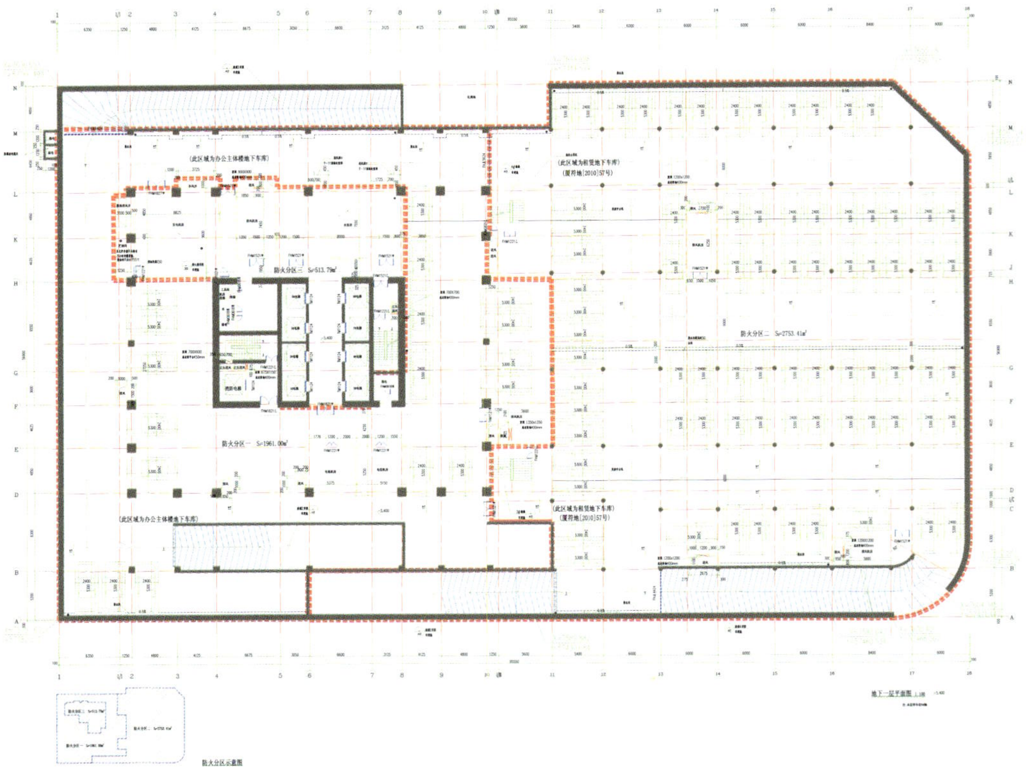

地下一层平面图

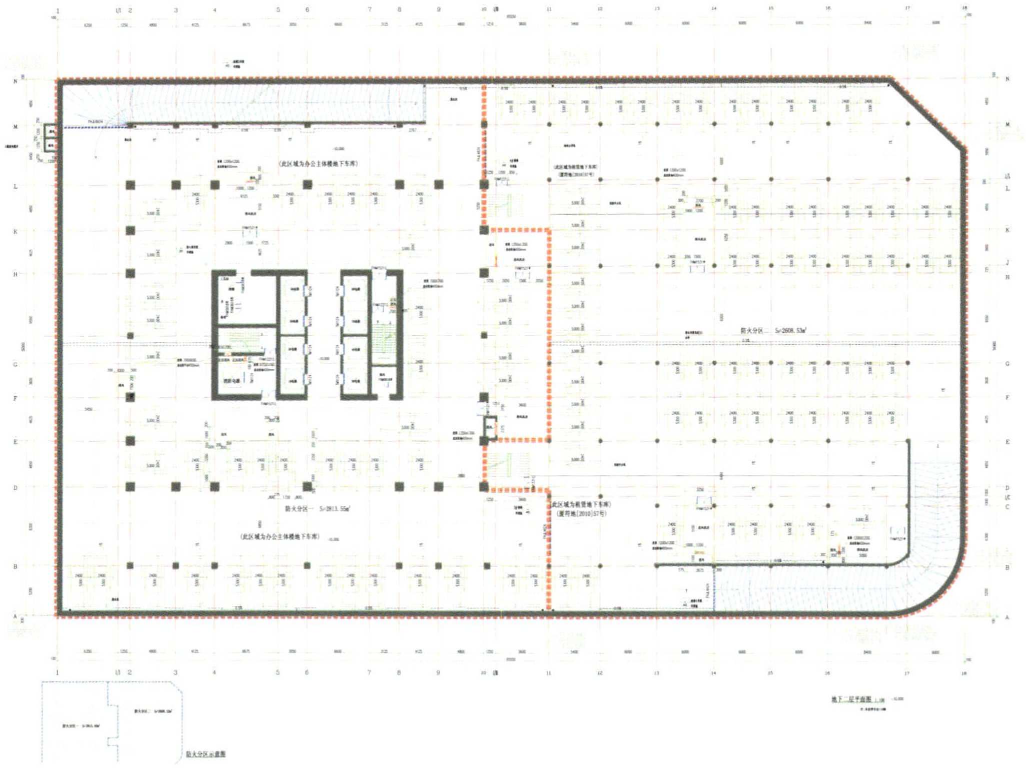

地下二层平面图

专家点评

1. 该项目位于城市滨北滨南CBD区域，立体结构38层，建筑高度为163米，力求打造展现城市新形象的城市新区地标性建筑。

2. 该项目从周边环境入手，外观设计将现代设计与厦门当地元素相结合，体型简洁有力，展现了当地城市超高层的视觉价值。

3. 该项目是地块较小的高容积率项目，采用将多样性的功能集约性设计的方法，值得提倡。

4. 该项目室内设计与功能结合，空间精细，且效果突出，体现了良好的品质感。

主要经济技术指标

主体建设用地面积：3333.091平方米
总建筑面积：60129.69平方米
　　地上建筑面积：51603.80平方米
　　地下总建筑面积：8525.89平方米
主体建筑占地面积：1484.26平方米
绿地面积：649.83平方米
容积率：14.7
建筑密度：44.5%
绿化率：19.5%
建筑总高度：163.5米
停车位：约306个

中国美丽社区创新典范

张家口 · 张垣新城

开发单位：张家口市张垣新城房地产开发有限公司
规划设计：重庆大学城市规划与设计研究院
建筑设计：重庆大学城市规划与设计研究院
景观设计：重庆大学城市规划与设计研究院

总平面图

项目概况

“张家口•张垣新城”项目位于河北省张家口市主城区桥东区胜利南路东侧。项目地块沿胜利南路南北向展开，南面为规划城市道路，北面为厂区及住宅，东面紧靠城市公园。用地整体东高西低，从西至东形成三个台地，东面为山坡。用地有良好的区位条件，是建设现代城市居住区的优良场地。规划用地面积为103802平方米，用地内有东沙河南北贯穿，整体已完成搬迁，是适合修建的小区用地。

本项目的建筑与规划设计宗旨是创造一个品质优良、绿色环保、健康舒适的居住中心，成为张家口市新生活标准缔造的又一块乐土。

专家点评

1. 该项目所在地地势有较大高差，设计充分利用三块台地，进行有效规划，如利用台地高差变化，在内部车道上设地下车库出入口，注意人车分流等，努力减少车流对居民的影响。

2. 立面风格简洁明快，具有现代风格的气息。

3. 道路系统简明，也表现出设计规划的用心与成熟。

4. 特别是绿地景观结合，利用地形高差，分成几个景观中心，通过组团绿化、退台绿化、坡地绿化形成丰富多彩的景观系统，给小区增色不少。

5. 户型设计上，各空间面积分配较适合，以一梯四户为主，节地效果较好。

现状分析图

景观分析图

主要经济技术指标

总用地面积：103802平方米

总建筑面积：327779.07平方米

　　地上总建筑面积：290333.57平方米

　　地下总建筑面积：37445.5平方米

容积率：2.79

建筑密度：21.64%

绿地率：34.32%

住宅总户数：1802户

机动车停车位：1146个

　　地上停车位：144个

　　地下停车位：1002个

总平面图

项目概况

“国韵村”项目源自于全球瞩目的2008北京奥运会运动员村，是由国奥置业倾情打造的成都高标准“国宅级别墅社区”。位于成都西南方向的新双楠高端住宅板块，属于政府重点打造的“健康宜居城区”。总占地近301亩，总建筑面积超过50万平方米，分为A、B两个地块。A地块占地199亩，总容积率约1.8，规划总户数1316户，是由联排别墅、叠墅及纯板式电梯洋房构成的大型高档社区。

本项目秉承北京国奥村“民族的国奥村、世界的国奥村”的设计理念，充分体现中华传统文化精髓，简约中式的建筑风格，从建筑线条与元素中展现精品气质，同时结合中式与川西建筑园林特色，考究地设计园林景观及建筑小品。项目配套上，为秉承国奥村品牌可持续发展的生活理念，国韵村将建设一个约10000平方米的超大奥运主题高端会馆、近7000平方米的城市绿地公园，同时引进了伊顿品牌幼儿园来打造成都首家绿色低碳高端幼儿园。

专家点评

1. 该项目是国奥置业继北京国奥村之后在成都建设的另一个高端住宅项目，它秉承中华传统文化的精髓，采用了简约的中国风格，社区内配置有大型会馆、绿地公园和品牌幼儿园，方便住户生活。

2. 该项目传承了国奥村绿色、科技、人文的规划设计理念。继续使用了多项低碳环保的创新技术，在建筑、能源、园林、艺术、材料、光电等领域都有所涉猎，特别是在建筑节能减排领域全面领先。

3. 该项目在园林景观设计方面也做出了特点，7000多平方米的园林绿地分成四个主题公园，两大主轴。有诗境园林、乐境园林、画境园林、现代中式园林，有京韵轴和奥运轴，突出传统文化主题和文旅地产特色。

4. 整体设计风格统一，手法细腻，具有浓郁的文化感。

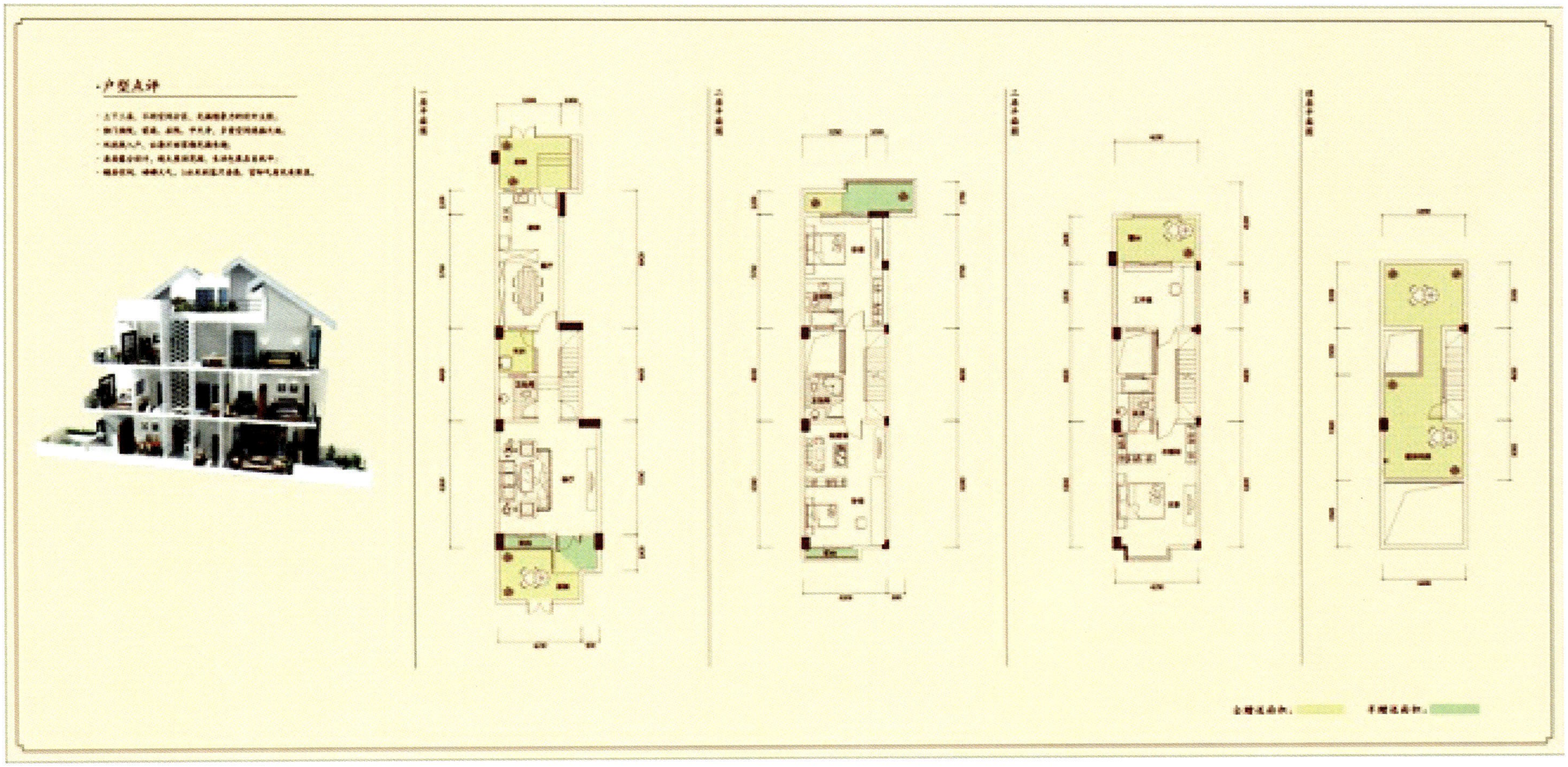

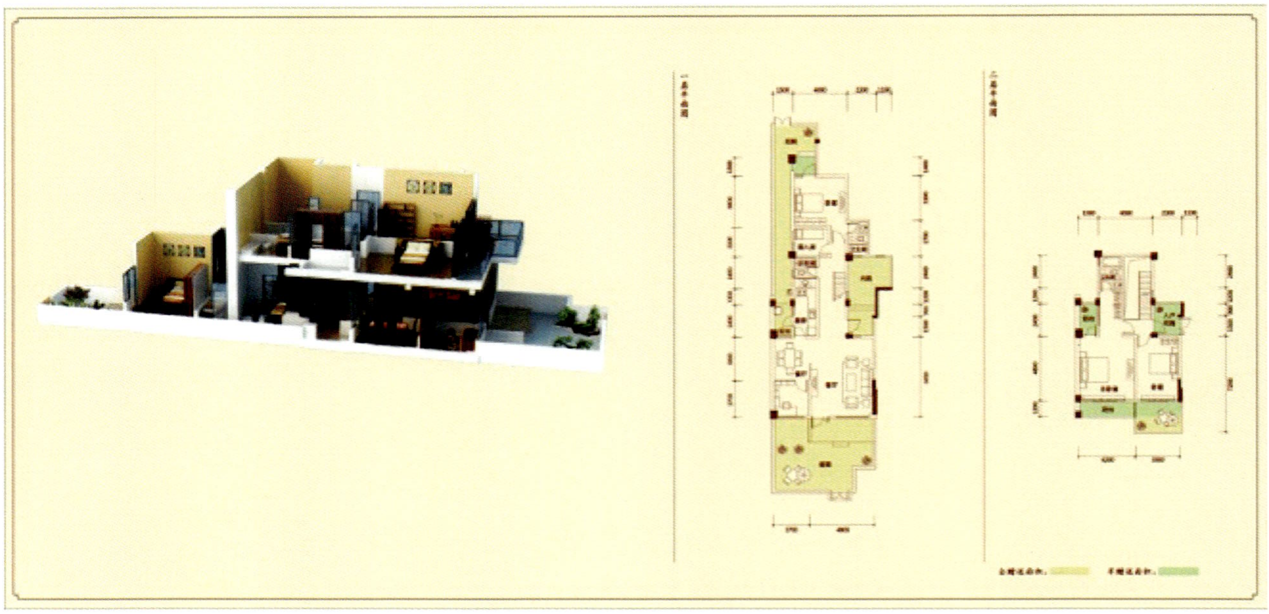

主要经济技术指标

总规划用地面积：171754.26平方米
规划总建筑面积：314189.575平方米
地上计容建筑面积：232735.705平方米
住宅建筑面积：197048.865平方米
非住宅建筑面积：14564.118平方米
其他用房建筑面积：21122.722平方米
地上不计容建筑面积：84.74平方米
地下总建筑面积：81369.13平方米
总容积率：1.754
总建筑密度：29.95%
绿化率：30.9%
机动车停车位：1970个
地上停车位：79个
地下停车位：1891个
非机动车停车位：3266个

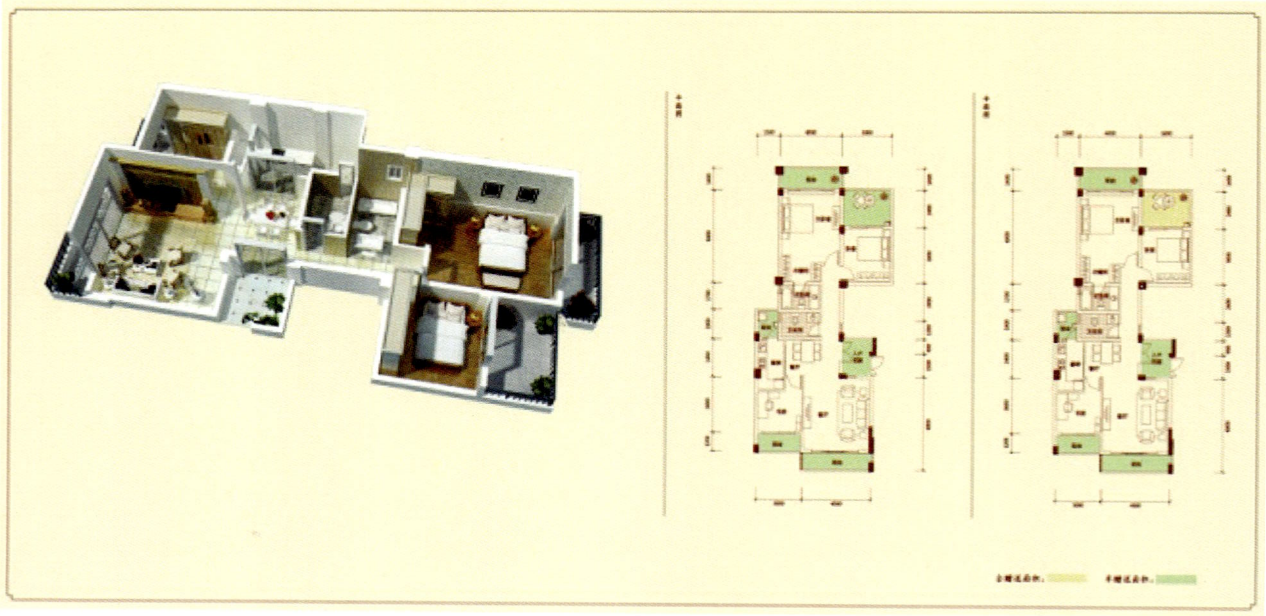

中国文旅地产创新典范

绵阳·首开·仙海龙湾

开发单位：绵阳首开兴泰置业有限公司
规划设计：北京龙安国际建筑规划设计咨询有限公司
建筑设计：四川奥地建筑设计有限公司
景观设计：宁波市风景园林设计研究院有限公司

总平面图

项目概况

“绵阳•首开•仙海龙湾”项目位于四川省绵阳市沉抗镇仙海湖东岸，地处绵阳城区近郊，距绵阳机场约20公里，老108国道、绵梓一级公路从北部穿越度假片区，属于绵阳仙海湖水利风景旅游区一个重要组成部分。

本项目分为：别墅（主要位于住宅用地范围内，其中临湖可修建独栋别墅）、五星酒店（建筑规模4.3万平方米）、商业步行街（建筑规模2万平方米，以餐饮娱乐为主要功能，位于酒店西侧地块）、酒店公寓（主要位于旅馆业用地内）及花园洋房。

本项目建设除出让用地范围内以外，另需采用18+9的方式在环湖路内租用土地范围内建设27洞高尔夫球场及练习场，球场用地面积为2700亩。

专家点评

1. 该项目地处绵阳城区近郊，虽然交通方便，但为一块原生态未开垦的处女地，有山有水，树林茂盛，适宜开发成文化旅游风景地产。

2. 规划依据基地的自然地理条件与山水格局，保持原有山头水湾，并顺应山地等高线布置若干个由低层、多层构成的组群，建筑与环境和谐相映，形成林中有物，物中有树的原生态建筑群体。

3. 规划还有机地与水体结合，水岸线为居住者提供了丰富的水景，也为旅游者创造了与自然接近的亲水良机，同时保持了山、林、水的原生态景观环境。

4. 规划充分利用自然资源，设置了生态谷地、湿地花园、运动山地、康体乐园及台地花园，为文旅地产创设了使用、休闲、健身、养生的优美节点。

5. 住宅设计采用双拼、叠拼、联排等形式与山形结合较好，配套有幼儿园、会所、客栈以及酒店、商业街等，使用生活方便。

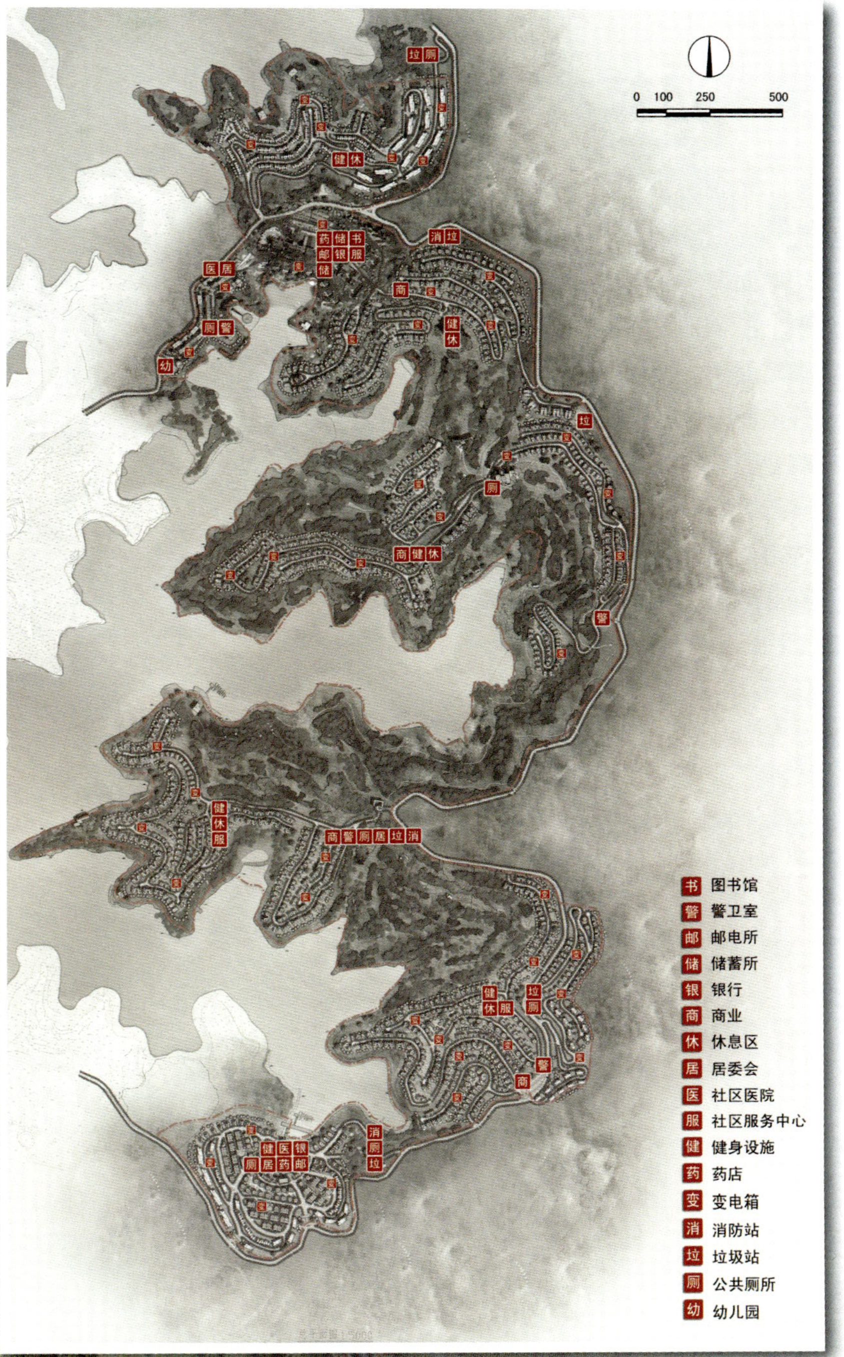

总体规划图

K

获奖项目展示

中国房地产创新推动力设计师

刘晓钟
师武军
黄晶涛
赵春水
赵　钿

中国房地产创新推动力设计师
——刘晓钟

刘晓钟

北京市建筑设计研究院有限公司总建筑师
第六设计所所长兼书记
刘晓钟工作室主任

个人简介

毕业于哈尔滨建筑工程学院，现任北京市建筑设计研究院有限公司总建筑师，第六设计所所长兼书记，刘晓钟工作室主任。国家一级注册建筑师，教授级高级建筑师，首都规划委员会专家组成员，住房和城乡建设部住宅与建筑技术专业委员会专家组成员，北京市规划学会住宅与居住区规划委员会主任委员，北京市有突出贡献专家（享受国务院政府津贴），中国建筑学会建筑师分会人居委员会副主任委员，北京建筑大学客座教授。

工作经历及相关业绩

1984年进入北京市建筑设计研究院以来，历任建筑师、设计组长、副所长、副总建筑师、第六设计所所长兼书记、刘晓钟工作室主任、院总建筑师。其设计理念及作品取得了包括住户、政府、开发商和同行在内的广泛好评，多项工程及科研成果取得奖项，其中包括国家和部级奖项6项，北京市级和地方奖项40多项，共有4项科研成果获得国家和专业奖励，参与了包括《北京市保障性住房规划建筑设计导则和指导性图集》在内的多个国家和地方规范、标准的制定，并在多个期刊杂志上发表数十篇论文。

创新理念及相关实践

倡导建筑逻辑，在遇到难题与问题的时候，在评价一个项目的成功与得失的时候，在项目创作中找不到答案和成果时，或者与开发商、市场、建筑师等多者中无法达成共识的时候，理性、逻辑思考的过程能够很好地解决问题，并且能够少走弯路，缩短前期论证和思考时间，让建筑师在产品设计上能够有更多时间，使产品达到精细化设计。

2012~2013年度个人获奖情况

1. 昌平区未来科技城南区（鲁疃村、北七家庄村、岭上村）定向安置房项目获得首都第十九届城市规划建筑设计方案汇报展优秀方案奖。

2. 《北京市保障性住房规划建筑设计导则和指导性图集》获得北京市科学技术奖三等奖。

3. 宁波银亿·上上城获得2012年北京市第十六届优秀工程设计一等奖（住宅区规划及建筑专项奖）。

4. 远洋万和城获得2012年北京市第十六届优秀工程设计一等奖（住宅区规划及建筑专项奖）。

5. 沈阳深航翡翠城获得2012年北京市第十六届优秀工程设计二等奖（住宅区规划及建筑专项奖）。

6. 南北大街1号（天津湾）B3地块获得2012年北京市第十六届优秀工程设计二等奖（住宅区规划及建筑专项奖）。

7. 银丰花园（济南）获得2012年北京市第十六届优秀工程设计二等奖（住宅区规划及建筑专项奖）。

中国房地产创新推动力设计师
——师武军

师武军

天津市城市规划设计研究院院长
正高级规划师

个人简介

1989年毕业于中国人民大学土地管理专业，获经济学学士学位。正高级规划师，国务院特殊津贴专家，天津市规划设计大师，国家注册规划师，注册房地产估价师。现任天津市城市规划设计研究院院长，兼任天津市规划委员会规划设计专业委员会副主任委员，天津市城市规划协会理事长，天津市城市科学研究会副会长，中国城市规划协会常务理事、兼职副秘书长，中国城市规划学会理事。

工作经历及相关业绩

参加工作20年来，一直在科研生产一线从事规划研究和编制工作。作为项目主持人和技术主要负责人，相继承担了天津市空间发展战略研究、天津市城市总体规划、天津市滨海新区空间发展战略研究、天津市滨海新区总体规划、天津市国土规划、天津市土地利用总体规划修编前期研究、天津市新农村建设布局规划、中心城区特色地区规划提升等一百多项重点规划研究和编制工作，理论知识、专业技术水平和项目综合组织协调能力不断提高，由他主持或参加的许多项目，都取得了创新型科研成果，对今后的规划工作起到了示范及有益的经验借鉴。近年来获得部级一等奖3项、二等奖3项，市级一等奖5项、二等奖4项、三等奖3项；发表学术论文20多篇；参加编写书籍2部。

因工作成绩突出，先后荣获天津市“九五”和“十五”立功先进个人、天津市“五一劳动奖章”、天津市优秀科技工作者等荣誉称号；入选“1385”创新型人才培养工程第一层次人选；被授予天津市规划局授衔专家获得国内外各级、各类奖项40余项。其中荣获联合国金奖1项，詹天佑金奖1项，部级一等奖1项、二等奖1项、三等奖3项、市级一等奖4项、二等奖4项、三等奖1项。

鉴于工作中取得的成绩与敬业勤业的表现，自2006年以来先后被评为局级先进工作者、迎奥运市容环境综合整治规划设计工作先进个人、2008年天津市劳动模范、2010年度局系统科技进步先进个人、全国劳动模范和先进工作者、 “十一五”期间天津市最具影响力劳动模范。2011年被授予国务院特殊津贴专家称号。

创新理念及相关实践

在国家示范小城镇华明镇的规划中，创造性地实践了“以宅基地换房”的农城化理论。提出了“土地占补平衡、财务运作平衡、农民心理平衡、生态建设平衡”的超前主张，使“华明模式”成为国家级的农城化示范乃至世界性的人居焦点。

在国家级重点项目海河教育园区的规划中，提出了“一廊两翼、生态共享、资源共享”的先进理念，并大胆提出了将体育场馆、国家职业教育试训中心以及商业配套三大功能集合设置于一幢单体内的创新设想，使这一公建项目大大节约了空间，节约了造价，节约了工期，并具有全年全时性的后期经营潜力。

作为学术带头人以及设计团队的首席主持人，出色的工作组织能力及全面的多专业学识是不可或缺的基础。曾获得南开大学MBA学位，并熟练掌握城市规划、建筑设计、景观设计等多方位的专业设计学识，这一切使他具备了在城市近期重大项目中进行团队管理、专业整合的能力。为此在华明示范小城镇规划设计、海河教育园区规划设计、泰安道地区规划设计、北塘地区规划设计等城市重点项目中，被市领导及专业部门任命为总设计师，构建设计平台，全程全专业整合管理设计团队的运作，使规划理念自始至终地贯彻在城市规划、建筑设计、市政设计、景观设计乃至室内设计的全过程之中，从而保证了时间，保证了品质，保证了城市发展的科学严谨。

2012~2013年度个人获奖情况

2012年10月，荣获由天津市人才工作领导小组颁发的“天津市规划设计大师”称号。

中国房地产创新推动力设计师
——赵春水

赵春水

天津市城市规划设计研究院副院长
正高级规划师

个人简介

1992年7月毕业于中国大连理工大学建筑学专业，获学士学位；2002年3月毕业于日本名古屋工业大学景观建筑专业，获硕士学位；2005年3月毕业于日本名古屋工业大学景观建筑专业，获博士学位；正高级规划师，中共党员，现任天津市城市规划研究院副院长，总建筑师；日本环境行为学会理事，天津规划协会理事，中国风景园林历史研究分会组委，《时代建筑》杂志理事，南开大学客座研究员，天津市勘察设计大师。

工作经历及相关业绩

2008年担任建筑分院院长以来，以推进天津又好又快发展、构建和谐社会为己任，充分发挥留学优势，带领设计团队积极投身市重点工程建设和灾区援建项目，坚持用国际眼光作设计，精益求精地打造高水平建筑设计成果。

2008年任建筑分院院长后，充分发挥建筑设计优势，把承担市重点项目作为重要责任与使命，团结带领干部职工积极投身市重点建设工程。认真贯彻落实市委、市政府实施民心工程的决策部署，近年来，分院先后承担了市经济适用房、公租房、廉租房、还迁房等一大批建筑设计任务，总建筑面积约400万平方米。2009年以来，先后承担了海河教育园区电子信息分院、市文化中心图书馆、泰安道五大院中的二号院（综合商业体）、四号院（超五

星级酒店）等建筑设计任务。面对标准要求高、技术难度大、工期紧迫的市重点项目，运用在国外系统学习和掌握的先进理论、专业理论和设计手法，高质量地进行现场勘察与调研，严密组织技术精英攻坚克难，不断地创新设计思路与表现形式，密切协同多专业形成整体合力，广泛借鉴国内外高水平成果以拓展视野，加强与境外多家高水平设计公司进行强强联合，优质高效地实施施工指导和现场服务，不仅不间断地打造出一批批设计精品，而且在建设服务中也体现出了高水平，得到各级领导、专家学者、建设施工方及人民群众的普遍好评。文化中心及五大院设计项目，在打造城市“名片”、完善城市文化与载体功能、提升天津城市形象中，发挥着重要作用。文化中心图书馆的钢结构设计采用国内首创的“交错桁架”体系，通过技术创新为图书馆创造了丰富内部空间，建成和使用效果得到专家一致好评，该项技术成果已经申请国家专利并通过住房和城乡建设部的课题验收，实现了“国际一流、国内领先”目标。

近年来，由他主持或组织指导的规划设计成果多次获奖，华明镇项目获得由“科技部、建设部、交通部、铁道部”联合颁发的国家级“詹天佑大奖·金奖”、帝景豪庭项目获“詹天佑金奖”，和苑住区定向安置用房项目获“詹天佑金奖”；另外，累计获得天津市优秀设计特等奖1项、一等奖2项、二等奖5项、三等奖多项。有20多篇论文在核心刊物上发表或在国际学术会议上交流。2009年，获得天津市“青年服务之星”称号；2010年，被评为市规划局“十佳青年”；2011年，被评为市“奋战900天市容整治先进个人”；2012年被评为市级“文化中心建设先进个人”。

创新理念及相关实践

2006年从日本回国后，先后主持和参与完成了建设部部级课题3项，独立完成委局级课题2项，院级课题多项；其中主持完成的《天津城市色彩规划研究》荣获2009年规划院优秀科研课题第一名，并参加了文化中心图书馆钢结构部级课题研究。在国内外学术期刊上发表了多篇论文，其中EI、SCI收录2篇，翻译的译著《 赫尔佐格·德穆隆（第二集） 》2010年10月由中国建工出版社出版，博士论文《中国园林和日本园林的比较研究》被日本国立图书馆收藏 。

从事规划、建筑、景观设计研究工作20多年。作为专家2005年1月受邀在名古屋都市会馆发表“中国日本园林建筑比较研究”讲演；2005年7月在日本参加了名古屋港区色彩设计研讨会，会议就街路景观的杂乱与秩序做专题发言；2006年2月作为日本设计专家受邀参加上海芦潮港规划及景观建设研讨会，就海岸人工景观做了专题发言；2006年10月参加国际行为环境学会年会，就中日园林空间比较做了专题发言；2007年1月受邀作为专家评委在天津参加了汉沽区茶淀镇概念规划和建筑设计方案评选工作、参加汉沽区蓟运河景观概念规划评审；2008年1月受邀作为景观专家评委参加东丽湖景观评审； 2009年2月参加天津文化中心图书馆投标，与日本山本理显事务所合作中标、受邀作为景观专家评委参加西青区公园景观评审、参加天津地铁标识系统方案评审工作、参加人民公园景观评审工作；2012年受邀为《中国建筑设计年鉴》编撰委员会特邀编委。

在规划设计、建筑设计及景观设计方面有较高造诣，将在国外所学设计理念有机地结合中国地域特色，灵活运用到实际工作中，取得了非常好的效果。先后对天津市城市色彩、天津市环境景观、天津市城市规划设计进行了较深刻的比对、研究，并为天津市城市设计借鉴国外先进手段献言献策，2007年2月主持完成华明镇景观规划设计，其中应用生态水处理技术，利用生活污水处理提供景观用水，在天津居住区首次实现污水回用；2008年7月主持完成迎奥运环境综合整治——南京路环境设计，其中创新的应用垂直绿化技术，实现较好的经济效益和社会效益 ；2012年10月开发的“一中钢管柱与钢梁隔板贯通式连接节点”技术 ，获得实用新型专利一项（专利编号：2439250）。

在六年的工作实践中，累计主持或参与完成规划项目26项，建筑项目95项，其中市级重点项目20余项，参加重大项目国际设计招投标11次中标7次。

2012~2013年度个人获奖情况

2012年10月，荣获由天津市人才工作领导小组颁发的“天津市勘察设计大师”称号。

2013年7月，“天津图书馆”获得由天津勘察设计协会颁发的2013年“海河杯”天津市优秀勘察设计特别奖。

中国房地产创新推动力设计师
——赵　钿

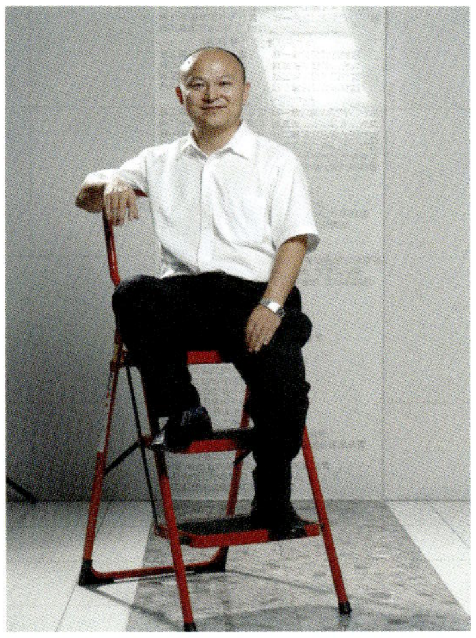

赵　钿

中国建筑设计研究院居住建筑事业部主任

个人简介

赵钿，1994年毕业于清华大学建筑系，建筑学学士；1997年获清华大学建筑学院建筑学硕士学位；曾任中国建筑设计研究院建筑四室主任，现任居住建筑事业部主任，高级建筑师。致力于中小户型住宅的精细化设计和住宅产业化的推广，并为多家知名房地产开发企业的产品标准化进行研究，将规划、设计、内装、部品和工艺进行整合，逐渐探索出一条使居住环境整体品质不断提高的设计之路。

工作经历及相关业绩

1997～1999年，邮电部北京设计院 助理建筑师；

1999～2004年，北京市建筑设计研究院 建筑师、一级注册建筑师；

2004～2006年，北京九夏设计公司 设计总监；

2006～2012年，中国建筑设计研究院 建筑四室主任、高级建筑师；

2012年至今，中国建筑设计研究院居住建筑事业部主任、高级建筑师。

从业16年，主持设计过多个大型综合型居住项目，如北京万科・蓝山、北京顶秀美泉小镇、北京远洋一方、北京融科・香雪兰溪、乐山五洲汉唐、大连奥林匹克花园、开封郑开・森林半岛等项目，并多次获得全国和省市奖励，其中北京远洋一方项目获得北京市优秀工程二等奖，顶秀美泉小镇项目获得2010年广厦奖，大连开世嘉年项目获得2007年创新风暴中国住区建筑设计·创新示范奖。

创新理念及相关实践

1. 住宅的精细化和产业化是住宅发展的方向。当前市场上绝大多数的毛坯房住宅，对于人口结构、家庭构成、使用习惯、居家物品储存等关键问题少有关注。而只有住宅的精细化设计，真正地去研究社会发展、生活模式、居住习惯、家庭变迁等因素，才能满足人们不同的居住需求；同时要采用新技术、新材料、新方法，尽可能地提高居住的方便性、功能的合理性、尊重居住者的尊严、满足人们对高品质住房的要求。

2. 改变目前的住宅设计方式。要把社会调查与市场调查结合起来，把建筑设计与室内设计结合起来，把设计与部品供应和施工安装结合起来。只有这样的住宅，才是产业化的住宅，才有可能是低成本、高品质的住宅。

3. 住宅设计要关心居住者的需求。不仅是物理空间的需要，还要关心居住者的社会、心理、交往等方面的需求。

4. 住宅设计还应重视市场需求，全面平衡各方面的需要，最终回归到居住者本身的需要。通过对产品的研究，提高住宅的品质。

2012~2013年度个人获奖情况

2012年，秦皇岛海港区西部旧城改造3号地块获得由中国建筑设计研究院颁发的方案设计（住宅类）三等奖。

获奖项目展示

中国房地产创新力设计师

段　猛
程开春
王　涛

中国房地产创新力设计师
——段　猛

段　猛

中国建筑设计研究院人居环境事业部主任、总建筑师

个人简介

段猛，1994年毕业于天津大学建筑系，建筑学学士；1997年毕业于同济大学建筑城规学院，建筑学硕士；2003～2004年获选“百名中国建筑师在法国”文化交流项目，入法国里昂建筑学院及巴黎中国现代建筑观察站研修；2010年获中国建筑学会第八届青年建筑师奖；国家一级注册建筑师，国家注册城市规划师，教授级高级建筑师；现任中国建筑设计研究院人居环境事业部主任，总建筑师。

工作经历及相关业绩

1997～2002年，中国建筑设计发展研究中心、住房和城乡建设部居住建筑与设备研究所、建筑师。

2002～2012年，中国建筑设计研究院、国家住宅工程中心历任建筑师、主任建筑师、设计所所长、副总建筑师、中心副主任。

2012年至今，中国建筑设计研究院人居环境事业部主任。

作为课题负责人，完成《北京市公租房设计指南》编制；作为项目负责人，完成北京华电产业园综合体，25万平方米；作为项目负责人，完成临沂花半里规划设计项目，20.7万平方米。

创新理念及相关实践

人居环境整体设计：关注人与自然，建筑与城市，现代与历史等要素的整体关系，关注绿色技术的系统性应用，致力于通过规划、建筑、景观一体化的方式，为客户提供有效而新颖的整体性解决方案，实现环境的品质提升与土地的价值增长。

相关实践：临沂花半里，山东开元上城，北京西三旗新馨苑等。

2012～2013年度个人获奖情况

2012年，《公共租赁住房标准化设计体系建设》获得由中国建筑设计研究院（集团）颁发的科技进步二等奖。

中国房地产创新力设计师
——程开春

程开春

中国建筑设计研究院人居环境事业部
副主任、教授级高级建筑师

个人简历

程开春，中国建筑设计研究院人居环境事业部副主任、教授级高级建筑师。参加工作后致力于住宅设计与研究，在小康住宅、经济适用房、震后安居工程、社会保障房、老年住宅、工业化住宅等我国住宅发展的各个重要阶段及领域都留下了他坚实的足迹。从事建筑设计20年，肩负着推进我国住宅产业现代化的重任。有较强的使命感，在此方面积极进取，做出了显著成绩，也表现出一名建筑师的务实、奉献精神，是一名具有发展潜力的建筑师。

工作经历及相关业绩

1993年8月～2001年8月，中国建筑技术研究院、居住所设计室主任；
2001年9月～2012年3月，中国建筑设计研究院国家住宅工程中心设计所所长；
2012年4月至今，中国建筑设计研究院人居环境事业部副主任；
2004年取得国家一级注册建筑师资格，2011年取得教授级高级建筑师资格。

创新理念及相关实践

思想活跃，在居住建筑领域成绩突出。能够完美地协调好住区设计中住宅品质、场地、城市、经济的关系，快速获得甲方认同并形成长期合作关系。以专业的水准和谦虚的态度影响了整个团队，对技术精益求精，对同事热心帮助，经常有点睛之笔给别人以启示，在团队中有很高的威信和号召力。有较强的使命感，积极进取，主要从事住宅研发和设计相结合的工作，以研发为先导，并通过住宅与居住环境的工程项目规划设计，及时将科技成果进行工程化的转化应用。完成了建设部试点小区、国家小康住宅示范工程、国家康居示范工程、工业化住宅推广示范项目等众多住宅小区的规划设计。

2012~2013年度个人获奖情况

2012年12月，获得由北京市规划委员会颁发的“北京市第十六届优秀工程设计师一等奖”。

中国房地产创新力设计师
——王　涛

王　涛

北京戴维德建筑设计有限公司
董事长、总经理

个人简介

王涛，北京戴维德建筑设计有限公司董事长、总经理。重庆建筑工程学院建筑学专业，清华大学研究生毕业，美国弗吉尼亚大学建筑学专业留学，曾先后任职于清华大学建筑设计研究院、美国DAVID建筑事务所等国内国际著名设计公司。中国风格、中式设计理念的倡导者、践行者，尤其以中式别墅设计闻名业界，长期于美国、日本、法国、德国、英国、意大利、新加坡、马来西亚、中国香港等地进行学术交流及建筑考察。

工作经历及相关业绩

1995年9月～1999年6月，任职于中铁工程设计研究院，担任建筑师；

1999年6月～2006年11月，任职于美国DAVID建筑事务所，主创建筑师，2004年开始担任北京地区CEO；

2006年11月至今，担任北京戴维德建筑设计有限公司董事长、总经理；担任清华大学客座教授，高级建筑师。

代表作品有：优山美地中式别墅、如山湖城、韩愈唐代文化产业园、曹雪芹文化园、宣颐王府、山西七佛山唐宋文化园、长治观音堂明代文化产业园等。曾在中式别墅设计和中国历史文化园区规划设计领域提出过许多独到观点，对行业发展具有一定影响力。

创新理念及相关实践

在多年的工作中培养了深厚的专业功底和良好的职业素养。在坚持不懈的建筑设计实践中，兼容并包，学贯中西，一直致力于不断开拓中国设计的新空间、新境界，终于在中式建筑的研究领域实现重大突破，通过对中国传统民居建筑的继承与创新，通过对本土文化的关心与关注，寻求到了传统文化与现代生活的契合点，力求创造适合中国人居住的建筑形式。民居是一种文脉，是民族文化渊源延续的一个方面，中国民居建筑在世界上独树一帜，是世界建筑百花园中一朵奇葩，然而随着中国现代化进程的发展，国外建筑设计思潮的涌入以及中国民居建筑设计近年来缺乏创新和发展，使得中式民居设计的路子越走越窄，甚至出现了断层，市场和建筑设计界热切期待真正适合现代中国人使用的中式民居出现。秉承着对中式建筑的热爱以及创新明确了“重其意，而不是仿其行，并且要有所创新”的指导思想，在此思想指导下“北京优山美地”项目应运而生。“优山美地”项目于2004年竣工后，市场反应良好，其设计也获得很多荣誉，受到了专家和用户的一致好评，取得了巨大的经济效益和社会效益。

2012~2013年度个人获奖情况

2012年，主持设计的“乐亭中医院”荣获全国医院建筑勘察设计一等奖。

2012年，荣任中国建筑学学会会员、《建筑师》杂志理事、《ARCHINA建筑》中国理事、《新建筑》理事。

M

获奖项目展示

中国房地产推动力人物

张敬东

中国房地产推动力人物
——张敬东

张敬东

国奥控股集团股份有限公司
董事长、总裁

个人简介

张敬东，中共党员，北京市政协第十二届委员会委员。现任国奥控股集团股份有限公司董事长、总裁，北京市青联委员。曾负责“2001年世界大学生运动会”运动员村及“2008年北京奥运会”国家体育馆、国奥村等国家级重点项目的开发建设，并陆续荣获各级各类重大荣誉奖项。

创新理念

以文化创新团队建设

张敬东认为国企要想取得快速健康发展，需要突破老国企层级对应关系的阻碍，在机制创新上有所作为。因此，国奥集团特别注重企业的个性化成长，不强调企业的级别，而强调企业在社会职能与城市功能等方面的贡献。同时重视产品经营的市场化、资本化运作。

首先，在精神创新层面，带领员工读懂北京精神和奥运精神：爱国就是爱大局、爱企业、爱自己的本职工作；创新就是让企业和个人的成长能够更快、更高、更强；包容就是团结、友爱、互助、配合的团队协作精神；厚德就是做事先做人，做好事先做好人。

其次，在管理创新层面，提倡管理凭三高，高知、高效、高兴；做事凭三气，骨气、义气、运气；过程靠“四二”、“三力”保成功（责任没有二人，配合没有二心，服从没有二话，失误没有二次；理解力、执行力、承受力）。从而使集团每一个人真正做到“拿事当事，说话算话，讲情讲义，有理有节”，实现从过去“我干了，真干了，认认真真干了，”到现在“干成了，干明白了，干到位了”的转化。

最后，在人才创新方面，从青年创业、学习型企业抓起，把国奥集团变成青年人实现创意成果、开始内部创业的创新基地，以国奥集团理解的集城市建设、城市文明、城市配套于一体的房地产业为舞台，培育一批集城市建设、商业服务、文化艺术、金融资本、品牌研发于一身的复合型人才，为企业发展不断积蓄后劲。

通过以上机制创新，国奥集团焕发出了超越过去不少国有企业的强大执行力，先后开发建设的国奥村、国家体育馆均荣获了中国建筑业工程质量最高荣誉“鲁班奖”及在科技创新和应用上代表国内同类工程最高水平的“中国土木工程（詹天佑）大奖”。

国奥村还荣获了具有国际影响力的美国LEED-ND绿色建筑环保金奖。集团先后获得中共中央、国务院颁发的北京奥运会残奥会先进集体、上海世博会先进集体等荣誉称号。2009年，集团曾以综合排名第84位的优异成绩，荣登“2009中国大型房地产业与建筑业500强”。

以文化重新定义房地产业

张敬东认为改革开放走过了30多年，房地产业也已完全突破了过去那种陈旧的“圈地——盖房——卖房”模式，越来越服务于国家政策、区域文化以及城市功能的需要，越来越体现为城市建设、城市文明与配套服务高度集成的城市运营综合服务产业。

作为完成奥运产业投资在后奥运经济中迅速发展起来的年轻企业，国奥集团在“北京精神”的指引下，以向具有前瞻性的城市区域运营商转型为己任，已把公司历经奥运和世博检验、融合了奥运文化、民族文化和地域文化的首都地产品牌（国奥村、国韵村、国惠村、国奥城、国奥乡村），拓展到了重庆、成都、桂林、银川、南昌、厦门等10余个城市。

国奥集团区别于其他开发企业主要在于奥运背景，在于对奥运文化、民族文化的坚持与弘扬；在于全面理解和贯彻落实党和国家关于城市开发与城乡一体化建设等政策要求；在于发挥“绿色、科技、人文”奥运经验优势，建设生态城镇、智慧城镇；在于与老百姓相伴，随共和国成长，打造中国地产国家队。

国奥集团以“三让”为产品经营理念（让有限的资产变成无限的资源，让一次性投资变成永久收益，让不动产动起来），制定标准化产品规范。以理念创新、方案创新、合作创新为龙头，以设计、建造、推广标准为过程，用丰富的标准化商业业态，用“三全制”物业管理（全空间、全日制、全生命周期），用产业经营型的服务为开发收尾，真正实现有形建筑与无形服务的全方位的有机结合。

国奥人希望能够全面弘扬“绿色、科技、人文”的北京奥运遗产，在全国打造一批国奥特色的创意建筑、创意社区、创意品牌。通过打造出丰富创意型产品，充满新意的稳定品质，内涵高雅的产品品位，体现这个时代年轮的品格。向业界声明：国奥对这个本应充满智慧、肩负重任的行业一定饱含忠诚、铸造精品，将文化地产前行到底。

以文化创新城市运营服务

张敬东认为过去的房地产业习惯于大拆大建，光考虑建房、卖房，而对配套服务产业考虑甚少。因此，在建设服务型社会的大形势下，国奥集团将自己定位为城市区域运营商，更多地考虑有形建筑与无形服务的融合，考虑通过文化创意产业形成未来的城市文化与城市精神，通过建立健全标准的、规范的、密集的城市运营服务体系解决普遍存在的找人、找关系问题，通过服务创新为全国的城市开发运营服务。

首先，结合不同区域、不同城市的实际情况，搭建强大的运营服务资源库。国奥集团以房地产业为平台，不仅与上游的金融、银行、基金、资产管理公司、教育、医疗等广泛整合，而且与下游的设计、施工、材料供应、物业服务、商家、新能源新技术等进行全面结合，初步形成全面覆盖的城市运营服务资源库，形成独具特色的商业产业基地，以规范化、菜单式服务，满足小到住宅社区、大到城市综合体的不同层次、不同规模的运营需求。

其次，结合创业实际，增强创新意识，从产业集合做起，在各产业板块全面混搭、有机合成后，找到创新的盈利模式，找到新的经济增长点。不断完善和提升国奥现在的服务组合：通过各地连锁开发与经营，为客户提供“生产、生活、生态”三生合一的优质服务；打造产业基地的集合，建设新型城市综合体；探讨并实践国奥特色的社区商业模式，以商业联盟为核心，打造连锁、贴心、高质的商业业态组合；实践全日制、全方位、全生命周期为核心的“三全制”物业管理，走向与业主共赢共荣的综合物业服务；将新农村建设与旅游度假、特色文化创意产业有机融合，打造创新型的文化产品，为振兴民族经济与民族文化服务。

个人荣誉

2001年，荣获“第21届世界大学生运动会组委会特别贡献奖”及“先进个人”称号。

2005年，“张敬东青年突击队”被共青团北京市委评为北京市优秀青年突击队。

2006年，荣获第三届北京市优秀青年企业家银奖。

2007年，获得北京市总工会授予的首都劳动奖章。

2008年，被中共北京市国资委评为“优秀共产党员”。

2008年，被中共中央、国务院授予“北京奥运会残奥会先进个人”荣誉称号，被北京市委、市政府授予“北京奥运会工程建设功臣”荣誉称号。

2010年，获得上海世博会先进个人荣誉称号。

N

获奖项目展示

中国商务地产创新领军企业

金融街控股股份有限公司

中国商务地产创新领军企业

金融街控股股份有限公司

企业简介

金融街控股股份有限公司（股票代码：000402），是一家以商务地产为主业的大型国有控股公司，2000年在深交所上市。

截至2012年末，公司总资产达到700亿元，净资产约198亿元，累计开发面积超过千万平方米，其中商务地产比例超过70%。通过对北京金融街、德胜科技园、金融街通州商务园、北京广安产业园、天津金融城、重庆江北嘴金融中心区、重庆观音桥商业区、惠州金海湾滨海休闲度假区等区域的开发运营，公司形成了在城市运营和区域开发领域独特的竞争优势，成为国内领先的商务地产开发企业。

十多年来，通过持续深入开发建设北京市主金融中心区——北京金融街，它已成为集决策监管、资产管理、支付结算、信息交流、标准制定为一体的国家金融管理中心。截至2010年底，入驻金融机构及大型企业总部1500余家，年度税收贡献超过千亿元。2008年，金融街中心区荣获“全球土地协会开发大奖”(ULI奖)。

目前，金融街控股股份有限公司拥有14家全资及控股子公司，分别在北京、重庆、天津、惠州等地投资并开发房地产项目。

创新理念

做中国商务地产的领军企业，是金融街控股的发展目标。

在业务发展模式上，金融街控股逐渐形成了以商务地产开发为主导，适

当持有优质物业，快速销售型项目为补充的发展方式。截至目前，公司在全国多个主要城市拥有30多个房地产开发与自持物业经营项目。

2013年8月3日，为完善商务地产开发和区域运营的发展战略，树立企业在中国商务地产开发的领军地位，金融街控股正式发布其商务地产全国服务体系，这套被称为“4C资产管理服务体系”的系统涵盖了资产管理、写字楼商务服务及物业和生活服务的全范畴。

所谓4C即指四个服务中心——商务服务中心、资产管理中心、生活服务中心和物业服务中心。金融街控股希望通过这四个服务中心的建设，为其未来商务地产产品客户，尤其是中小微企业类客户的精细化需要提供全面的服务。

C是英文Center的缩写，在4C资产管理服务体系中即指以客户服务为中心。金融街控股以全国统一的标准建设这四个服务中心，包括统一的形象、统一的前台接待、统一的客户服务热线、统一的基本服务标准。这是突破过往整售型写字楼的开发经验，为中小企业类客户而准备的。在使用方面，它有助于提升办公人群商务和生活的舒适性；在投资价值方面，统一的管理和售后体系，也必将使其凸显出超越其同类型写字楼的资产增值能力。

以商务服务中心为例，其体系标准中包括日常商务如打印、复印、会议室租赁基本功能服务，同时配以专业印务、翻译、设备租赁等增值服务。其服务内容范围足以满足客户日常商务、中小型会议等需求。

再以资产管理中心为例，为方便中小企业、投资型客户的资产管理，金融街控股在此中心体系建设标准里涵盖了租赁、买卖、相关证照办理、税务登记等基本服务内容。

从地产的开发到城市功能的完善，依托北京金融街的资源和品牌优势，金融街控股形成了独特的“金融街模式”即地产开发与产业打造并重，地产是平台，产业是核心；通过房地产开发和产业打造，促进经济发展，提升区域价值。

在企业发展过程中，金融街控股始终坚持经济效益和社会效益并重，在实现企业快速发展的同时，遵循社会公认的商业伦理和准则，与客户共同成长、为股东带来良好的回报、支持社会公益，实现了企业与利益相关者的协同发展，为社会的发展做出了积极贡献。

2013

《创新风暴·中国房地产创新典范》品牌推介活动简介

品牌推介活动

“创新风暴·中国房地产创新典范”品牌推介活动简介

历届活动说明

由原《中国建设报·中国楼市》（《中国建设报·中国住房》的前身）与住房和城乡建设部多家权威机构共同主办11届的“创新风暴”系列活动。以其权威性、公正性与专业性在业界获得了良好的口碑。

1999百龙杯“新户型时代”全国精品户型设计夺标活动

这是国内首次举办的权威户型创新设计活动，上海万里居住区、北京万科城市花园、嘉和丽园、水清木华园、万泉新新家园，苏州运盛美之国，南京月牙湖花园等一批项目在此次活动中脱颖而出。

当时的建设部副部长宋春华指出：户型设计是住宅设计中很重要的部分，住宅设计水平对提高整个住宅建设水平意义深远。

原建设部副部长、中国房地产业协会会长杨慎这样评价：户型设计是住宅建设整体水平提高的关键环节，相信通过这次活动，能为我国住宅设计水平再上新台阶起到积极的推动作用。

“创新风暴·2000全国住宅设计暨精品智能社区夺标”活动

“创新风暴”活动及其倡导的住宅设计理念迅速席卷大江南北，南方企业成为这次活动的主力并囊括了许多重要奖项。推出了深圳金海湾花园、上海新时代花园、北京太阳园、上海康桥半岛、郑州中房绿云——文博花园、上海秋月枫舍等历久不衰的经典项目。

原建设部副部长、中国房地产业协会会长杨慎评价：“创新风暴”活动不仅评选出全国一大批优秀项目，更为重要的是在全行业提倡了创新精神。

《北京晚报》年终评选“房地产行业年度10件大事”，以上两项活动均在其列。

《成都商报》头版报道本次活动论坛为“2000年中国房地产业财富论坛”。

“创新风暴·2002中国住宅设计创新夺标”活动

权威机构主办、主流开发商参与、国家级专家把关、专业化媒体承办，从多个环节保障了2002年中国住宅创新夺标活动的权威性、公正性和专业性，并使“创新夺标”活动具有了空前的行业高度和品牌衍生性。房地产品牌企业组团参赛，有力地推动了大型企业的战略扩张及品牌提升。组团参赛的主要企业有：万科集团、万达集团、金地集团、华润置地、华新国际等以及阳光100、广西万通、北京当代、西安高科、深圳华侨城、苏州太湖之星、大连亿达、大连万恒、吉林亚泰、武汉城投、青岛城建等跨区域开发企业及当地龙头房地产企业。

原建设部副部长、中国房地产业协会会长杨慎在颁奖现场评价：创新是民族的灵魂，创新是永恒的主题，创新是推动房地产业持续发展的力量源泉，在目前这样一个房地产大发展的关键时期，创新精神尤其需要肯定和鼓励，“创新风暴”活动将创新主题推到了一个前所未有的高度。

原建设部副部长、全国政协委员、中国土木工程学会理事长谭庆琏在颁奖现场评价：活动严谨、周到、档次很高，确实是站在为建设部重点工作服务、为我国住宅建设服务的高度进行的，其意义不仅在于选拔代表行业先进水平的优秀项目，更重要的在于它的推广和共享活动。

“创新风暴·2003中国住宅设计创新夺标”活动

本届“创新夺标”活动云集了中国房地产的众多品牌企业及金牌项目，上海金地·格林春晓、上海康桥水乡、上海水清木华、南京万科金色家园、重庆阳光100·国际新城、天津顺驰半岛系列·半岛·蓝湾、华侨城波托菲诺·纯水岸、苏州天邻风景、北京万万树独栋庭院等获得了创新示范楼盘大奖。

原建设部副部长、中国房地产协会会长杨慎评价：通过创新活动的推动，我们的住宅质量一次比一次高，创新内容一次比一次新，创新影响力一次比一次强，创新效果一次比一次好，从而对全行业整体质量的提高和技术进步起了重要的促进作用，深受企业的欢迎和社会的认同，成为行业中具有持续影响力和良好口碑的一项活动。

原建设部副部长、全国政协委员、中国土木工程学会会长谭庆琏在颁奖时说：坚持可持续发展道路，保护生态环境，是“中国住宅创新夺标活动”的主要目的。

“创新风暴·2004中国优秀住宅推介”活动

跨区域的品牌集团旗下楼盘集体参评仍是“创新风暴”活动的主旋律，如万科、中海、金地、华新国际、绿地、大华、上实、中体奥林匹克花园、阳光100、顺驰等。各地公认的创新型明星楼盘积极参评构成“创新风暴”活动的另一道风景，如北京的CLASS·建于果岭的上层建筑、北京棕榈泉、上海康桥水乡、上海月光流域、天津海逸长洲、天津时代奥城、深圳香蜜山等。

原建设部副部长、中国房地产业协会会长杨慎说：作为历届活动的参与者和见证人，我深感这项活动对行业发展所起的促进作用日益彰显，参与面广，凝聚力强，已成为企业展示综合实力、把握市场脉络、不断提升核心竞争力的重要平台。

原建设部副部长、建设部住宅建设与产业现代化技术专家委员会副主任委员李振东评价：“创新风暴”活动已经连续搞了五届，在全国房地产业内得到了大家的拥护，尤其是这一届，品牌房企集体参评，创新型明星楼盘积极参评，不少知名专家给予活动充分的肯定和高度评价。

2004“创新风暴”活动专家评审委员会主任奚瑞林认为：本届活动申报项目数量创历史新高；整体水平有较大提高；大型企业集团统一组织申报相当广泛，申报资料认真，专业水平高，已成为引领业界设计创新的一面旗帜。

中房集团董事长兼总裁孟晓苏在颁奖现场说：“创新风暴”猛烈刮了五年，有力推动了国内住宅品质的提高。这场风暴还是要继续刮下去，荡涤旧观念，带来新观念，让居民住上设计更优、质量更好的房屋。

上海实业发展股份有限公司总裁卢铿评价：本届活动更具专业性、权威性和示范性。没有创新，就没有进步！勇于创新，才会有成功！

金地集团总裁张华纲评价：在宏观调控政策进一步深化的时刻，适逢“创新风暴”活动再次出台，使我们对中国房地产业未来的思考豁然开朗。可以说，创新伴随了金地的成长，“创新风暴”活动也见证了金地的成长。

“创新风暴·2005中国居住创新典范推介”活动

为推动中国房地产的创新和实践与国际接轨，本届“创新风暴”活动除保留以前的权威机构外，特邀请世界房地产研究会和美国房地产协会作为支持机构，共有全国300多个项目参赛。最后选拔出的66个获奖项目，不仅在规划设计方面代表了目前中国住宅的领先水平，而且在科技运用方面有了更多的尝试与突破。

原建设部副部长、中国土木工程学会理事长谭庆琏评价：本次活动的成功表现在以下四个方面，第一，活动的组织机构与权威性较之历届活动都有提高，两家国际机构的支持加盟，使本次活动融入更多国际先进住宅设计理念，并受到了参会企业的欢迎。从最终评审结果看，国际奖竞争最为强烈，参加项目水平最高，最终有八个项目荣获国际奖。第二，评审的标准具有科学性、公开性、专业性和权威性。第三，活动的品牌效应突出，参赛单位大都是跨区域开发的品牌企业，如万科集团、万达集团、金地集团、上实发展、顺驰集团、融创集团、中体奥园、华润置地、阳光100、宏宇集团、鲁能置业等，也有当地龙头企业如西安紫薇、中星集团、交通地产、联合地产、重庆建工集团、湖北福星惠誉、哈尔滨综合开发等。第四，评审对项目的科技含量及对新技术、新材料的应用等方面提出了较高的要求，实行科技一票否决权，对创新设计、生态环保设计特别是节能、节地、节水、节材设计给予了充分肯定。

“创新风暴·2006中国居住创新典范推介”活动

建设部住宅建设与产业现代化技术专家委员会副部长李振东表示：经过三个月的紧张筹备与严格评审，从近200个送审项目中胜出的60个项目，成为本年度我国住宅建设的典范，并将在全行业发挥出重大的示范作用。

中国房地产业协会名誉会长、全国工商联房地产商会名誉会长、原建设部副部长杨慎在此次活动颁奖典礼上说：“创新不仅是产业兴旺之本，也是构建资源节约型和环境友好型社会的必由之路。”

全国政协委员、中国土木工程学会理事长、建设部原副部长谭庆琏希望此项活动“坚持下去，并根据高标准和与时俱进的形势需要，在每年提出一些新的条件，特别是把节能、节地、节水、节材的要求贯彻到活动中，以推动我国居住小区水平的整体提高和新技术、新材料的应用，培育和树立行业的标杆，总结好经验并加以宣传推广。”

获奖项目代表，金地集团常务副总裁、金地上海公司董事长兼总经理赵汉忠表示，“创新风暴”活动一直受到业内和消费者的高度关注，多年来一直坚持其权威性和专业性，不仅为开发商的产品创新指明了方向，而且使消费者了解到很多优秀的项目。

2006年 “中国创新 '90中小套型住宅设计竞赛”活动

2006年12月16日，由建设部住宅与房地产业司、建设部工程质量安全监督与行业发展司、中国房地产业协会共同支持，中国房地产及住宅研究会、《中国建设报·中国楼市》联合主办，金地集团、紫薇地产倾力协办的“中国创新 '90中小套型住宅设计竞赛”历时四个半月，全国25个省、自治区、直辖市的报名方案共计800余份，经各分赛区初选后，组委会收到实际参赛方案614份。最终，65个获奖方案脱颖而出。

建设部领导对活动非常重视，建设部部长汪光焘、副部长黄卫先后做出批示，要将本次竞赛获奖方案正式纳入建设部《90平方米以下住宅设计要点》和《90平方米以下住宅设计标准》的编制工作。

建设部副部长刘志峰在颁奖典礼的讲话中高度评价本次活动：“从国家实施宏观调控的大背景来看，这不是一场普通意义上的住宅设计竞赛，对于落实宏观调控政策很有必要，具有重要意义。有利于宏观调控政策繁荣进一步贯彻落实；有利于发展节能省地型住宅，推动建立资源节约型、环境友好型社会；有利于建立符合我国国情的住房建设和消费模式；有利于引导设计创作，提高住宅设计水平。”

金地集团董事长凌克和紫薇地产总经理韩红丽也在颁奖典礼上交流了先进的设计理念和经验，并对活动予以高度评价。

“创新风暴·2007中国居住创新典范品牌推介”活动

本届“创新风暴”活动获奖项目除了规划设计的整体水平较往年有较大的提高外，在建筑设计、环境景观、节能省地、住宅产业化技术应用等方面也体现出了我国住宅建设取得的长足进步。一些获奖项目被评审专家誉为“不但将成为本年度我国住宅建设的创新典范，同时也将在全行业发挥出巨大的示范作用，进而推动我国住宅建设再上新台阶。”

此外，在去年引起广泛关注的90平方米以下中小套型住宅，在此次活动中占据了一定的比例，说明这一住宅类型已经引起开发商的普遍重视。而在注重节能省地、自然生态与可持续发展的今天，很多项目也以高度的社会责任感，秉持智能化设计理念，通过合理规划、科技应用，打造与自然和谐共生、节能节地、宜人宜居的住宅项目。

全国政协委员、中国土木工程学会理事长、建设部原副部长谭庆琏对本次活动评价：“作为我国国民经济的支柱产业，中国房地产业需要榜样。‘创新风暴’系列活动发现、推广了一大批优秀企业和优秀项目，并在全行业发挥了积极的榜样带头作用。”

“创新风暴·2010中国居住创新典范品牌推介”活动

本届“创新风暴”活动重点提倡“将低碳理念贯穿项目设计全过程”。与自主创新一样，“环保生态、节能减排”是中央科学发展观的重要内容之一。哥本哈根世界气候大会又将“环保生态、低碳生活”理念提到了前所未有的高度，这也是房地产行业必须承担的历史使命。

“创新风暴”活动组委会主席、全国政协常委、人口资源环境委员会副主任、中国房地产研究会会长、中国房地产业协会会长、原建设部副部长、党组副书记刘志峰在颁奖典礼上指出：“设计创新很重要，规划设计是龙头，是建设低能耗、高品质、长寿命住宅的基础和关键”“所谓生产方式的转变，也就是变革创新。要实现住宅产业由传统的建筑业向先进的制造业转变，关键是推进住宅产业现代化”。

在这一理念的指导下，本届活动的获奖项目的创新成果与获奖企业的创新理念得到了业界的广泛认同。作为获奖企业，万科集团、金地集团、海尔地产、青啤地产、中国铁建、西安紫薇地产、北京石开地产、河北天山集团等地产企业的项目，均从不同角度为行业“创新”二字做出了现实注解，并再一次向行业表明，创新才是有志于做品牌地产的企业的现在与未来。

而与以往举办过的历届“创新风暴”活动一样，本届活动仍然是国内知名品牌房地产开发企业及著名设计机构作品的大聚会。除了上述品牌房企，本届活动还吸引了中国建筑设计研究院、北京建筑设计研究院、上海现代建筑设计集团、中国建筑西北设计院、中建国际（深圳）设计顾问有限公司、阿特金斯顾问公司、日清建筑设计公司等国内外知名设计机构。

“创新风暴·2011中国居住创新典范品牌推介”活动

2011年是一个具有分化意义的关键一年。在21世纪第一个十年精彩落幕之时，“创新风暴”活动也迎来了其十年盛典。这一年是“十二五”规划开局之年。在科学发展观的主导下，中国将加快转变经济发展方式，中国的房地产业也走到了十字路口。无论是宏观环境还是政策导向，都让房地产企业的生存与发展面临巨大挑战。

于是，本届“创新风暴”活动将“转型”定调为活动的主题。我们认为，面对一个崭新的局面，无论是困难与阻碍，还是机遇与挑战，在“创新”中“转型”，将成为鞭策行业进步的灵魂。本届“创新风暴”活动吸引了大量致力于长远发展，能够顺应市场形势而积极调整发展方式的房企，包括金地集团、万科集团、海尔地产、首开集团、金融街控股、西安紫薇、星河湾集团等。实践也证明，这些企业无论顺市逆市，都在“创新”理念的支撑下获得了长足发展。

为了对十年这个具有划界意义的时间节点进行总结，本届活动特别推出了“创新十年·中国房地产功勋人物”大奖，以对在过去十年房地产行业发展中起到了积极推动、引领作用的企业人进行表彰，包括凌克、郁亮、卢铿、王健林、刘希模、韩红丽等人均位于榜单之中。

“2011·中国首届保障性住房设计竞赛”活动

为响应中央大力建设保障性住房的相关政策，提高我国保障性住房的设计水平，在住房和城乡建设部住宅保障司、工程质量安全监管司的支持下，由住房和城乡建设部住宅产业化促进中心和《中国建设报·中国住房》共同主办了本届竞赛活动。

竞赛受到了社会各界的高度关注，也得到各地建设主管部门和规划设计单位的大力支持，共收到29个省市区的594份参赛作品，包括廉租住房、公共租赁住房、经济适用住房和限价商品房、拆迁安置房等各类保障性住房设计方案，其中大部分为已建或在建、拟建项目。本着公开、公平、公正的原则，组委会邀请国内权威专家组成评审委员会，对参赛作品进行了三轮评审，最终评选出了一等奖2个、二等奖14个、三等奖30个、鼓励奖55个、最佳单项奖7个、优秀组织奖24个。

本次竞赛活动特别注重功能性与集约性的统一与协调，注重细节设计、节能设计和性能完善，有些获奖项目还在住宅产业化成套技术应用、创新与实用方面做了很多有益的探索与尝试，有些项目开始关注可持续发展与未来的可更新改造性。

“第十一届创新风暴·2012中国居住创新典范品牌推介”活动

2012年是本轮房地产市场调控持续进行的第三年，行业盘整深度进行，也因此出现了一些典型的房屋质量问题。为此，本届活动提出了“坚守品质生命线”的主题，认为“只有疲软的市场，没有疲软的产品。只有垮掉的企业，没有垮掉的行业”。

本届活动坚信，创新、变化与转型，必将是未来十年房地产业发展的关键词。随着中央宏观调控的持续，房地产市场环境和企业生存规则也在发生深刻改变。 经济结构的调整与生产方式的转型势在必行，过去粗放式增长的房地产发展路径和盈利模式在“十二五”发展时期不可持续。

对此，本届活动集结首开集团、万科集团、金地集团、方兴地产等品牌房企共同发布《品质地产宣言》，以高端影响力推动行业健康发展；同时发布《2012·中国房地产产品创新趋势报告》，由中国房地产行业的权威专家确立产品品质风向标。为推动我国住宅及房地产开发建设向着国际化水平迈进，本届活动还联合国际房地产促进会，特设“国际人居创新影响力示范楼盘”，以更广阔的国际化视野，站在全球化经济高度，促进国际的交流与合作。